电子技术应用实训教程

主　编　张国汉
副主编　董小琼
主　审　项盛荣　余海民

北京理工大学出版社
BEIJING INSTITUTE OF TECHNOLOGY PRESS

内 容 简 介

本书可作为“电子技术”相关课程的配套实验教材。全书共分4篇，第一篇是常用电子仪器介绍及使用，仪器介绍部分包括常用电子仪器简介和虚拟仿真仪器简介。仪器使用部分包括电信号的观测和李沙育图形法测频率和相位。第二篇是模拟电路基础实验，共设有10个模电实验项目。第三篇是数字电路基础实验，也设有10个数电实验项目。基础实验部分大多数附有相关的“实用小资料”或“实用电路小制作”，以丰富学生的业余活动，并提高动手能力。第四篇是电子电路综合实训，共设有5个综合实训项目，可作为综合练习的参考。附录部分是电子电路组装方法简介，可作为学生业余制作的参考资料。

本书可作为高等院校电类各专业“电子技术”相关课程的配套实验教材，也可供有关的工程技术人员参考。

图书在版编目（CIP）数据

电子技术应用实训教程/张国汉主编. —北京：北京理工大学出版社，2016. 9（2024.1重印）

ISBN 978 – 7 – 5682 – 3116 – 9

Ⅰ. ①电…　Ⅱ. ①张…　Ⅲ. ①电子技术 – 实验 – 高等学校 – 教材　Ⅳ. ①TN – 33

中国版本图书馆CIP数据核字（2016）第222737号

出版发行 / 北京理工大学出版社有限责任公司
社　　址 / 北京市海淀区中关村南大街5号
邮　　编 / 100081
电　　话 / （010）68914775（总编室）
（010）82562903（教材售后服务热线）
（010）68948351（其他图书服务热线）
网　　址 / http：//www. bitpress. com. cn
经　　销 / 全国各地新华书店
印　　刷 / 三河市天利华印刷装订有限公司
开　　本 / 787毫米×1092毫米　1/16
印　　张 / 13
字　　数 / 306千字
版　　次 / 2016年9月第1版　2024年1月第4次印刷
定　　价 / 36.80元

责任编辑 / 陈莉华
文案编辑 / 张　雪
责任校对 / 周瑞红
责任印制 / 李志强

图书出现印装质量问题，请拨打售后服务热线，本社负责调换

前言 Preface

电子的流动是一种能量的传递，在带给人们光明与动力的同时推动了一个时代的进步，促进了数字化和信息化时代的兴旺与繁荣。电子技术是当今电子信息产业的前端技术，已成为推动国民经济发展的主要技术动力之一。

半导体器件的出现赋予了电子流动以新的内涵，半导体器件的应用使这种能量的流动成了一种信号的传递；集成电路的问世引起了电子技术领域一场新的革命，超大规模集成电路的诞生推动着一个新时代的来临。

在这个时代里，各种电子产品在各个领域中扮演着重要角色，发挥着越来越重要的作用，掌握电子技术的初步知识是对电类各专业学生的基本技能要求，因此各大高校均开设了“电工电子技术”“电子技术基础”“模拟电子技术”“数字电子技术”等相关课程。

电子技术课程与实践联系紧密，既有抽象的理论分析，又有具体的实际应用，内容几乎涉及电子学科的各个领域。其知识面广、信息量大，与实际生活联系紧密，在各行各业中起着重要的作用。可见学习电子技术不仅需要掌握其理论知识，更重要的是要通过实际应用来加深对理论知识的理解。只有结合实际应用透彻地理解了理论知识，才有可能将理论知识正确地运用到实践中去，因此实训环节的锻炼和学生实践能力的培养至关重要。只有通过实训环节中的大量实践锻炼，才能帮助学生更快、更好地掌握课堂讲述的内容，加深对所学理论知识的理解，弥补课堂上理论教学的不足。

本教材在已使用多年的校本《电子技术基础实验指导书》的基础上进行了大篇幅的修改。在基础性实验的大部分项目中都附有“实用电路小制作”，以提高学生的学习兴趣和动手能力；另外增加了5个综合实训项目以及电子电路组装方法简介，力图提高学生对知识的综合应用能力和加强学生工程实践观念。全书采用的实验、实训电路均通过了电子仿真，实验和实训前通过交互式电子白板仿真演示，使学生对操作过程和结果有一个全面的了解。

本书可作为电类各专业“电子技术”相关课程的配套实验教材，对书中的各实验、实训电路可提供电子仿真文件。

本书第一篇的仪器简介一、第二篇的模电实验一～模电实验九、第三篇的数电实验一～数电实验九及第四篇的综合实训四由湖北水利水电职业技术学院的董小琼老师编写，其余部分及全书的“实用电路小制作”均由湖北水利水电职业技术学院的张国汉老师编写。全书的实验电路仿真、插图制作和统稿均由张国汉完成。全书主审为长江工程职业技术学院的项盛荣教授和湖北水利水电职业技术学院的余海民副教授。此外在本书编写过程中还有一些老师亦提出了宝贵的意见与建议，在此一并表示感谢。

由于编者对当今先进的电子技术了解不够，有些实训内容没有经过较多的教学检验和丰富，不妥和错误之处在所难免，敬请读者批评指正。

编　者

第三篇　数字电路基础实验

第四篇　电子电路综合实训

“电子技术”应用实训须知

电子技术是一门实践性和实用性很强的学科，是电类各专业重要的基础课程。但在理论和实践性教学过程中发现，学生的知识基础普遍较差、理解力不强、对理论学习缺乏兴趣，而对实践性教学环节兴趣十足，但动手能力和解决问题的能力又普遍很差。针对这种情况各校都在进行课程及课堂教学改革，尤其是针对“打造优质高效课堂”这一目标正在进行积极地探索，这也是本教材编写的初衷。

本教材在内容的编排上仍体现出“认分立为基础，集成为重点，加强应用”的思想。在基础实验部分要求实验前能明确实验目的、实验的各个步骤、与理论知识的关联；实验时明确所用仪器设备，实验中应如何测试、调节、记录和分析等，做到胸有全局、行为规范，培养严谨科学的实验作风；对实验项目中附加的实用电路小制作内容，鼓励学生在课余时间积极动手制作，以提高学习兴趣和动手能力；在综合实训项目部分要求学生能密切联系实际、注重知识的综合应用、培养工程实践观念，为以后专业课的学习以及参加各类电子竞赛打好基础，具体要求如下。

1. 电子技术实验、实训课的基本要求

（1）能正确并熟练使用示波器、信号发生器和交流毫伏表。

（2）熟悉电子电路中常用元器件的性能及作用，学会按原理图连接电路。

（3）理解实验、实训电路工作原理，能对电路进行静态和基本的动态测试。

（4）能准确地读取和记录实验、实训数据，并能进行适当的分析和处理。

（5）培养和提高查阅元器件手册的能力。

（6）自学或选修一门电子电路仿真软件的相关课程（推荐 Multisim 或 Proteus）。

2. 认真做好实验、实训的三个环节

1）认真预习

（1）认真阅读实验、实训内容及步骤，分析、掌握实验、实训电路的工作原理并进行必要的估算。

（2）熟悉实验、实训中要用到的仪器仪表的使用方法及注意事项。

（3）学过仿真软件的同学可事先做一下仿真测试。

2）做好实验

（1）仔细观察老师制作的仿真实验，了解实验、实训步骤，观察仿真测试结果和现象。

（2）分组实验时接线要认真，要相互仔细检查，确定无误后才能接通电源，初学或没有把握时应经指导教师审查同意后再接通电源。

（3）在进行模拟电路小信号放大实验时，由于所用信号发生器及连接电缆的缘故，往往在进入放大器前就出现噪声或不稳定的现象或者有些信号源调不到毫伏以下，实验时可采用在放大器输入端加衰减的方法。一般可用实验箱中的电阻组成衰减器接入电路，这样连接电缆上信号电平较高，不易受干扰。

（4）做放大器实验时如发现波形削顶失真甚至变成方波，应检查工作点设置是否正确，或输入信号是否过大。由于实验箱所用三极管 h_{FE} 较大，因此，特别是多级放大电路容易出现饱和失真的现象。

（5）数字电路实验在接线前务必熟悉实验箱上各组件、元器件的功能及其接线位置，特别要熟知各集成块的型号、引脚排列方式及接线位置。

（6）实验时应注意观察，若发现有破坏性的异常现象（例如有元器件冒烟、发烫或有异味）应立即关断电源、保持现场、报告指导教师。再找出原因、排除故障并经指导教师同意后才能继续实验。

（7）实验过程中需要改接线路时，应关断电源后才能拆、接线。

（8）实验过程中应仔细观察实验现象，认真记录实验结果（数据、波形、现象）。所记录的实验结果经指导教师审阅后，再拆除实验线路。

（9）实验结束后，必须关断仪器电源，并将使用过的仪器、设备、工具及导线等按规定整理好。

（10）在进行实用电路小制作部分的实验时，可用面包板或万能板搭接线路，并实现电路功能。遇到问题时应积极询问老师。

（11）综合实训项目应在老师指导下，采取适当的方式完成电路的焊接、调试和组装任务。

3）写好实验、实训报告

实验、实训报告要真实全面地反映实验、实训结果，是实验、实训过程的总结。要做到文字简练、数据完整、图表清晰、结论真实、分析合理，每位同学必须按要求独立完成实验和实训报告。

第一篇

常用电子仪器简介及使用

一、直流稳定电源（DC REGULATED POWER SUPPLY）

直流稳定电源包括恒压源和恒流源。恒压源能提供稳定的直流电压，其伏安特性十分接近理想电压源；恒流源能提供稳定的直流电流，其伏安特性十分接近理想电流源。直流稳定电源的种类和型号很多，有独立制作的恒压源和恒流源，也有目前使用最多的数显直流稳压稳流电源，但其一般功能和使用方法大致相同。

1. 数显直流稳压稳流电源常规使用方法

1）开启电源

在不接负载的情况下，按下电源总开关“POWER”，有的型号还要开启电源直流输出开关“OUTPUT”，使电源正常输出工作。此时，电源数字指示表头上即显示出当前工作电压和输出电流的值。

2）设置输出电压

通过调节电压设定旋钮，使数字电压表显示出目标电压，完成电压设定。对于有可调限流功能的电源，有两套调节系统分别调节电压和电流，调节时要分清楚。一般调节电压的电位器有“VOLTAGE”字样，调节电流的电位器有“CURRENT”字样。很多入门级产品使用低成本的粗调/细调双旋钮设定，遇到双调节旋钮，先将细调旋钮旋到中间位置，然后通过粗调旋钮设定大致电压，再用细调旋钮精确修正。

3）设置限定电流

有些型号是按下电源面板上“LIMIT”键不放，此时电流表会显示电流数值，调节电流旋钮，使电流数值达到预定水平。一般限流可设定在常用最高电流的120%。有的电源没有限流专用调节键，用户需要按照说明书要求短路输出端，然后根据短路电流配合限流旋钮设定限流水平。简易型的可调稳压电源没有电流设定功能，也没有对应的旋钮。

4）设定过压保护 OVP

过压设定是指在电源自身可调电压范围内进一步限定一个上限电压，以免误操作时电源输出电压过高。一般，过压可以设置为平时最高工作电压的120%的水平。过压设定需要用到一字螺丝刀，调节面板上有内凹的电位器，是一种防止误动的设计。设定OVP电压时，先将电源工作电压调节到目标过压点上，然后慢慢调节OVP电位器，使电源保护动作恰好发生，此时OVP即告设定完成。然后关闭电源，调低工作电压，之后就能正常工作了。不同的电源设置OVP的方式不同。

5）通信接口参数设置和遥控操作的设置

对于本地控制的应用（面板操作）要关闭遥控操作。通信接口要按通信要求设定，本地应用则不需设置。

2. PS－3003D 系列直流稳定电源简介

PS－3003D系列双路直流稳定电源输出电压为0～30 V，输出电流为0～2 A或0～3 A，输出电压/电流从零到额定值均连续可调；另外有一路输出电压为5 V，输出电流为3 A的固定端口。电压/电流值采用3位半LED数字显示，并通过开关切换电压/电流显示。其操作面板上的开关、旋钮位置如图1－1－1所示。从动（左）路与主动（右）路电源的开关和旋钮基本对称布置。

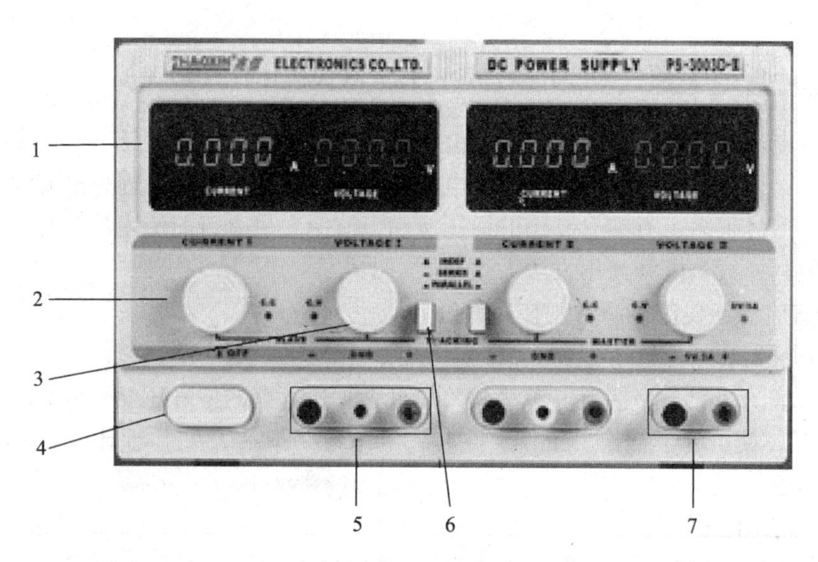

图1－1－1　PS－3003D系列双路直流稳压电源前操作面板

各部分说明如下。

1——从动（左）路LED电压/电流显示窗。

2——从动（左）路输出电流调节旋钮，可调节从动（左）路输出电流大小。

3——从动（左）路输出电压调节旋钮。

4——电源开关，按下为开机（ON），弹出为关机（OFF）。

5——从动（左）路电源输出端。共3个接线端，红色为电源输出正（＋），黑色为电源输出负（－），黄色为接地端（GND），接地端与机壳相连接。

6——从动（左）路电压/电流调节切换开关。

7——5 V、3 A固定输出端。

二、交流毫伏表（AV MILIVOLTMETER）

交流毫伏表是电工、电子实验中用来测量交流电压有效值的常用电子测量仪器。其优点是测量电压范围广、频率宽、输入阻抗高、灵敏度高等。交流毫伏表种类很多，现以YB2172型交流毫伏表为例介绍其测量方法及使用注意事项。为了使用的需要，表盘用正弦电压有效值刻度，因此只有当测量正弦电压有效值时读数才是正确的。

1. YB2172 型交流毫伏表简介

YB2172 型交流毫伏表操作面板如图 1－1－2 所示，各部件说明如下。

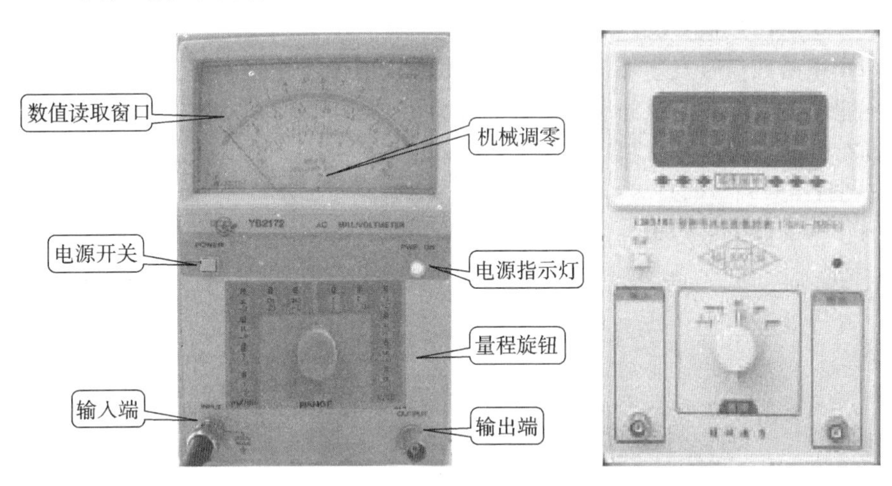

图 1－1－2　交流毫伏表操作面板

（1）机械零点调节旋钮，用于机械调零。开机前表头指针不在机械零点处，需要用小号一字螺丝刀调至零（一般不需要经常调整）。

（2）数值读取窗口。表盘有 4 行刻度线，其中第一行和第二行刻度线表示被测电压的有效值，当量程开关置于以“1”开头的量程位置时（如 1 mV、10 mV、0.1 V、1 V、10 V、100 V），应该读取第一行刻度线，当量程开关置于以“3”开头的量程位置时（如 3 mV、30 mV、0.3 V、3 V、30 V、300 V）应读取第二行刻度线。第三行和第四行为测量分贝值的刻度线，当测量电压或功率的电平时，从这两条刻度上读出绝对电平值，即分贝（dB）值。

（3）输入端（INPUT）。被测信号的输入端口，通常用同轴电缆作输入测试线。

（4）输出端（OUTPUT）。可从毫伏表输出被测信号。

2. 交流毫伏表使用方法及注意事项

（1）按下电源开关，电源指示灯亮。为保证性能稳定，应预热 10 min 后再使用。

（2）将量程开关置于适当量程，再加入测量信号。若测量电压未知，应将量程开关置于最大挡，然后逐渐减小量程，直到表头指针指到满刻度的 2/3 左右即可。

（3）毫伏表输入端开路时，由于外界感应信号的影响，指针可能超量程偏转。为了避免指针碰弯，不测量时量程应置于最大挡位（300 V）。

（4）读数时，若所选量程是 10 的倍数，读数看“0～1”行即第一条刻度线；若所选量程是 3 的倍数，读数看“0～3”行即第二条刻度线。当前所选量程均指指针从 0 达到满刻度时的电压值，具体每一大格及每一小格所代表的电压值应根据所选量程确定。

当用该仪表去测量外电路中的电平值时，就从第三、四条刻度读数。读数方法是，量程数加上指针指示值等于实际测量值。

三、函数信号发生器（FUNCTION GENERATOR）

函数信号发生器是能输出正弦波、三角波、锯齿波和矩形波等多种波形的常用电子仪器，通过相应的开关和旋钮能改变波形的输出幅度及频率，有些还兼有计数器和频率计功能。目前选用较多的是采用直接数字合成技术的DDS函数信号发生器。

1. EE1641B 型函数信号发生器/计数器简介

EE1641B 型函数信号发生器/计数器属模拟式，不仅能输出正弦波、三角波、方波等基本波形，还能输出锯齿波、脉冲波等多种非对称波形，同时对各种波形均可实现扫描功能。此外，还具有点频正弦信号、TTL 电平信号及 CMOS 电平信号输出和外测频功能等。

1）EE1641B 型函数信号发生器前操作面板

EE1641B 型函数信号发生器前操作面板如图 1－1－3 所示。

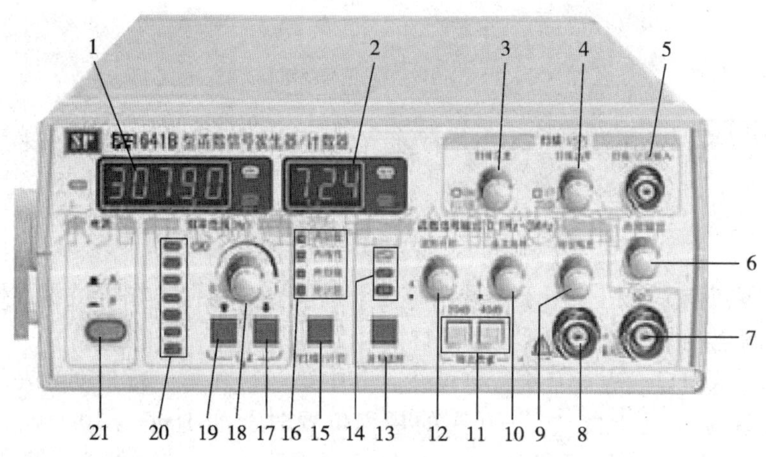

图 1－1－3　EE1641B 型函数信号发生器前操作面板

各部分说明如下。

1——频率显示窗口，显示输出信号或外测频信号的频率，单位为 kHz 或 Hz，由窗口右侧所亮的指示灯确定。

2——幅度显示窗口，显示输出信号的幅度，单位为 Vpp 或 mVpp，由窗口右侧所亮的指示灯确定。

3——扫描宽度调节旋钮，调节扫频输出的频率范围。在外测频时，逆时针旋到底（绿灯亮），使外输入测量信号经过低通开关进入测量系统。

4——扫描速率调节旋钮，调节内扫描的时间长短。在外测频时，逆时针旋到底（绿灯亮），使外输入测量信号经过 20 dB 衰减进入测量系统。

5——“扫描/计数”输入插座。当“扫描/计数”键功能选择在外扫描或外计数功能时，外扫描控制信号或外测频信号将由此端口输入。

6——TTL/CMOS 电平调节旋钮。调节旋钮关为 TTL 电平，打开为 CMOS 电平，输出幅度可从 5 V 调节到 15 V。

7——TTL/CMOS 输出插座。

8——函数信号输出插座，输出多种波形受控的函数信号。输出幅度为 0 ~ 20 Vpp（1 MΩ 负载）或 0 ~ 10 Vpp（50 Ω 负载）。

9——函数信号输出幅度调节旋钮，调节范围为 0 ~ 20 dB。

10——函数信号输出直流电平偏移调节旋钮。调节范围为 -5 ~ +5 V（50 Ω 负载）或 -10 ~ +10 V（1MΩ 负载）。当电位器处在关闭位置（逆时针旋到底即绿灯亮）时，为 0 电平。

11——函数信号输出幅度衰减按键。若“20 dB”“40 dB”按键均未按下，则信号不经衰减直接从插座 7 输出。若“20 dB”“40 dB”键分别按下，则可衰减 20 dB 或 40 dB。若“20 dB”“40 dB”键同时按下时，则衰减 60 dB。

12——输出波形对称性调节旋钮，可改变输出信号的对称性。当电位器处在关闭位置（逆时针旋到底即绿灯亮）时，输出对称信号。

13——函数信号输出波形选择按钮。按动此键，可选择正弦波、三角波、方波 3 种波形。

14——波形指示灯。可分别指示正弦波、三角波、方波。按压波形选择按钮 13，指示灯亮，说明该波形被选定。

15——“扫描/计数”按钮，可选择多种扫描方式和外测频方式。

16——扫描/计数方式指示灯，显示所选择的扫描方式和外测频方式。

17——倍率递减按钮↓，每按一次此按钮可递减输出频率的 1 个频段。

18——频率微调旋钮，调节此旋钮可微调输出信号频率，调节基数为 0.1 ~ 1。

19——倍率递增按钮↑，每按一次此按钮可递增输出频率的 1 个频段。

20——频段指示灯，共 8 个。指示灯亮，表明当前频段被选定。

21——整机电源开关。按下此键，机内电源接通，整机工作。按键释放，整机电源关断。

2）EE1641B 型函数信号发生器/计数器的使用方法

①主函数信号输出方法。

a. 将信号输出线连接到函数信号输出插座 8。

b. 按倍率选择使用按钮 17 或 19 选定输出函数信号的频段，转动频率微调旋钮 18 调整输出信号的频率，直至调到所需的频率值。

c. 使用波形选择按钮 13 选择输出信号的波形，可分别获得正弦波、三角波和方波。

d. 使用输出幅度衰减按键 11 和输出幅度调节旋钮 9，选定和调节输出信号的幅度使达到所需值。

e. 当需要输出信号携带直流电平时可转动直流偏移旋钮 10 进行调节，此旋钮若处于关闭状态，则输出信号的直流电平为 0，即输出纯交流信号。

f. 输出波形对称性调节旋钮 12 关闭时，输出信号为正弦波、三角波或占空比为 50% 的方波。打开并转动此旋钮，可改变输出方波信号的占空比或将三角波调变为锯齿波，正弦波调变为正、负半周角频率不同的正弦波形，且可移相 180°。

②内扫描信号输出方法。

a. 将“扫描/计数”按钮 15 选定为内扫描方式。

b. 分别调节扫描宽度调节旋钮 3 和扫描速率调节旋钮 4 以获得所需的扫描信号输出。

c. 主函数信号输出插座 8 和 TTL/CMOS 输出插座 7 均可输出相应的内扫描扫频信号。

③外扫描信号输入方法。

a. 将“扫描/计数”按钮 15 选定为外扫描方式。

b. 由“扫描/计数”输入插座 5 输入相应的控制信号，即可得到相应的受控扫描信号。

④TTL/CMOS 电平输出方法。

a. 转动 TTL/CMOS 电平调节旋钮 6 使其处于所需位置，以获得所需的电平。

b. 将终端不加 50 Ω 匹配器的信号输出线连接到 TTL/CMOS 输出插座 7，即可输出所需的电平。

2. DDS 函数信号发生器简介

DDS 函数信号发生器完全没有振荡器元件，而是直接利用现代数字合成技术，由函数计算器产生一连串数据流，再经数模转换器输出一个预先设定的模拟信号。其优点是输出波形精度高、失真小；信号相位和幅度连续无畸变；在输出频率范围内不需设置频段，频率扫描可无间隙地连续覆盖全部频率范围等。现以 SG1020A 型 DDS 函数信号发生器为例，说明函数信号发生器的使用方法。SG1020A 型 DDS 函数信号发生器具有 TTL 波、正弦波、方波、三角波等信号的发生功能，以及调频、调幅、调相、FSK、ASK、PSK、线性频率扫描、对数频率扫描等功能，并且可以实现函数信号的任意个数发生功能。此仪器还具有频率测量、周期测量、正脉宽、负脉宽测量和计数的功能。

1）SG1020A 型 DDS 函数信号发生器前操作面板

SG1020A 型 DDS 函数信号发生器前操作面板如图 1-1-4 所示。

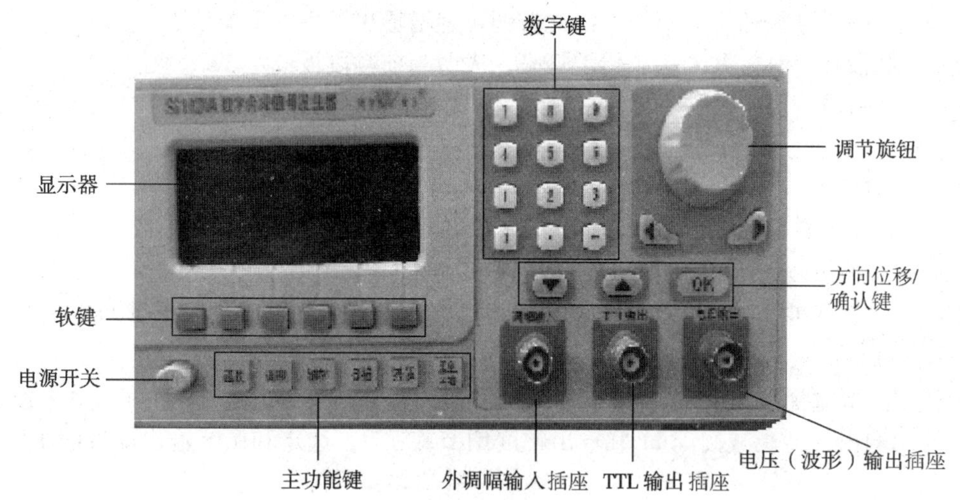

图 1-1-4　SG1020A 型 DDS 函数信号发生器前操作面板

该仪器的数据输入方式可直接使用数字键输入，也可采用调节旋钮输入。采用数字键输入时，用面板右边的数字键盘中的 0～9 这 10 个数字键及小数点键向显示区输入数据。数据输入后应按相应的单位键（“MHz”“kHz”“Hz”或“mHz”“μHz”）予以确认。此时数据开始生效，信号发生器按照新写入的参数输出信号。数字键输入法可使输入数据一次到位，因而适用于输入已知的数据。

若使用调节旋钮输入时，按面板右边调节旋钮下面的左、右方向位移键“<”或“>”，使显示屏上三角形光标左移或右移并指向显示屏上的某一数字，向右或向左转动调节旋钮，使光标指示位数字连续加 1 或减 1。使用调节旋钮输入时，数字改变后即刻生效。当不需要使用调节旋钮输入时，按方向位移键“<”或“>”使光标消失，转动调节旋钮时就不再生效。调节旋钮输入法适用于对已输入数据进行局部修改或需要输入连续变化的数据以进行搜索观测。

2）SG1020A 型 DDS 函数信号发生器的使用

①设置输出函数。

a. 按下电源开关，接通电源，显示器将自动显示索引菜单，如图 1－1－5 所示。

功能：［函］波形：∿　幅度：10.00Vpp
频率：1.000000 kHz　直流：0 mVdc
［ENG］［接口］［系统］

图 1－1－5　索引菜单

b. 进入（函数）主功能。通过按如图 1－1－4 所示的主功能键中的“函数”键，可以进入“函数”主功能模式，这时显示器显示“函数”“频率”“幅度”“偏置”，同时定义了当前软键功能，可按下相应的软键进行相应的功能设定。“正弦”反白显示，表示当前输出函数为正弦波，可采用“方向位移键”或“调节旋钮”两种方式重新选择输出函数。选择波形后，信号源对所设置的数据立即生效，不需其他的确认操作。

c. 完成函数输出。调节完毕后，可通过示波器连接信号源的主输出插座（插座口固定阻抗为 50 Ω）。

注意：根据输出函数功能的不同，屏幕上对应的软键功能可能随时变化。

②设置输出频率。

选定好输出函数后，可以按下“频率”软键，进入频率设定状态，屏幕显示如图 1－1－6 所示。

图 1－1－6　频率设定状态下的屏幕显示

各部分说明如下。

1——当前位置光标，可以在整个数字区域内移动。

2——当前显示频率。

3——“频率”软键反白显示，表示“频率”设定为当前激活状态，其他软键正常显示表示为非激活状态，可按下相对应的按键使其激活。

4——单位显示，根据频率值的不同，系统会自动调节当前频率值的单位。

频率值调节有两种方法。

a. 通过面板上“◀”或“▶”两个按键调节光标位置，再通过面板上“▼”“▲”两个按键或调节旋钮对当前光标指示的数字进行“+1”或“－1”操作。

b. 通过面板上的数字键直接输入。

③设置输出幅度。

设定好输出函数及频率后，按下“幅度”软键，进入幅度设定状态，操作方法类似于频率值的设定。

④设置输出偏置。

按下“偏置”软键，进入偏置设定状态，操作方法类似于频率值的设定。

四、示波器

示波器是一种综合性电信号显示和测量仪器，不但可以直接显示出电信号随时间变化的电压波形及其变化过程，测量出信号的幅度、频率、脉宽、相位差等，还能观察电信号的非线性失真，测量、调制电信号的参数等。配合各种传感器，示波器还可以进行各种非电量参数的测量。

1. 模拟示波器简介

模拟示波器的调整和使用方法基本相同，现以 V－252 型双踪示波器为例介绍示波器的一般使用方法。V－252 型双踪示波器前操作面板如图 1－1－7 所示。

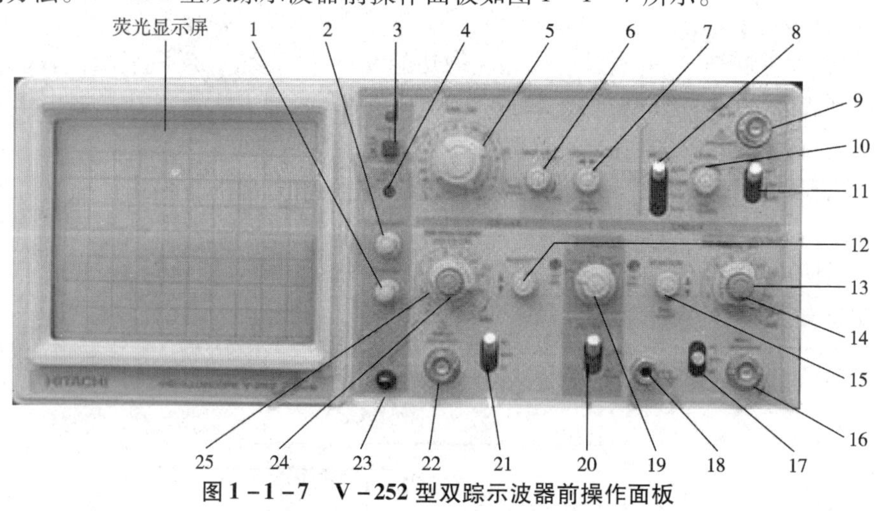

图 1－1－7　V－252 型双踪示波器前操作面板

各部分介绍如下。

1）电源及示波管控制系统

1——聚焦旋钮（FOCUS），用来调节光迹及波形的清晰度。

2——亮度旋钮（INTENSITY）。顺时针方向旋转，亮度增强。

3——电源开关（POWER）及电源指示灯。按键按下即开机，电源指示灯亮。

4——光迹旋转旋钮（TRACE ROTATION），用于调节光迹与水平刻度线平行。

2）垂直系统

12、15——垂直移位旋钮/反相开关（POSITION），调节光迹在屏幕中的垂直位置。通道 2 的垂直移位旋钮兼作反相开关使用，拉出此旋钮时，CH2 的信号将被反相，便于比较两个极性相反的信号和利用 ADD 叠加功能。

13、25——衰减开关（VOLT/DIV），用于选择垂直偏转灵敏度的调节。如果使用的是 10:1 探头，计算时幅度将 ×10。

14、24——垂直微调旋钮（VARIBLE），用于连续改变电压偏转灵敏度。此旋钮在正常情况下，应位于顺时针方向旋到底的位置（读数前要检查）。

16——通道2输入端（CH2）。用于第二通道的垂直方向输入。

19——垂直工作方式选择旋钮（VERTICAL MODE），用于选择垂直方向的工作方式。"CH1"仅显示CH1的信号。"CH2"仅显示CH2的信号。"ALT（交替）"和"CHOP（断续）"是双踪显示方式，同时显示CH1和CH2的信号。"ALT"是用较高的扫描速度显示两路信号，"CHOP"是以约250 Hz的频率对两路信号进行切换显示。"ADD"显示CH1和CH2输入电压的代数和。

20、21——耦合选择开关（AC－GND－DC）。交流（AC），垂直输入端由电容器来耦合；接地（GND），放大器的输入端接地；直流（DC），输入端与信号直接耦合。

22——通道1输入端（CH1/（X））。用于垂直方向输入。在X－Y方式时，输入端的信号成为X信号。

3）水平系统

5——扫描时间因数选择开关（TIME/DIV）：共20挡。在0.1 μs/div～0.2 s/div范围内选择扫描速率。其中"X－Y"挡位用于选择X－Y工作方式，垂直偏转信号接入CH2输入端，水平偏转信号接入CH1输入端。

6——扫描微调控制键（VARIBLE），顺时针旋转到底时处于校准位置，扫描由TIME/DIV选择开关指示。正常工作时，该旋钮位于"校准"位置（读数前要检查）。

7——水平移位（POSITION），用于调节显示轨迹在水平方向移动。

4）触发控制系统（TRIG）

8——触发方式选择（TRIG MODE），分"AUTO"（自动）、"NORM"（常态）、"TV－H"（视频－行）和"TV－V"（视频－场）4种。在"AUTO"触发方式时，扫描电路自动进行扫描，在没有信号输入或输入信号没有被触发同步时，屏幕上仍然可以显示扫描基线。在"NORM"触发方式时，有触发信号才能扫描，否则屏幕上无扫描线显示，当输入信号频率低于20 Hz时，用"NORM"触发方式"TV－H"和"TV－V"触发方式用于观测视频行、场信号。

9——外触发输入端（EXT INPUT），用于外部触发信号的输入。

10——触发电平旋钮（TRIG LEVEL），用于调节被测信号在某一电平触发同步。

11——触发源选择开关（SOURCE），用于选择触发信号源。"INT"（内）触发，将CH1或CH2上的输入信号作为触发信号；"LINE"（电源）触发，将电源频率作为触发信号；"EXT"（外）触发，触发信号由外部触发信号输入端9加入，用于特殊信号的触发。

18——地线接线柱，用于系统及外壳接地。

20——内触发选择开关，分"CH1""CH2""VERT MODE"3挡，当"VERTMODE"在双踪交替显示时，触发信号交替来自于两个Y通道，此方式可用于同时观察两路不相关的信号。

23——校准信号（CAL），电压幅度为0.5V_{PP}、频率为1 kHz的方波信号。

2. 模拟示波器的常规调整与操作

示波器的正确调整和操作对于提高测量精度和延长仪器的使用寿命十分重要。

1）聚焦和辉度的调整

调整聚焦旋钮使扫描线尽可能细，以提高测量精度。扫描线亮度（辉度）应适当，过亮不仅会降低示波器的使用寿命，也会影响聚焦特性。

2）正确选择触发源和触发方式

①触发源的选择。

如果观测的是单通道信号，就应选择该通道信号作为触发源；如果同时观测两个时间相关的信号，则应选择信号周期长的通道作为触发源。

②触发方式的选择。

首次观测被测信号时，触发方式应设置于“AUTO”，待观测到稳定信号后，调好其他设置，最后将触发方式开关置于“NORM”，以提高触发的灵敏度。当观测直流信号或小信号时，必须采用“AUTO”触发方式。

3）正确选择输入耦合方式

根据被观测信号的性质来选择正确的输入耦合方式。一般情况下，被观测的信号为直流信号或脉冲信号时，应选择“DC”耦合方式；被观测的信号为交流信号时，应选择“AC”耦合方式。

4）合理调整扫描速度

调节扫描速度，可以改变荧光屏上显示波形的个数。提高扫描速度，显示的波形少；降低扫描速度，显示的波形多。显示的波形不应过多，以保证时间测量的精度。

5）波形位置和几何尺寸的调整

观测信号时，波形应尽可能处于荧光屏的中心位置，以获得较好的测量线性。正确调整垂直衰减，尽可能使波形幅度占一半以上，以提高电压测量的精度。

6）合理操作双通道

将垂直工作方式开关设置于“ALT”和“CHOP”，两个通道的波形可以同时显示。“ALT”适用于观测频率较高的信号；“CHOP”适用于观测频率较低的信号。在双通道显示时，还必须正确选择触发源。当“CH1”“CH2”信号同步时，选择任意通道作为触发源，两个波形都能稳定显示。

7）触发电平调整

调整触发电平旋钮可以改变扫描电路预置的阀门电平。当显示波形不同步时，调整触发电平使波形稳定。

3. 数字示波器简介

数字示波器不仅具有多重波形显示、分析和数学运算功能，波形、设置、CSV 和位图文件存储功能，自动光标跟踪测量功能，波形录制和回放功能等，还支持即插即用 USB 存储设备和打印机，并可通过 USB 存储设备进行软件升级等。

1）数字示波器快速入门

数字示波器前操作面板各通道标志、旋钮、按键及操作方法与传统示波器类似。现以泰克 TDS1000B－SC 系列数字示波器为例予以说明。

①泰克 TDS1000B－SC 系列数字示波器前操作面板简介。

泰克 TDS1000B－SC 系列数字示波器前操作面板如图 1－1－8 所示。按功能可分为 8 个区，即液晶显示区、屏幕按钮区、常用菜单区、控制按钮区、触发控制区、水平控制区、垂直控制区、信号输入区等。

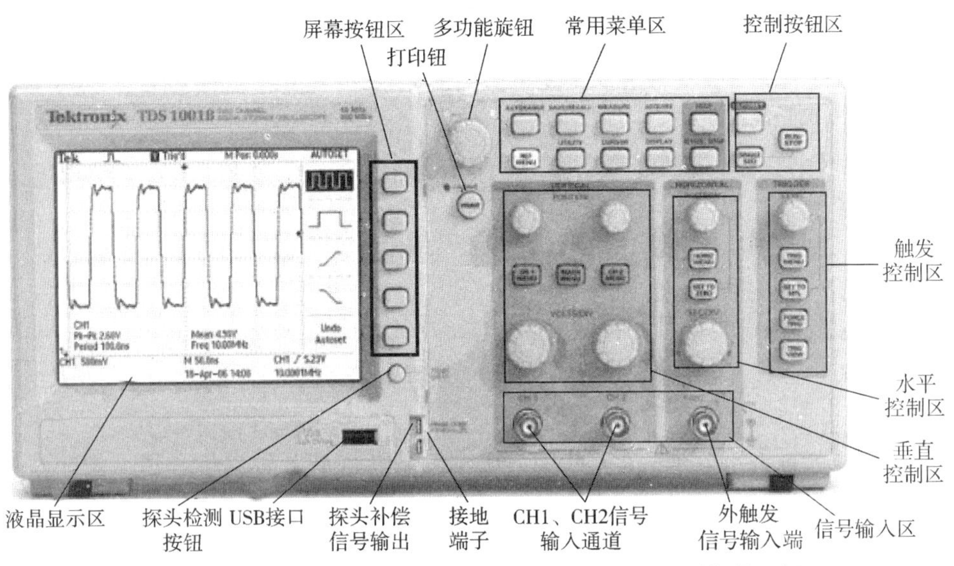

图 1-1-8　泰克 TDS1000B-SC 系列数字示波器前操作面板

a. 屏幕按钮区，共有 5 个按键，用于操作屏幕右侧的功能菜单及子菜单。多功能旋钮用于选择和确认功能菜单中下拉菜单的选项，具体功能如表 1-1-1 所示，激活时，旁边的 LED 灯变亮。探头检测按钮用于当怀疑探头存在问题时，可按下此按钮进行检测。探头补偿信号输出端，用于探头的检查，在示波器上可看到 5 V、1 kHz 的方波。

表 1-1-1　多功能旋钮具体功能

菜单或选项	多用途旋钮功能	注释
CURSOR（光标）	光标 1 或光标 2	定位选定（实线）的光标位置
DISPLAY（显示）	调节对比度	调节显示屏对比度
HELP（帮助）	滚动	选择索引、主题链接、显示主题的下一页或上一页
水平	释抑	设置接收其他触发事件前所需的时间
MATH（数学）	位置	定位数学波形
	Scale	改变数学波形的刻度
MEASURE（测量）	类型	选择每个信源的自动测量类型

b. 常用菜单区，共有 10 个按键，按下任一按键，显示屏右侧都会出现相应的功能菜单。通过屏幕按钮区的 5 个按键可选定功能菜单的选项。功能菜单选项中有“◁”符号的，表明该选项有下拉菜单。下拉菜单打开后，可转动多功能旋钮选择相应的项目并按下予以确认。功能菜单上、下有“▲”“▼”符号，表明功能菜单一页未显示完，可操作按键上、下翻页。功能菜单中有“↻”，表明该项参数可转动多功能旋钮进行设置调整。

常用菜单区具体说明如下。

“HELP（帮助）”按钮，显示示波器的帮助系统，涵盖了示波器的所有功能。帮助系统提供了多种方法来查找所需信息，包括上下文相关帮助、超级链接及索引。

“DEFAULT SETUP（默认设置）”按钮，调节示波器为出厂默认设置，示波器将显示 CH1 波形并清除其他所有波形。

“ACQUIRE（采集）”按钮，用来设置采集参数，如采样、峰值检测、平均值、平均次数等。

“DISPLAY（显示）”按钮，用以选择波形如何出现以及如何改变整个显示的外观，选项包括类型、持续、格式和对比度。

“MEASURE（测量）”按钮。按下此键，共有 11 种测量类型可供选择，一次最多可以显示 5 种，如频率、周期、平均值、峰 - 峰值、均方根值、最小值、最大值、上升时间、下降时间、正频宽、负频宽。

“CURSOR（光标）”按钮。按下此键，显示测量光标和光标菜单，然后使用多功能旋钮改变光标位置，如幅度、时间、信源。

自动量程按钮。按下此键可激活或禁用自动量程功能。其邻近的指示灯亮表示示波器处于自动量程状态。按下自动量程按钮时，示波器自动调整设置以跟踪信号，如果信号发生变化，示波器将持续跟踪信号。对示波器的下列操作将禁用自动量程：使用秒/格旋钮、使用伏/格旋钮、显示或删除通道波形、处于触发设置、处于单次序列采集方式、处于调出设置、处于 X - Y 显示格式、余辉。

“SAVE/RECALL（保存/调出）”按钮。储存示波器设置、屏幕图像或波形，或者调出示波器设置或波形。包含多个子菜单，如“全储存”“存图像”“存设置”“存波形”“调出设置”“调出波形”。

“UTILITY（系统设置）”按钮，显示“系统设置”菜单，如“系统状态”“选项”“自校正”“文件功能”“语言”。

“REF MENU（参考）”按钮。可以打开或关闭参考内存波形，该波形表存储在示波器的非易失性存储器中。可以同时显示一个或两个参考波形，但参考波形无法缩放或平移。

另外设有“SAVE/PRINT（保存/打印）”键，可以保存图像、设置、波形等，旁边的 LED 提示（点亮），可将数据存储到 USB 闪存设备中。当示波器连接到打印机时，可以使用打印钮打印屏幕图像。

c. 控制按钮区，控制按钮区有“AUTOSET（自动设置）”“RUN/STOP（运行/停止）”“SINGLESEG（单次）”3 个按键。按下“AUTO”键，示波器将根据输入的信号，自动设置和调整垂直、水平及触发方式等各项控制值，使波形显示达到最适宜的观察状态，如需要还可进行手动调整。按下“AUTO”键后，菜单显示及功能如图 1 - 1 - 9 所示。“RUN/STOP”键为连续采集波形/停止采集波形按键。如果想静止观察某一波形时，可按一波该按钮；反之，则再按一次该按钮。有利于绘制波形并可在一定范围内调整波形的垂直衰减和水平时基。

注意：应用自动设置功能时，要求被测信号的频率大于或等于 50 Hz，占空比大于 1%。“SINGLESEG”按键用于示波器在采集单个波形后停止，即示波器检测到某个触发后，完成采集然后停止。再次按下“SINGLESEG”键，示波器便会采集另一个波形。

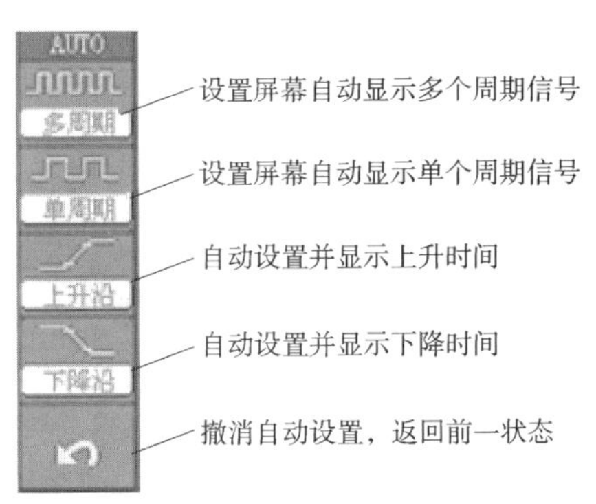

图 1－1－9　“AUTO”键菜单显示及功能

d. “TRIGGER（触发）”控制区，如图 1－1－10 所示，主要用于触发系统的设置，通过触发的控制，选择适当的触发点，稳定地显示波形，可以显示重复信号，也可以捕捉单次信号。转动触发电平（LEVEL）设置旋钮，屏幕上会出现一条上下移动的水平黑色触发线及触发标志，且屏幕左下角和上状态栏最右端的触发电平的数值也随之发生变化。停止转动该旋钮，触发线、触发标志及左下角触发电平的数值会在约 5 s 后消失。按“MENU”键可调出触发功能菜单，改变触发设置。“50%”按钮用于设定触发电平在触发信号幅值的垂直中点。当触发条件不能满足时使用“FORCE”键可完成一次触发，强制产生一触发信号，这一手动触发功能在“NORMAL（正常）”和“SINGLE SEG（单次）”触发时非常有用。按“TRIG VIEW”键，显示触发波形而不是通道波形，可用此按钮查看触发设置对触发信号的影响，如触发耦合。

e. “HORIZONTAL（水平）”控制区，如图 1－1－11 所示，主要用于设置水平时基。水平位置旋钮调整信号波形在显示屏上的水平位置，转动该旋钮不但波形能随旋钮水平移动，且触发位移标志“T”也在显示屏上部随之移动，移动值则显示在屏幕左下角；按下“SET TO ZERO”按钮，触发位移恢复到水平零点（即显示屏垂直中心线）处。水平衰减旋钮改变水平时基挡位设置，转动该旋钮改变 s/div（秒/格）水平挡位，下状态栏“TIME”后显示的主时基值也会发生相应的变化。水平扫描速度范围在 20 ns/div～50 s/div，以 1－2－5 的形式步进。按水平功能菜单“HORIZMENU”键，显示“TIME”功能菜单，在此菜单下，可开启/关闭延迟扫描，切换“Y（电压）－T（时间）”“X（电压）－Y（电压）”和“ROLL（滚动）”模式，设置水平触发位移复位等。

f. “VERTCAL（垂直）”控制区，如图 1－1－12 所示。垂直位置旋钮可设置所选通道波形的垂直显示位置，转动该旋钮不但显示的波形会上下移动，且所选通道的“GND”标识也会随波形上下移动，并显示于屏幕左状态栏，移动值则显示于屏幕左下方。垂直衰减旋钮（伏/格旋钮）调整所选通道波形的显示幅度，转动该旋钮改变伏/格垂直挡位，同时在状态栏对应通道显示的幅值也会发生变化，可以使用伏/格旋钮控制示波器如何放大或衰减通道波形的信源信号。“CH1MENU”“CH2MENU”通道按键，显示“垂直”菜单选择项并打开或关闭通道波形的显示。“MATHMENU”按键用于显示波形数学运算菜单，并打开和关闭对数学波形的显示。

g. 信号输入区，如图 1－1－13 所示，“CH1”和“CH2”为信号输入通道，“EXT TRG”为外触发信号输入端。

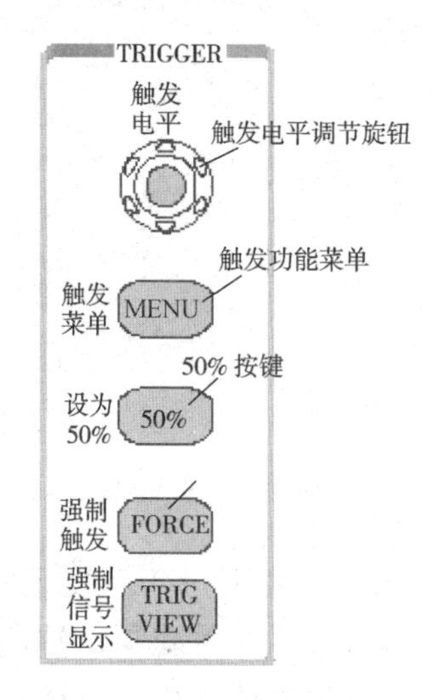

图 1－1－10　触发控制区

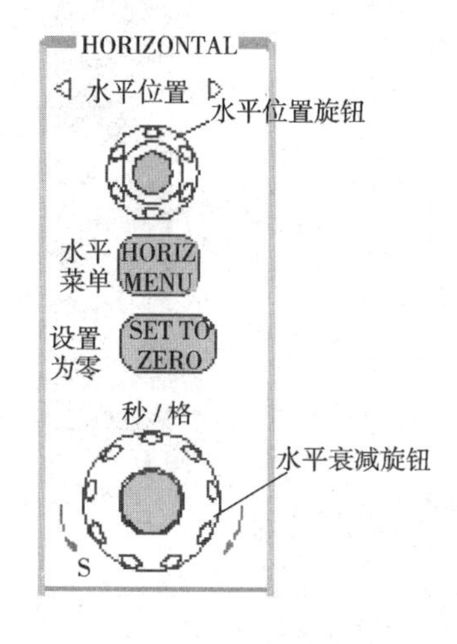

图 1－1－11　水平控制区

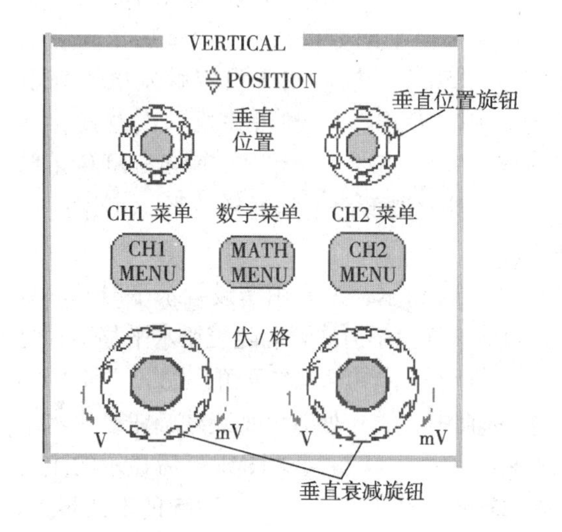

图 1－1－12　垂直控制区

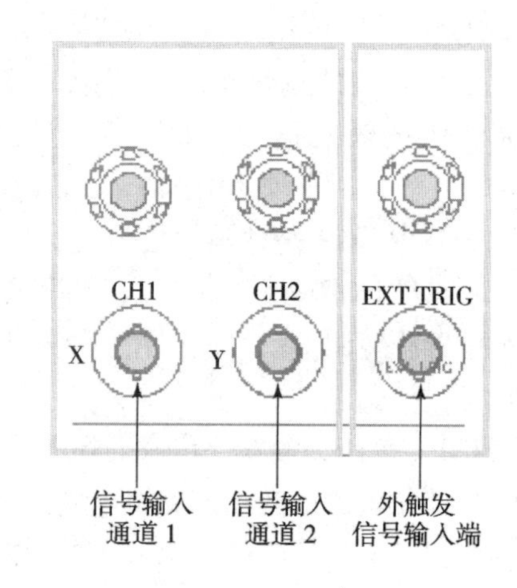

图 1－1－13　信号输入区

②泰克 TDS1000B－SC 系列数字示波器显示界面

泰克 TDS1000B－SC 系列数字示波器显示界面如图 1－1－14 所示，主要包括波形显示区和状态显示区。液晶屏边框线以内为波形显示区，用于显示信号波形、测量数据、水平位移、垂直位移和触发电平值等。位移值和触发电平值在转动旋钮时显示，停止转动旋钮 5s 后消失。显示屏边框线以外为上、下、左 3 个状态显示区（栏）。操作面板上的按键或旋钮只有对当前选定通道有效，按下通道按键则可选定被选通道。状态显示区显示的标志位置及数值随操作面板相应按键或旋钮的操作而变化。

2）数字示波器的使用

（1）设置示波器显示语言。

①打开示波器电源开关（开关在示波器左上顶部）。

②按下“UTILITY（系统设置）”按钮。

③按屏幕按钮选择示波器显示语言。

（2）设探头衰减系数为×1。

①打开示波器电源开关。

②按下“CH1 MENU”按钮，示波器显示“CH1”菜单。

③按屏幕按钮选择电压。

④按屏幕按钮选择衰减系数为×1。

⑤按步骤②～④设 CH2 探头衰减系数为×1。

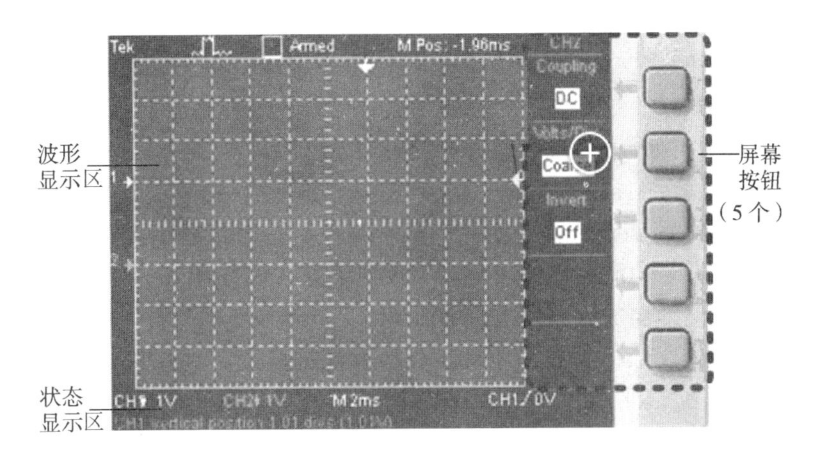

图1－1－14　泰克 TDS1000B－SC 系列数字示波器显示界面

用数字示波器进行任何测量前，都先要将 CH1、CH2 探头菜单衰减系数和探头上的开关衰减系数设成一致。如探头衰减系数为10:1，示波器输入通道探头的比例也应设置为×10，以免显示的挡位信息和测量的数据发生错误。

（3）观察信号。

①打开示波器电源开关。

②将示波器 CH1 或 CH2 探头接于被测点。

③按下“CH1 MENU”按钮，显示“CH1”菜单，屏幕上显示“CH1”字符。或按下“CH2 MENU”按钮，显示“CH2”菜单，屏幕上显示“CH2”字符。

④按下“AUTO SET（自动设置）”按钮，屏幕显示波形。

若被观测的信号较小时，使用“自动设置”可能无法显示信号，此时可调节伏/格旋钮，使屏幕显示波形。若被观测波形随机噪声较大，可按“ACQUIR（采集）”按钮，选择平均值采集方式。

（4）测量信号的幅值、周期、频率、频宽。

①打开示波器电源开关。

②设探头衰减系数为×1。

③将示波器 CH1 或 CH2 探头接于被测点。

④按下“CH1 MENU”按钮，显示“CH1”菜单，屏幕上显示“CH1”字符。或按下“CH2 MENU”按钮，显示“CH2”菜单，屏幕上显示“CH2”字符。

⑤按下“AUTO SET（自动设置）”按钮，屏幕显示波形。

⑥按下“MEASURE（测量）”按钮，显示测量菜单。

⑦按屏幕按钮，选择一个测量类型。

⑧按屏幕按钮选择信源及类型，按“返回”屏幕按钮。

⑨重复步骤⑦~⑧，使示波器显示自动测量数值。

3）减少信号随机噪声的方法

如果被测信号上叠加了随机噪声，可以通过调整示波器的设置，滤除和减小噪声，避免其在测量中对本体信号的干扰，其方法有以下两种。

（1）设置触发耦合改善触发。按下“TRIGGER（触发）”控制区中的相应通道的“MENU”键，在弹出的触发设置菜单中将触发耦合选择为低频抑制或高频抑制。低频抑制可滤除8 kHz以下的低频信号分量，允许高频信号分量通过；高频抑制可滤除150 kHz以上的高频信号分量，允许低频信号分量通过。通过设置低频抑制或高频抑制可以分别抑制低频或高频噪声，以得到稳定的触发。

（2）设置采样方式和调整波形亮度减少显示噪声。按常用菜单区“ACQUIRE”键，显示采样设置菜单。按1号功能菜单的屏幕显示按钮设置获取方式为平均，然后按2号功能菜单的屏幕显示按钮调整平均次数，依次由2~256以2倍数步进，直至波形的显示满足观察和测试要求。转动旋钮“↻”降低波形亮度以减少显示噪声。

虚拟仿真仪器简介

一、Proteus 7 中常用虚拟电子仪器简介

1. 交、直流电压表

Proteus 7 中没有虚拟万用表，测交、直流电压可用相应的虚拟电压表，通过类型选择可获得伏特表、毫伏表、微伏表，示意图标如图 1 –2 –1 所示。

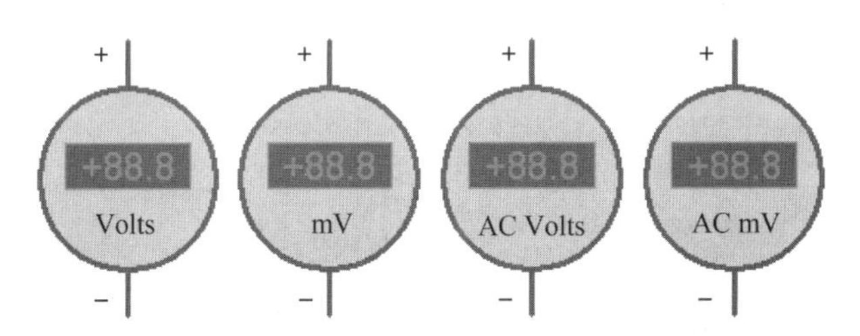

图 1 –2 –1　虚拟交、直流电压表示意图标

2. 交、直流电流表

同交、直流电压表一样通过类型选择可获得虚拟安培表、毫安表、微安表、示意图标如图 1 –2 –2 所示。

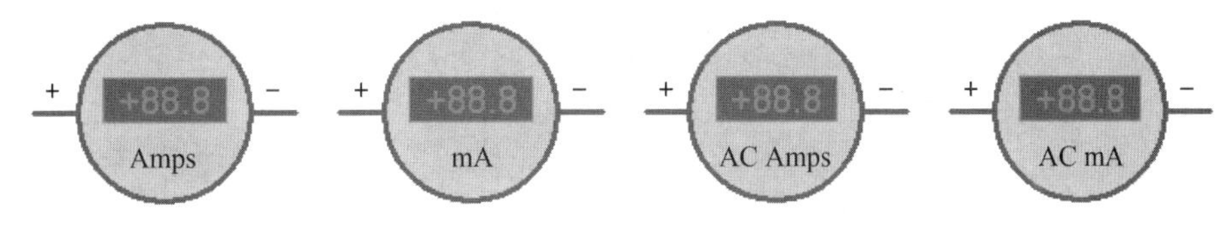

图 1 –2 –2　虚拟交、直流电流表示意图标

另外 Proteus 7 中还设有电压探针和电流探针，分别用于测量某点对地电压和直接测量某支路电流。

3. 信号发生器

Proteus 7 中虚拟信号发生器示意图标及其设置面板如图 1－2－3 所示。

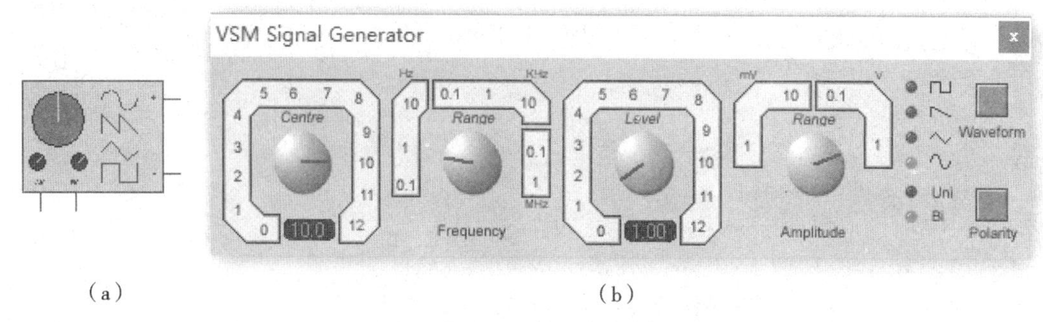

(a)　　　　　　　　　　　　(b)

图 1－2－3　虚拟信号发生器示意图标及其设置面板

(a) 示意图标；(b) 设置面板

如图 1－2－3（a）所示的示意图标用于仿真电路的接线，仿真开始后如图（b）所示的设置面板会自动打开。其右上方按键用于波形选择，右下方按键用于单/双极性切换。左边两个蓝色旋钮用于频率设定，两个红色旋钮用于幅度设定。

4. 示波器

Proteus 7 中虚拟示波器示意图标及设置面板如图 1－2－4 所示。

如图 1－2－4（a）所示的示意图标用于仿真电路的接线，仿真开始后如图（b）所示的设置面板会自动打开，是一个具有 A、B、C、D 4 个通道的示波器，其衰减旋钮、时基选择旋钮以及触发控制开关等与实际示波器很接近，使用方法也很类似。

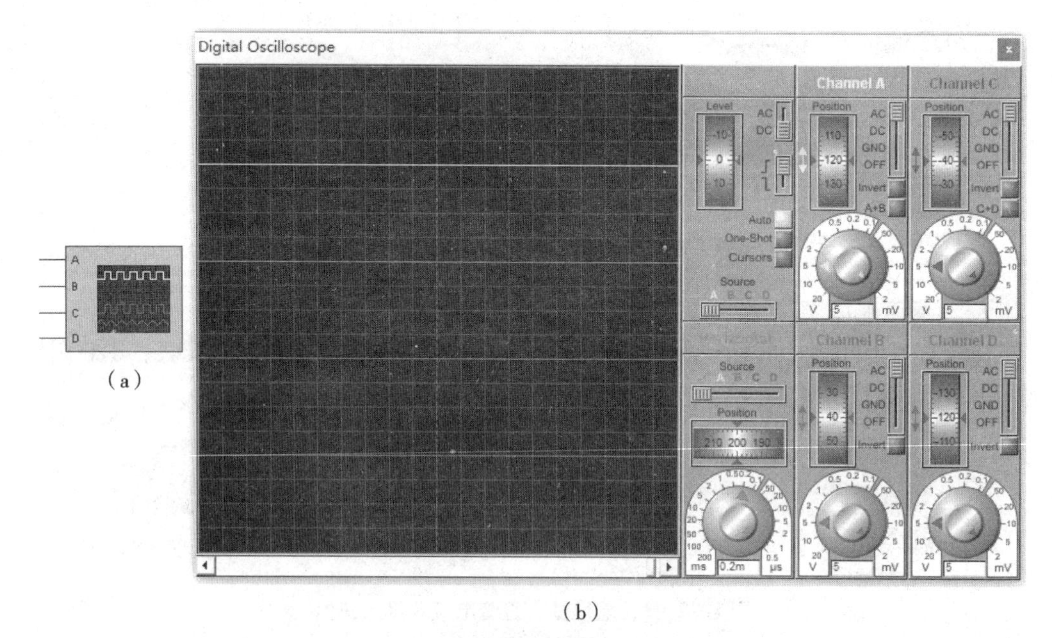

(a)

(b)

图 1－2－4　虚拟示波器示意图及其设置面板

(a) 示意图标；(b) 设置面板

另外 Proteus 7 中还设有虚拟频率计、逻辑分析仪以及图表仿真工具等。

二、Multisim 12 中常用虚拟电子仪器简介

Multisim 12 中的虚拟电子仪器种类繁多，仿真效果逼真。有些虚拟仪器的设置界面完全是模拟真实仪器设计的，因此仿真界面更接近实际，更利于上手使用。下面简要介绍几种常用的电子仪器。

1. 万用表

Multisim 12 中设有虚拟数字万用表，可以测量交、直流电压，交、直流电流和直流电阻，设置面板和操作方法同真实万用表很接近。其示意图标、设置面板和功能设置对话框如图 1－2－5 所示。其中如图 1－2－5（a）所示的示意图标用于仿真电路的接线，双击图标会弹出如图（b）所示的设置面板，在设置面板上可选择测量功能，单击“Set…”按钮可进入如图（c）所示的“功能设置”对话框，用于电气参数和显示参数设置。设置完成后打开仿真开关，在显示板上就会显示相应数据。

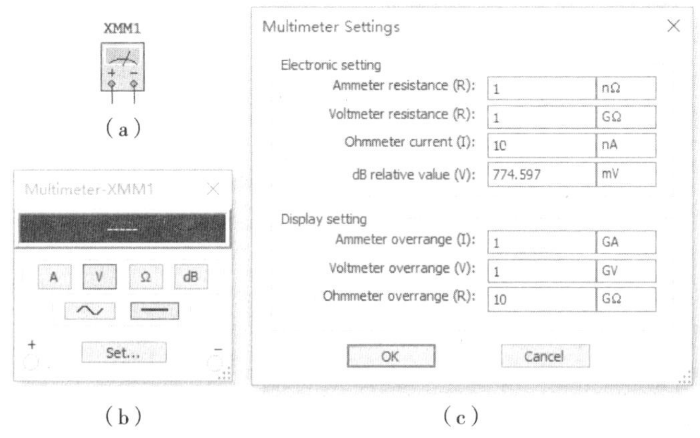

图 1－2－5　虚拟万用表示意图标、设置面板和功能设置对话框

（a）示意图标；（b）设置面板；（c）功能设置对话框

图 1－2－6 是模拟安捷伦公司的台式数字万用表而设计的功能虚拟仪器，其操作方法与真实仪器相同。

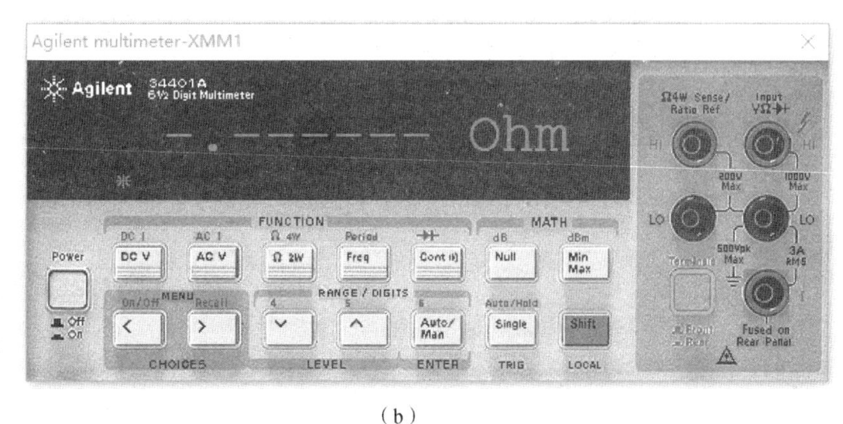

图 1－2－6　虚拟安捷伦台式数字万用表示意图标和设置面板

（a）示意图标；（b）设置面板

2. 信号发生器

Multisim 12 中虚拟信号发生器示意图标和设置面板如图 1－2－7 所示。

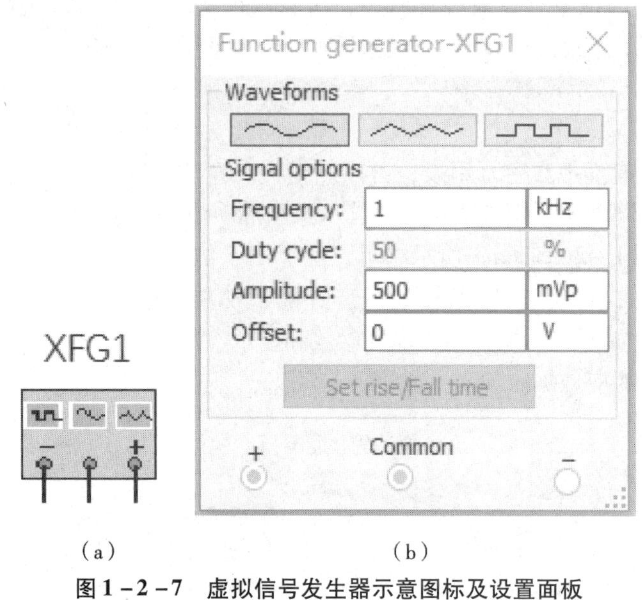

（a）　　　　　（b）

图 1－2－7　虚拟信号发生器示意图标及设置面板

（a）示意图标；（b）设置面板

如图 1－2－7（a）所示的示意图标用于仿真电路的接线，仿真开始后双击该图标会自动弹出如图（b）所示的设置面板，在面板上可选择输出波形（正弦波、三角波、矩形波）。波形确定后可设置对应的频率、占空比、幅度及直流偏置。设置完成后，单击“×”按钮关闭设置面板。

如图 1－2－8 所示是模拟安捷伦公司的函数信号发生器而设计的虚拟仪器，其操作方法与真实仪器相同。

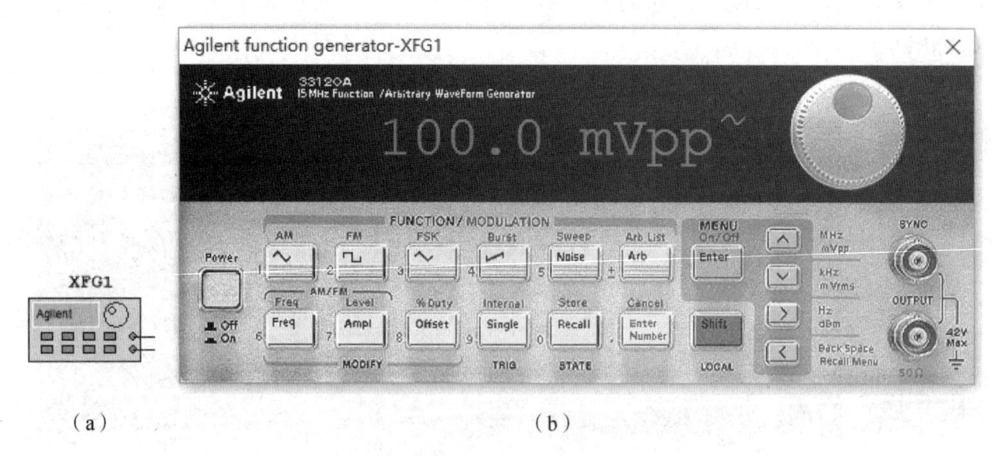

（a）　　　　　（b）

图 1－2－8　安捷伦函数信号发生器示意图标和设置面板

（a）示意图标；（b）设置面板

3. 示波器

Multisim 12 中虚拟示波器有双通道示波器、四通道示波器、安捷伦和泰克示波器。

如图 1－2－9 所示为虚拟双通道示波器示意图标和设置面板，操作方法类似真实示波器。其上有耦合方式选择按钮、通道 A 和通道 B 的衰减设置、Y 轴移位设置、扫描时基设置、X 轴移位设置、触发方式及触发电平设置等。

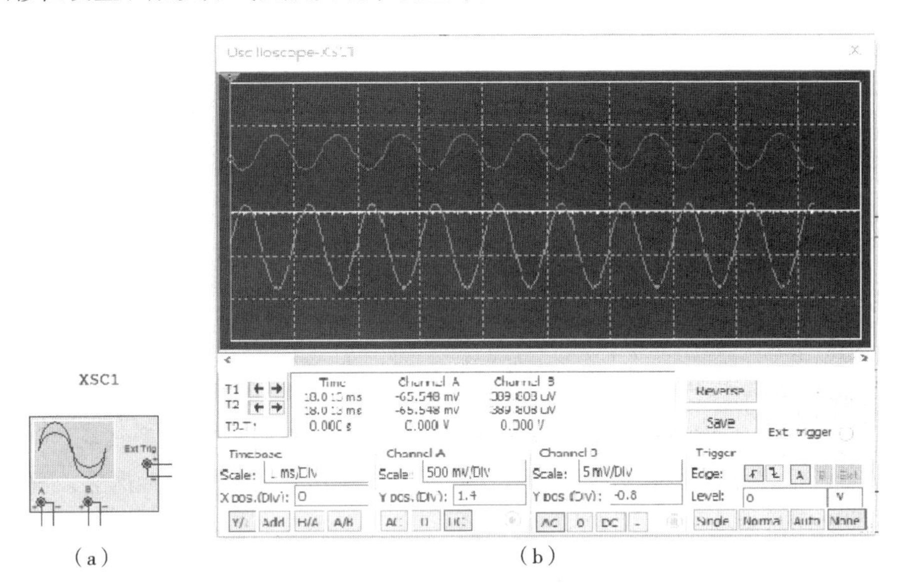

（a）　　　　　　　　（b）

图 1－2－9　虚拟双通道示波器示意图标和设置面板

（a）示意图标；（b）设置面板

如图 1－2－10 所示为虚拟四通道示波器示意图标和设置面板，其上有 A、B、C、D 4 个通道，各通道由十字型选择开关选择后可分别进行“衰减”和“时基”设置，其余设置操作同双通道示波器。

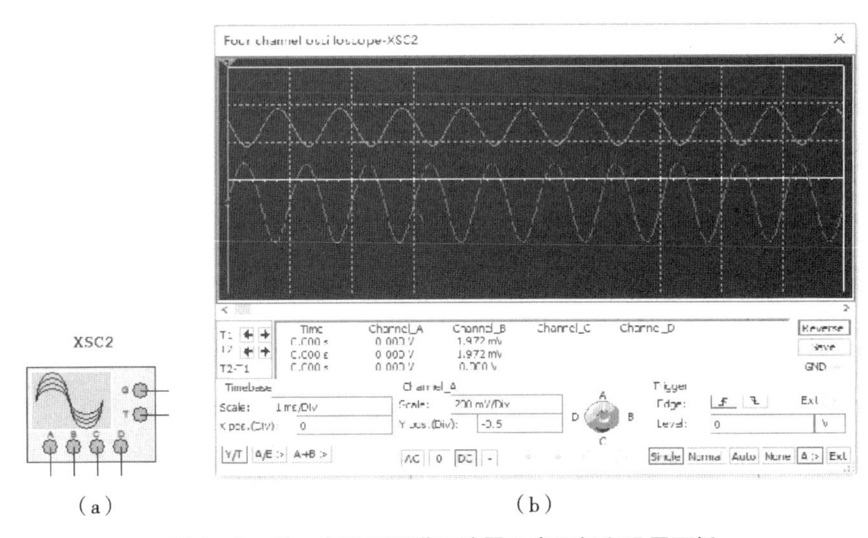

（a）　　　　　　　　（b）

图 1－2－10　虚拟四通道示波器示意图标和设置面板

（a）示意图标；（b）设置面板

如图 1－2－11 所示为虚拟泰克四通道数字示波器示意图标和设置面板，其外形及操作方法与真实示波器相同。如图 1－2－11（a）所示是示波器的示意图标，用于仿真电路的连线，仿真开始后双击图标会自动弹出如图 1－2－11（b）所示的设置面板。

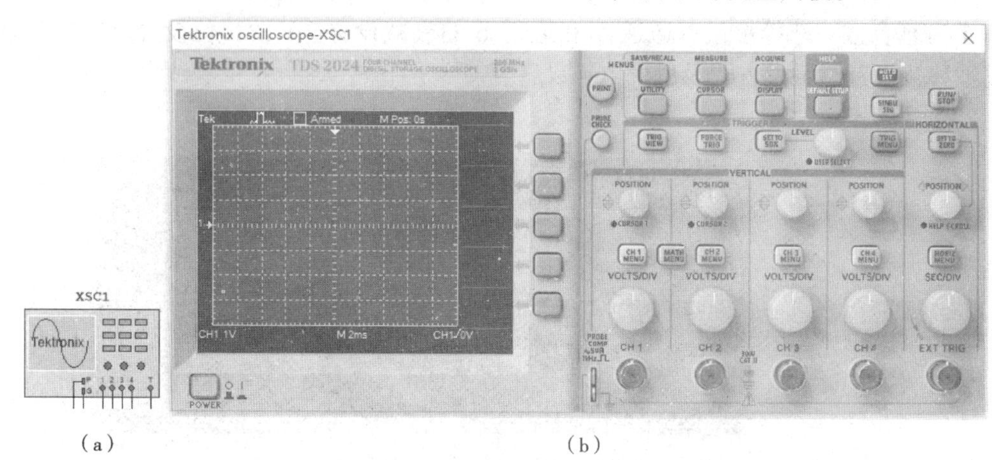

图 1－2－11　虚拟泰克四通道数字示波器示意图标和设置面板

（a）示意图标；（b）设置面板

如图 1－2－12 所示为虚拟安捷伦双通道数字示波器示意图标和设置面板，其操作过程与泰克示波器相同。

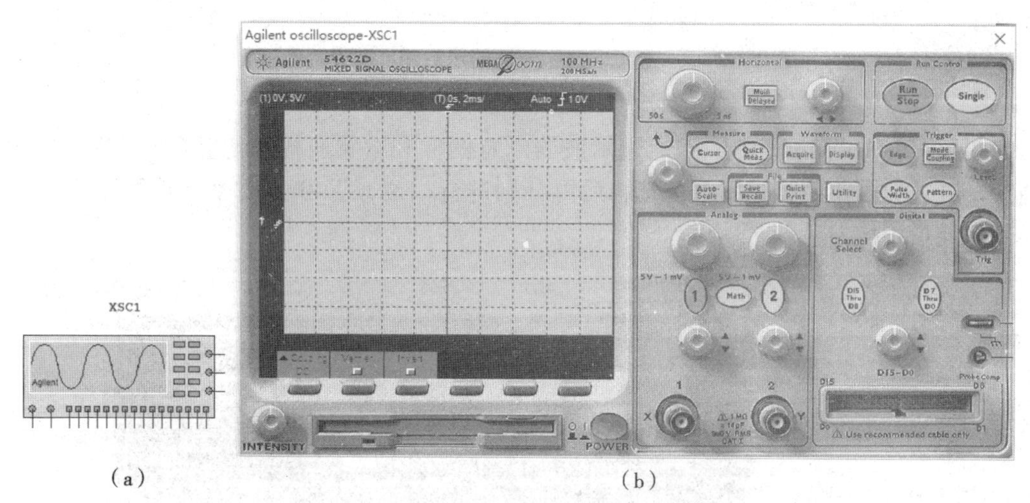

图 1－2－12　虚拟安捷伦双通道数字示波器示意图标和设置面板

（a）示意图标；（b）设置面板

一、实验目的

（1）掌握示波器、信号发生器、交流毫伏表和万用表等常用电子仪器的正确使用方法。

（2）初步学会使用示波器观察信号波形和测量波形参数的方法。

二、实验仪器设备

示波器、函数信号发生器、交流毫伏表、直流稳压电源、数字万用表。

三、预习要求

（1）认真阅读直流稳压电源、函数信号发生器、双踪示波器、交流毫伏表的简介内容。

（2）了解本次实验的原理、内容及步骤。

四、实验原理及说明

在实验中，综合使用各种电子仪器时，可按照信号流向，以连线简捷、调节顺手、观察与读数方便等原则进行合理布局。常用的电子仪器中，信号发生器、直流稳压电源和测量仪表（万用表、交流毫伏表）等与被测实验装置之间的布局通常如图 1－3－1 所示。为防止外界干扰，各仪器的公共接地端应连接在一起，称为共地。信号发生器和交流毫伏表的连接线通常用屏蔽线或专用电缆线，示波器的连接线使用专用电缆线，直流电源的连接线用普通导线。

1．直流稳压电源

直流稳压电源通常用来为电子电路提供工作电压，其负极用作电路的共地端。现在实验室使用的各种实验箱（台）都配置有不同电压等级的直流电源模块，用于实验电路的供电。使用时注意接线方式，严禁出现电源短路的情况。

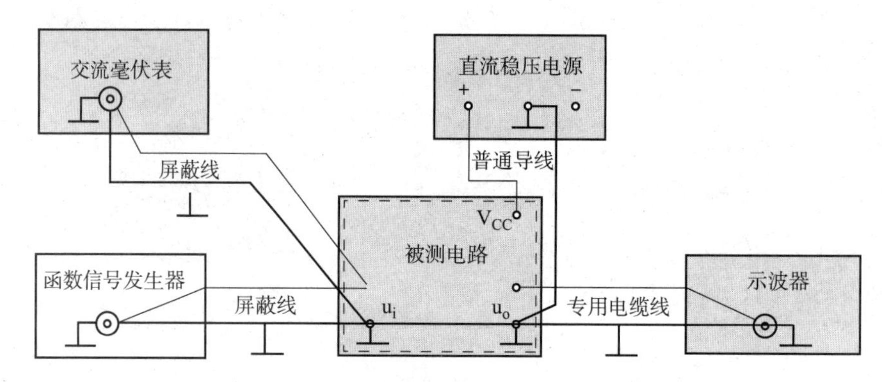

图1-3-1　基本模拟电子技术实验系统布局

2. **函数信号发生器**

信号发生器可输出一定频率范围和一定电压大小的正弦波、三角波和方波，用来给实验电路提供输入信号，可供交流毫伏表和示波器直接测量和观察。

（1）模拟式函数信号发生器输出信号的频率可以通过频段选择开关和频率细调旋钮进行调节。输出信号幅度可由衰减按钮和输出幅度调节旋钮进行调节。

（2）DDS 函数信号发生器采用现代数字合成技术，输出波形无畸变、失真小；信号频率和幅度连续可调；在输出频率范围内不需设置频段，频率扫描可无间隙地连续覆盖全部频率范围。

注意：信号发生器的输出端不允许短路。

3. **交流毫伏表**

交流毫伏表只能在其工作频率范围内，用来测量有效值为 300 V 以下的正弦交流电压。为了防止过载而损坏，测量前一般先把量程开关置于量程的较大位置上，然后在测量中逐挡减小，选择合适的量程。交流毫伏表接入被测电路时，应先接地线，拆线时应后拆地线。仪表使用完后，先将量程开关置于最大量程位置后，才能拆线或关机。

4. **示波器**

示波器不但可以直接显示出电信号随时间变化的电压波形、变化过程及其测量出的信号的幅度、频率、脉宽、相位差等，还能观察信号的非线性失真、测量调制信号的参数等。

（1）模拟双踪示波器的操作方法见“常用电子仪器简介”中的相关内容。

（2）数字示波器的操作方法见“常用电子仪器简介”中的相关内容。

五、实验内容及步骤

1. **万用表的练习**

（1）打开模拟电路实验箱，熟悉实验箱的结构、功能和使用方法。

（2）将万用表水平放置，使用前应检查指针是否在标尺的起点上。如果偏移了，可调节机械调零，使指针回到标尺的起点上。测量时注意量程选择，应尽可能接近于被测量，但不能小于被测量。

（3）用万用表直流电压挡测量实验箱上的直流电源电压 ±5 V、±12 V；用电阻挡测量实验箱上的 10 Ω、1 kΩ、10 kΩ、100 kΩ 电阻器的阻值，将测量结果记入表1-3-1中。

表 1-3-1　万用表测量记录表

被测量	直流电压/V				电阻/Ω			
标称值	+12	-12	+5	-5	10	1 k	10 k	100 k
实测值								
挡位（量程）								

2. 函数信号发生器和交流毫伏表的使用练习

（1）先使用模拟式函数信号发生器，将衰减开关设置为 0 dB（无衰减），输出频率为 1 kHz，输出电压幅值为 5 V 的正弦信号，用交流毫伏表测出电压有效值。然后仅改变衰减开关的衰减挡位，用交流毫伏表依次测出电压值，并将毫伏表使用量程及读数记入表 1-3-2 中。

表 1-3-2　用交流毫伏表测量信号电压（f=1 kHz）

信号发生器衰减数/dB	0	20	40	60
交流毫伏表读数/V				
交流毫伏表量程/V				

（2）将模拟式函数信号发生器衰减开关置于“0 dB（无衰减）”，并保持输出幅值为 5 V 的正弦信号，仅改变信号频率，分别用交流毫伏表和万用表测量不同频率所对应的电压值，记入表 1-3-3 中，并进行比较。

表 1-3-3　用交流毫伏表、万用表测量不同频率对应的电压值

信号频率 f/Hz	50	100	1 k	10 k	50 k	100 k	500 k	1M
交流毫伏表读数/V								
万用表读数/V								

（3）采用数字式函数信号发生器，同样按以上实验步骤及要求完成实验内容。

3. 用示波器和交流毫伏表测量信号参数

1）用示波器观测正弦信号

按如表 1-3-4 所示的要求调节信号源输出的频率和电压值（交流毫伏表测），用模拟示波器测量出信号频率及电压有效值，记入表 1-3-4 中。

表 1-3-4　模拟示波器测量信号参数记录表

正弦输出信号频率/kHz	输出信号电压/V（交流毫伏表测）	模拟示波器测量值							
		扫描开关位置/(T·cm^{-1})	一个周期宽度/cm	周期 T/ms	频率 f/Hz	衰减开关位置/(V·cm^{-1})	波形高度 H/cm	峰峰值/V_{PP}	有效值 U/V（计算）
1	2								
10	2								
50	4								

2）用示波器观测矩形波信号

调节函数信号发生器，使其输出频率为 1 kHz、电压幅值为 3 V、占空比为 50% 的方波信号和频率为 10 kHz、电压幅值为 5 V、占空比为 75% 的矩形波信号，用模拟或数字示波器测量其周期、频率、幅值及占空比，将测量结果记入表 1-3-5 中，并进行比较。

表 1-3-5　数字示波器测量信号参数记录表

信号发生器输出矩形波			示波器测量参数		
频率 f/kHz	幅值/V	占空比/%	频率 f/kHz	幅值/V	占空比/%
1	3	50			
10	5	75			

六、实验报告

（1）写出实验操作步骤，记录、整理实验结果，并对结果进行分析。

（2）总结示波器、信号发生器、毫伏表、万用表的使用方法及其主要特点。

（3）为了仪器设备的安全，在使用信号发生器和交流毫伏表时，应该注意哪些事项？

仪器使用二

用李沙育图形法测频率和相位

一、实验目的

(1) 熟悉示波器双踪显示和 X－Y 显示的原理。

(2) 学会用李沙育图形法测量信号频率和相位。

二、实验仪器设备

模拟式双踪示波器或数字示波器、模拟式函数信号发生器或 DDS 函数信号发生器。

三、预习要求

(1) 认真阅读函数信号发生器、双踪示波器的简介内容。

(2) 了解本次实验的原理、内容及步骤。

四、实验原理及说明

示波器的双踪显示方法分交替和断续两种，这两种方式都是从 Y_1 通道和 Y_2 通道加入被测信号，显示原理如图 1－4－1 所示。而李沙育图形显示则需将 Y_1 通道切换为 X 通道，Y_2 通道不变。这时示波器就变成了 X－Y 图示仪。

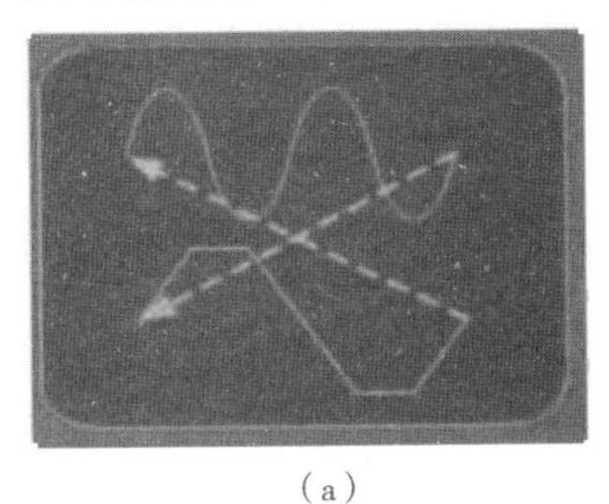

(a)

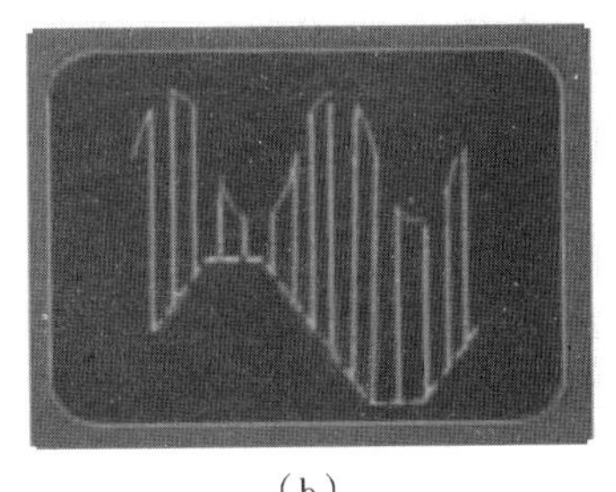

(b)

图 1－4－1　示波器的双踪显示原理

(a) 交替方式；(b) 断续方式

1. **李沙育图形显示原理**

当示波器的 X 轴偏转板和 Y 轴偏转板都加上正弦信号且频率成简单整数比时，将合成稳定的封闭轨道，称为李沙育图形，合成原理如图 1－4－2 所示。

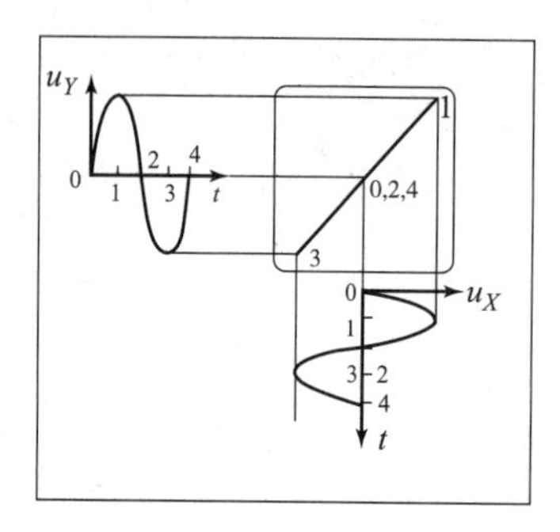

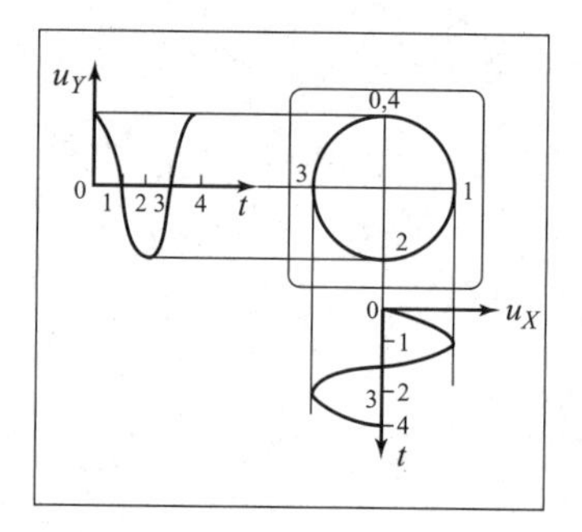

图 1－4－2　两个正弦信号的合成波形

如图 1－4－3 所示是几种常用的李沙育图形。

φ	0°	45°	90°	135°	180°
$\frac{f_Y}{f_X}=1$					
$\frac{f_Y}{f_X}=\frac{2}{1}$					
$\frac{f_Y}{f_X}=\frac{3}{1}$					
$\frac{f_Y}{f_X}=\frac{3}{2}$					

图 1－4－3　几种常用的李沙育图形

2. **用李沙育图形测频率的原理**

设被测信号为 f_X，加在 X 轴上，已知信号为 f_Y，加在 Y 轴上。调节已知信号的频率，使屏幕上出现稳定的图形，根据已知信号的频率便可求得被测信号的频率。频率关系可表示为

$$f_X = \frac{n_Y}{n_X} f_Y$$

其中，n_X 和 n_Y 是水平线和垂直线与图形的切点个数。

3. **测量同频率正弦信号相位差 φ 的原理**

在如图 1－4－4（a）所示的超前式 RC 电路中，信号源的电压 u_i、电容上的电压 u_C 与电阻上的电压 u_R 之间的相位关系如图（b）所示，u_R 超前于 u_i 的相位角 φ 可由下式得到

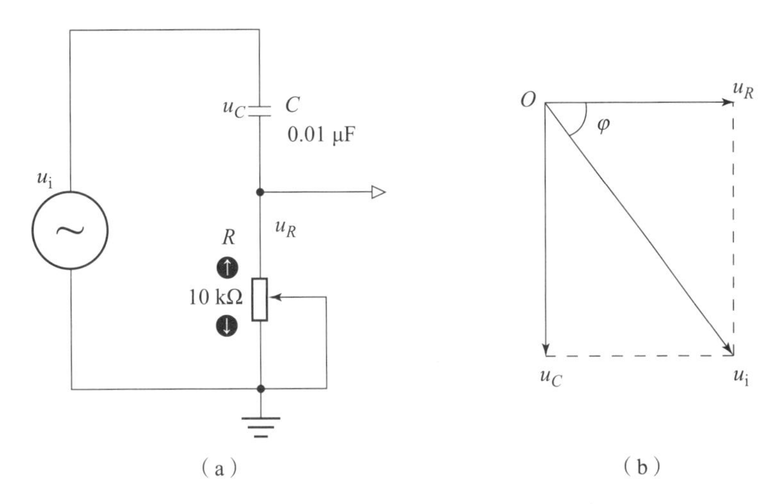

图 1-4-4　超前式 *RC* 电路及相位关系

（a）超前式 *RC* 电路；（b）超前式 *RC* 电路相位关系

$$\varphi = -\arctan\frac{1}{\omega RC} = -\arctan\frac{1}{2\pi fRC}$$

在实验中，相位角 φ 可以采用示波器的双踪显示方式或李沙育图形法来测量。

①用双踪显示方式测相位差。

按如图 1-4-4 所示连接实验电路，u_i 和 u_R 分别连接到示波器的 CH1 和 CH2 通道，函数信号发生器选择“正弦波输出”，调节偏转因数和扫描时间，使波形的幅度和宽度适中，旋转触发电平使触发同步，测量出两信号的时间差 Δt，如图 1-4-5 所示。

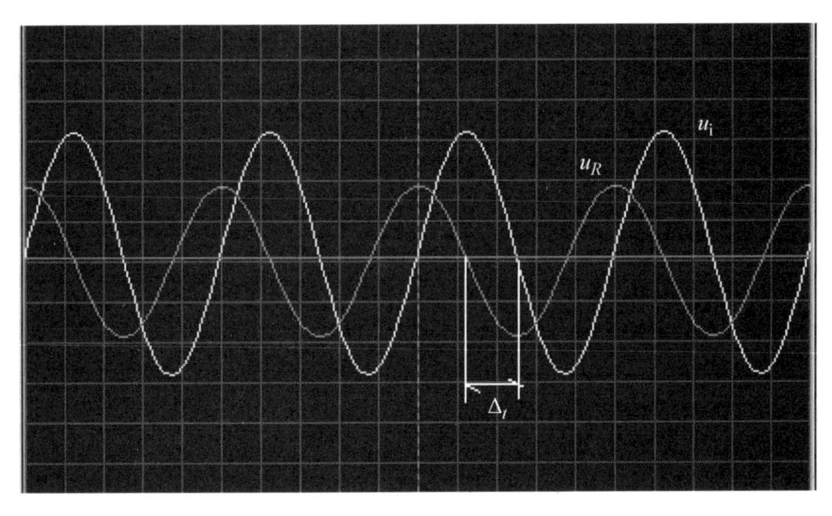

图 1-4-5　具有相位差的两正弦波信号

相位差 φ 的计算为

$$\varphi = 2\pi\frac{\Delta t}{T}\ (\text{rad}) = 360\frac{\Delta t}{T}\ (^\circ)$$

②用李沙育图形法测相位差。

因为一节 RC 移相网络的相移小于90°，在 $0<\varphi<90°$ 范围内，李沙育图形均是一个椭圆，如图1-4-6所示。

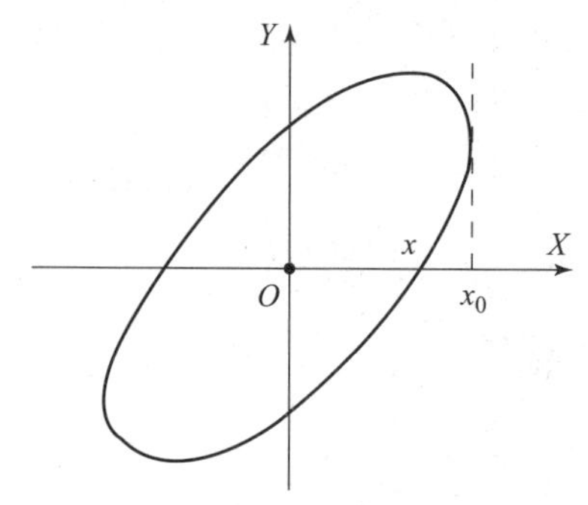

图1-4-6 李沙育椭圆图形

这时两个同频信号的相位差可通过下式计算

$$\varphi = \arcsin(x/x_0)$$

其中，x 是椭圆与 X 轴的交点到原点的距离；x_0 为最大的水平距离。

五、实验内容及步骤

先观看仿真演示，再完成以下实验内容。

1. 用李沙育图形法测频率

（1）将示波器的CH1通道切换为X-Y显示方式。

（2）被测正弦波信号 f_X 由函数信号发生器提供（频率设为100 Hz），并接入示波器的CH1通道，另外一台函数信号发生器的输出 f_Y 接示波器的CH2通道。

（3）分别调节CH1和CH2通道的衰减旋钮，使屏幕上呈现出矩形方框，再缓慢调节CH2通道所接信号源的频率，当两信号的频率为整数倍时，屏幕上会出现稳定的李沙育图形。

（4）根据给定的信号 f_X，按如表1-4-1所示的要求调出李沙育图形，由李沙育图形与水平、垂直切线的切点数目 n_X 和 n_Y 计算 f_Y 的频率，并绘出李沙育图形。

表1-4-1 用李沙育图形法测信号频率记录表

测量次数	1	2	3	4
f_X/Hz	100			
n_X				
n_Y				
f_Y/Hz				
李沙育图形				

2. 测量两个同频率正弦信号的相位差

（1）按如图1-4-4所示接线，按如表1-4-2所示的要求选取 R 和 C 的参数。

（2）用双踪显示方式显示出 u_i 和 u_R 的波形，测出 Δt 并计算相位差。

(3) 将示波器改为 X－Y 显示方式，用李沙育图形法测出相位差。将结果填入表 1－4－2中。

提示：测量两个同频率正弦信号的相位差时，注意水平基线的调节与同相位点的确定。

表 1－4－2　测同频正弦信号相位差记录表

f/Hz	500	1000
C/μF	0.01	0.01
R/kΩ	2	10
T/ms		
Δt/ms		
φ		
李沙育图形		

六、实验报告

(1) 写出实验操作步骤，记录、整理实验结果，并对结果进行分析。

(2) 总结用李沙育图形法测量信号频率和相位的原理和方法。

第　二　篇

模拟电路基础实验

模电实验一 晶体二极管、晶体三极管的简易测试

一、实验目的

（1）掌握用万用表对晶体二极管、晶体三极管进行简易测试的方法。

（2）熟悉用晶体管特性图示仪测量特性曲线的方法，加深对晶体二极管、晶体三极管特性曲线的理解。

二、实验仪器设备

指针式万用表、晶体管特性图示仪、晶体二极管和晶体三极管若干。

三、预习要求

（1）熟悉指针式万用表欧姆挡等效电路及测试晶体二极管、晶体三极管的原理和方法。

（2）复习二极管正向特性、反向特性和三极管输出特性。

四、实验原理及说明

1. 万用表测量电阻的原理

指针式万用表欧姆挡等效电路如图 2-1-1 所示。图中，E 为表内电源（一般基本挡使用一节 1.5 V 电池），r 为万用表等效内阻，I 为被测回路中的实际电流。由图可知，万用表“+”端表笔（红表笔）对应表内电源的负极，而“-”端表笔（黑表笔）对应表内电源的正极。

一般万用表都是以“×1k”挡作为基本挡，这时表内电源采用 1.5 V 电池，而且“×100”“×10”“×1”挡的等效内阻较之基本挡依次降低为$\frac{1}{10}$。为了测量更大的电阻，通常是提高电源电压 E，同时增加 r 的值。一般万用表“×10k”“×100k”挡中的等效电阻较基本挡依次递增 10 倍，E 多采用 9 V 或 12 V 的电池。

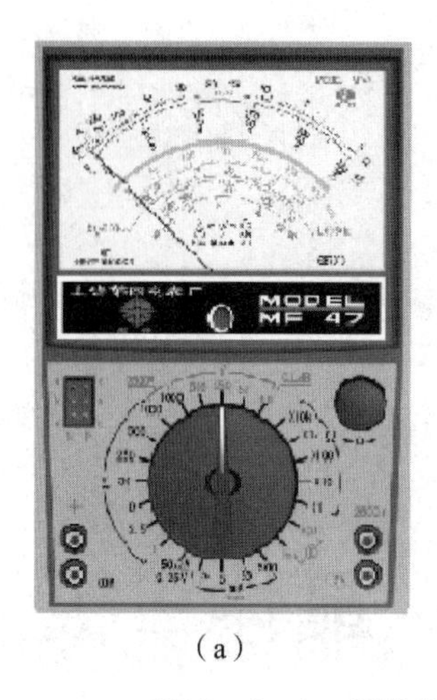

(a)

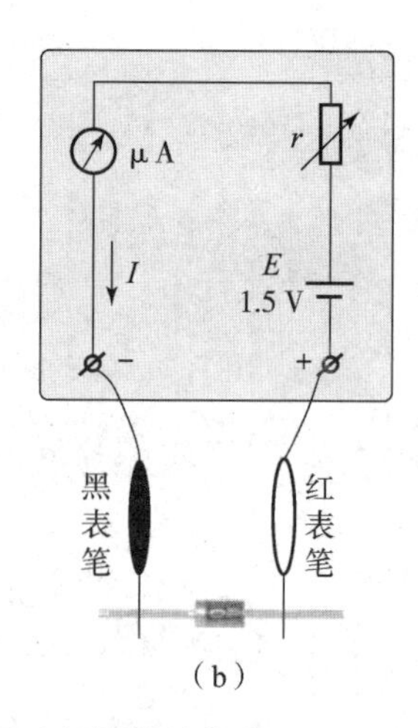

(b)

图 2-1-1 指针式万用表外形及欧姆挡等效电路

(a) 指针式万用表实物外形；(b) 欧姆挡等效电路

2. 用万用表对二极管作简易测量

1）判别二极管极性（用“×100”或“×1”挡）

二极管内部是一个 PN 结，具有单向导电性，因此当以不同的方向接入万用表表笔之间时，测量回路的电流是不同的。若黑表笔（电源正极）接二极管正极（与 P 区相连），红表笔（电源负极）接二极管负极（与 N 区相连），这时回路电流较大，指示出的电阻值就较小，反之，回路电流较小，指示出的电阻值就较大。故而在电阻值小的测量中，与黑表笔相接触的引脚就是二极管正极（阳极）。

注意：发光二极管因正、反向电阻比普通二极管要大得多，故测试时要用“×10k”挡。

2）判别二极管好坏

二极管具有单向导电性，所以测量得到的正、反向电阻值应该差别很大，相差越大说明其单向导电性越好。通常，正常的正向电阻值小于数千欧，而反向电阻值则应该在 200 kΩ 以上。若正、反向测量时，二极管所呈现电阻都很小，则说明这只二极管被击穿短路（坏）。若正、反向测量时，二极管所呈现的电阻都很大，则说明这只二极管是断路的（坏）。

3. 用万用表对三极管作简易测量

1）判定三极管基极、三极管好坏及其类型（用“×1k”挡）

由于三极管基极 b 到集电极 c 和基极 b 到发射极 e 分别是两个 PN 结，其等效示意图如图 2-1-2 所示。首先将任一表笔接在假定的基极上，另一支表笔分别去接另外两支引脚。若两次测得的阻值一大一小则证明假定的基极不对，再换一个引脚假定为基极重测，若两次测量的电阻都大（或都小），这时应将红、黑表笔互换，再重复以上测量，若测得的电阻变为都小（或都大），则假定的基极就是正确的。如果又出现一大一小，则又不对，需换引脚重测，直到找出基极为止。假若三个引脚都不能确认为基极 c，则被测管不是一只晶体管就是一只坏管。当基极确定后，假若黑表笔接基极 b，红表笔接集电极 c 或发射极 e，所测电阻很小，则被测管为 NPN 管。假若红表笔接基极 b，黑表笔接集电极 c 或发射极 e，所测电阻很小，则被测管为 PNP 管。

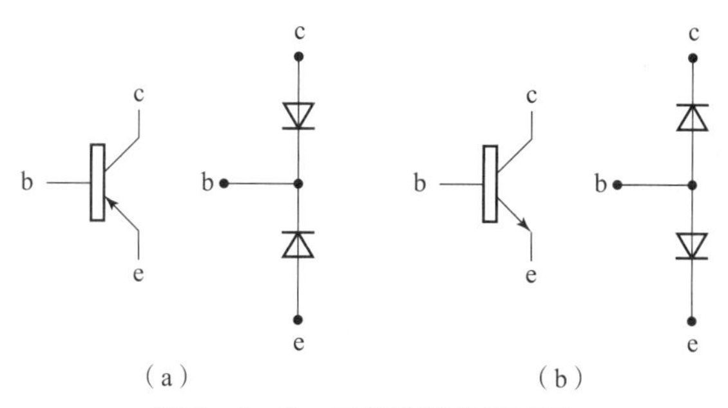

图 2－1－2　三极管等效示意图

（a）PNP 型；（b）NPN 型

2）判断三极管的晶体材料（用“×1k”挡）

测量被测三极管的正向电阻，对于 NPN 型三极管，黑表笔接基极 b；对于 PNP 型三极管，红表笔接基极 b，如果正向电阻在 6～10 kΩ，则为硅材料；在 6 kΩ 以下且不为 0，则为锗材料。

3）判别三极管的集电极 c 和发射极 e

（1）在基极 b 确定后，假定另外两个电极中的一个为集电极 c，在集电极 c 与基极 b 之间加上一只阻值在 100～200 kΩ 的电阻（可用手指代替）作为基极 b 的偏置电阻（用手指把基极 b 和假设的集电极 c 连起来，但两极不能相碰），如图 2－1－3 所示。

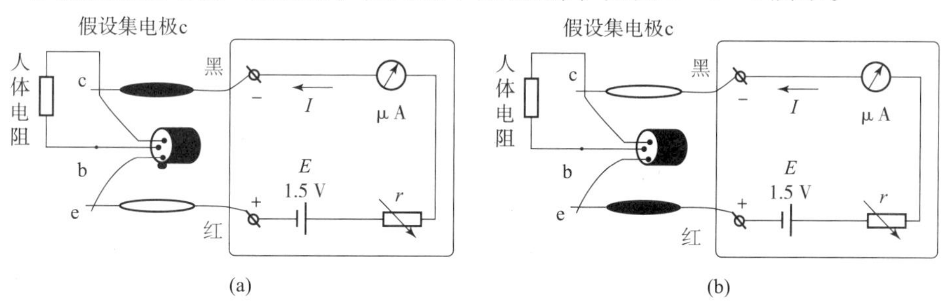

图 2－1－3　判别三极管集电极 c 和发射极 e 的原理示意图

（a）NPN 型；（b）PNP 型

（2）对于 NPN 管，黑表笔接假设的集电极 c，红表笔接假设的发射极 e；对于 PNP 管，红表笔接假设的集电极 c，黑表笔接假设的发射极 e。记下此时的阻值为 R_1。

（3）再反过来设定一次，即原假设集电极 c 的改为发射极 e，原假设发射极 e 的改为集电极 c，重复以上步骤，记下第二次的阻值 R_2。

（4）比较两次所测得的阻值，电阻小（指针偏转大）的一次假设即为正确的假设。

注意：锗管的穿透电流较大，所以使用“×100”或“×10”挡测量效果更好，而硅管则通常采用“×1k”挡来测量。

4）测量三极管的电流放大系数 β

一般万用表上都设有 h_{FE} 挡位和三极管测试座，可用来测量三极管的电流放大系数 β 的值。测试时将转换开关旋至 h_{FE} 挡位，然后将表笔短接调零（对设有 ADJ 挡位的万用表应先在 ADJ 挡位调零后再旋至 h_{FE} 挡），调好后分开表笔，将待测三极管插入相应的测试座中，在 h_{FE} 刻度盘上读出 β 的值。

五、实验内容及步骤

先观看在 Multisim 12 中用虚拟数字万用表测试晶体二极管、晶体三极管的操作演示。由于该软件新增了部分的器件 3D 模型，因此演示过程更形象逼真，如图 2－1－4 所示为测试界面。

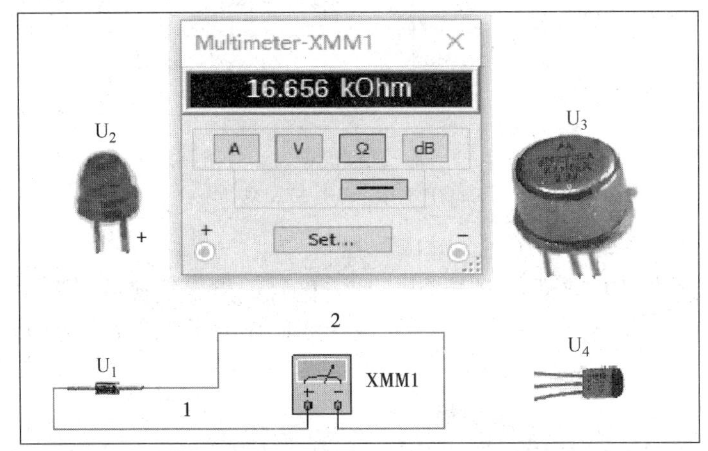

图 2－1－4　Multisim 12 中测试晶体二极管、晶体三极管的测试界面

仿真演示结束后按要求完成以下实验内容。

1. **晶体二极管的测量**

按前面实验原理中介绍的方法用万用表测量二极管的正、反向电阻，对二极管的极性、好坏作出判断，记入表 2－1－1 中。

表 2－1－1　晶体二极管测量记录表

参数 / 型号	正向电阻/kΩ		反向电阻/kΩ		好坏判断
	“×100”挡	“×1 k”挡	“×100 k”挡	“×1 k”挡	

2. **晶体三极管的测量**

按前面实验原理中介绍的方法用万用表对三极管的引脚、类型和好坏作出判断，并记入表 2－1－2 中（标注三极管的 b、c、e 极时，应使引脚朝向自己，即以底视图方式标注）。

表 2－1－2　晶体三极管测量记录表

参数 / 型号	好坏判断	三极管类型（NPN 或 PNP）	c、e 间电阻值	电流放大系数 β	极性标注（按底视图方式标注）

3. 用晶体管特性图示仪测量晶体二极管和晶体三极管的特性曲线（演示内容）

（1）测量硅二极管的正向特性曲线。

（2）测量三极管的输出特性曲线，由输出特性曲线求电流放大系数。

六、实验报告

（1）整理测试结果，对被测管作出判断。解释为何不用“×1”或“×10k”挡测试小功率管。

（2）解释为什么用万用表不同欧姆挡测二极管正、反向电阻时，测得的电阻值不同。

（3）对用万用表测量晶体二极管、晶体三极管的方法进行小结。

实用小资料：常用三极管外形与封装代号

常用三极管外形与封装代号如图 2－1－5 所示。

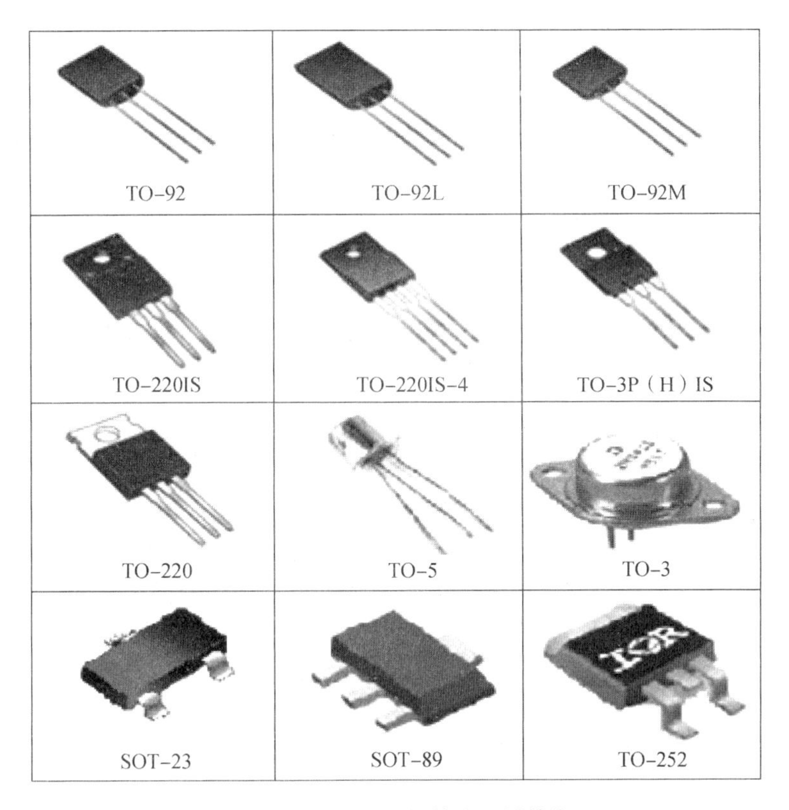

图 2－1－5　常用三极管外形封装代号

模电实验二

单管共射交流放大电路

一、实验目的

（1）进一步熟悉常用电子仪器的使用和模拟电路实验箱的组成。
（2）掌握放大电路静态工作点的调试方法及其对放大电路性能的影响。
（3）学会测量分压式偏置单管共射放大电路静态工作点和电压放大倍数的方法。

二、实验仪器设备

模拟电路实验箱、数字万用表、双踪示波器、函数信号发生器、交流毫伏表。

三、预习要求

（1）复习信号发生器、示波器、交流毫伏表和数字万用表的使用方法。
（2）复习单管放大电路工作原理及电路参数对静态工作点的影响。

四、实验电路及仿真演示

用 Multisim 12 绘制的实验仿真电路如图 2－2－1 所示。仿真演示后在模电实验箱上按图接线，完成以下实验内容。

五、实验内容及步骤

1. 元器件检查及接线

（1）用万用表检查实验箱上三极管的极性和好坏，电解电容 C 的极性和好坏。

（2）按图 2－2－1 所示连接电路（注意：接线前先测量＋12 V 电源，关断电源后再连线），将 R_P 的阻值调到最大。

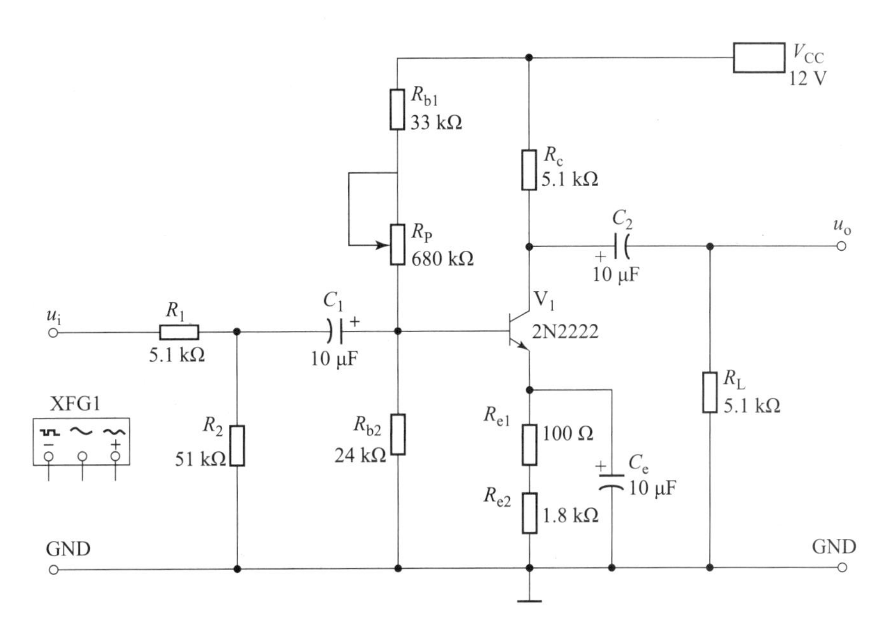

图 2－2－1　单管共射放大实验仿真电路

(3) 接线完毕仔细检查，确定无误后接通电源（注意：图中 R_1 和 R_2 组成输入衰减电路，当信号源的输出调不到几毫伏时，可采用较大信号输出，这样连接电缆上信号电平较高，不易受干扰。例如，当信号源输出为 300 mV 时，经 100∶1 衰减电阻降为 3 mV）。

2. 静态测量与调整

调节 R_P，使 U_{EQ}＝2.2 V，用万用表测出 U_{BEQ}、U_{CEQ}、I_{BQ}及 I_{CQ}（测量时注意选择正确的挡位和量程），记于表 2－2－1 中。

表 2－2－1　放大电路的静态工作点测试表

测　量　值						计算值		
R_P/kΩ	U_{BEQ}/V	U_{CEQ}/V	I_{BQ}/mA	I_{CQ}/mA	$\beta=I_{CQ}/I_{BQ}$	U_{BQ}/V	I_{BQ}/mA	I_{CQ}/mA

注意：I_{BQ}和 I_{CQ}一般可用间接测量法测量，即通过测 U_{CQ}和 U_{BQ}、R_c和 R_b计算出 I_{BQ}和 I_{CQ}。此法虽不直观，但操作比较简单。若用直接测量法须将微安表和毫安表直接串联在基极和集电极回路中测量。此法直观，但若操作不当则容易损坏器件和仪表。

3. 测量放大电路的电压放大倍数 A_u

(1) 将信号发生器的输出信号调为 f＝1 kHz，幅值为 300 mV 的正弦信号，接至放大电路的输入端，经过 R_1，R_2 衰减 100 倍，得到幅值为 3 mV（用毫伏表测量）的小信号输入放大电路的输出信号。

(2) 用示波器观察放大器 u_i和 u_o端波形，在波形不失真的条件下比较相位，并用交流毫伏表测出 u_i和 u_o有效值，描绘其波形，记于表 2－2－2 中。

表 2-2-2 放大电路的放大倍数测试表（$f=1$ kHz）

实　测				实测计算	理论估算	输入与输出波形
R_c/kΩ	R_L/kΩ	U_i/mV	U_o/V	A_u	A_u	

4. 观察负载 R_L 的变化、u_i 幅度的变化及静态工作点的变化（调节 R_P）对输出波形的影响

（1）将 $R_L=5.1$ kΩ 改变为 2.2 kΩ 或空载，观察 u_o 波形的变化。

（2）信号源频率不变，逐渐加大信号幅度，观察 u_o 波形的变化。

（3）将信号发生器的输出幅度还原，即保持输入信号幅值为 3 mV，$R_L=5.1$ kΩ，按顺时针和逆时针方向调节 R_P，同时观察 u_o 波形的变化（若失真观察不明显可增大或减小 u_i 幅值）。最后将 R_P 调至最小和最大后测量三极管的各电极电位，并填入表 2-2-3 中。

表 2-2-3 静态工作点对三极管工作状态的影响

R_P	U_{BQ}	U_{CQ}	U_{EQ}	三极管工作状态
最 小				
最 大				

5. 测放大器的频率特性

（1）将信号发生器的输出还原为 $f=1$ kHz，幅值为 300 mV 的正弦信号，调节 R_P 使 u_o 波形最大不失真，再调节示波器衰减旋钮使波形幅度达到最大显示。

（2）保持输入信号幅度不变，逐渐增大信号频率，直到波形显示幅度减小为原来的 70%，此时的信号源频率即为放大器上限截止频率 f_H。

（3）再向相反方向逐渐减小信号频率，直到波形显示幅度减小为原来的 70%，此时的信号源频率即为放大器下限截止频率 f_L。

（4）根据测量结果画出放大器的幅频特性曲线。

六、实验报告

（1）列表整理实验数据，分析实验结果。

（2）简述实验内容 4 中观察到的现象，并回答为什么会出现这些现象。

实用电路小制作：光控开关

用 Proteus 7 制作的光控开关仿真电路如图 2-2-2 所示。

一、光敏电阻简介

如图 2-2-2 所示电路中 R_G 为光敏电阻，常用的硫化镉（CdS）光敏电阻外形及结构如图 2-2-3 所示。

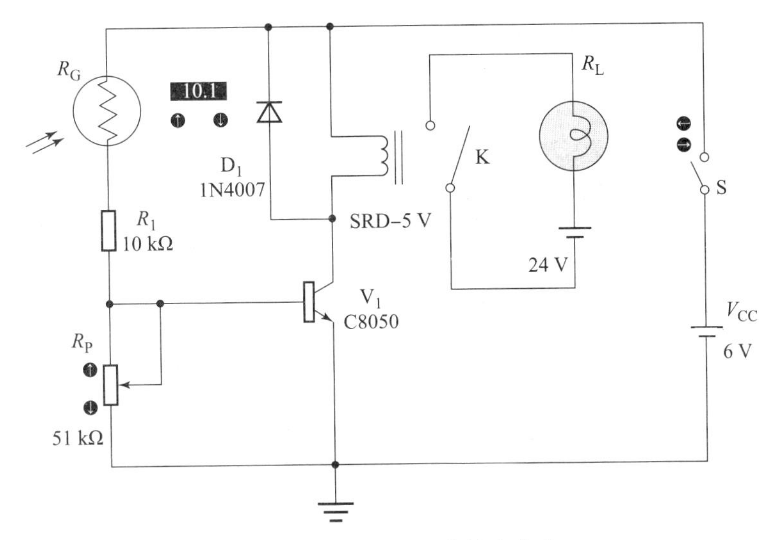

图 2-2-2　光控开关仿真电路

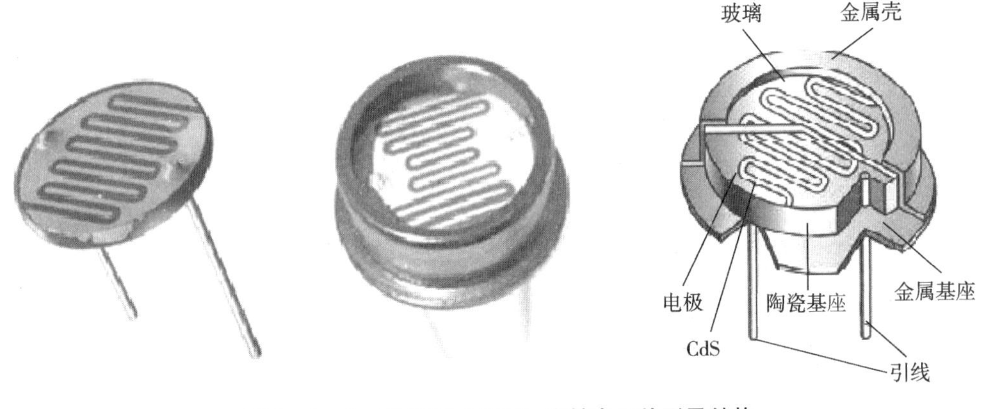

图 2-2-3　硫化镉（CdS）光敏电阻外形及结构

光敏电阻属半导体光敏器件，具有灵敏度高、反应速度快、在高温多湿的恶劣环境下能保持较高的稳定性和可靠性等优点。可广泛应用于太阳能庭院灯、草坪灯、礼品盒、迷你小夜灯、光控开关以及各种光控玩具、光控灯饰等光自动控制领域。常用型号有 MG41 ~ MG45、BD3526、LXD5506 等。

光敏电阻器是利用半导体的光电效应制成的一种电阻值随入射光的强弱而改变的电阻器。入射光强时电阻值减小；入射光弱时电阻值增大。其亮电阻和暗电阻参数的离散性也较大。

二、光控开关电路工作原理

如图 2-2-2 所示电路中，当 R_G 上的光照强度达到某一门限值时，三极管 V_1 饱和导通使继电器 K 动作，其常开触点闭合使负载 R_L 工作。当光照强度低于门限值时，V_1 截止，继电器失电，其常开触点释放，负载停止工作。D_1 为继电器线圈的续流二极管，用于保护三极管 V_1 免遭反电动势击穿。

模电实验三

集成运放基本运算电路

一、实验目的

（1）掌握用集成运算放大器组成的比例、求和电路的特点及性能。

（2）学会上述电路的测试和分析方法。

二、实验仪器设备

模电实验箱、数字万用表。

三、预习要求

（1）复习集成运算放大器的运算原理，能对运算电路的输出值进行理论估算。

（2）预习实验内容及步骤，对测试表格中的理论值进行合理估算。

（3）本实验内容中采用的集成运放型号为 μA741，其调零端 1 脚和 5 脚没用。若要求调零应如何接调零电位器，并画出接线图。

四、实验原理及说明

集成运算放大器是构成各种数学运算电路的基础，也是构成许多自动控制系统和测量装置的基本单元。通用集成运算放大器常用型号有 μA741、LM324、LM358 等，本实验中选用的是 μA741 和 LM324，其引脚分布如图 2－3－1 所示。

在合理选择电阻参数的条件下，实验内容中的电路输出符合下面的运算关系式。

1．反相比例运算

$$u_o = -\frac{R_F}{R_1}u_i$$

式中，R_F为反馈电阻；R_1为反相输入端所接电阻。

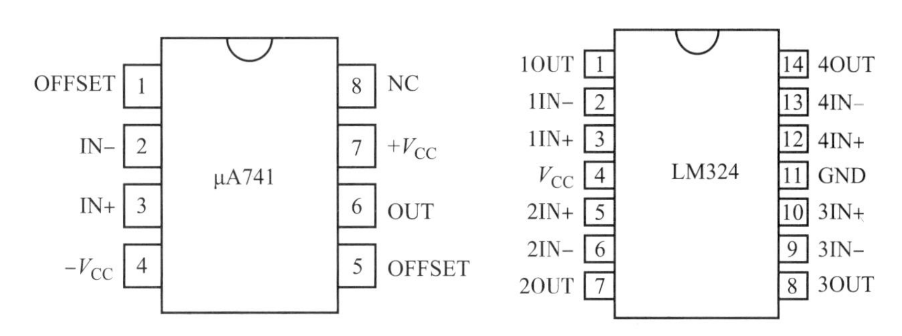

图 2－3－1　μA741、LM324 引脚分布

2. **同相比例运算**

$$u_o = \left(1 + \frac{R_F}{R_1}\right)u_i$$

式中，R_F为反馈电阻；R_1为反相输入端所接电阻。

3. **减法运算**

$$u_o = \left(1 + \frac{R_F}{R_1}\right)\frac{R_3}{R_2 + R_3}u_{i2} - \frac{R_F}{R_1}u_{i1}$$

式中，R_F为反馈电阻；R_1为 u_{i1}接至反相输入端的电阻；R_2为 u_{i2}接至同相输入端的电阻，R_3为同相输入端接至地的电阻。

4. **反相求和运算**

$$u_o = -\frac{R_F}{R_1}u_{i1} - \frac{R_F}{R_2}u_{i2}$$

式中，R_F为反馈电阻；R_1、R_2分别为 u_{i1}、u_{i2}接至反相输入端的电阻。

五、实验内容及步骤

首先观看仿真演示，然后在模电实验箱上完成以下实验内容。

1. **电压跟随器的测试**

如图 2－3－2 所示是采用 μA741 设计的电压跟随器实验仿真电路，图中 μA741 调零端 1 脚和 5 脚没接调零电位器。实验时先接好正、负 12 V 电源，同相输入端接实验箱上的－5～＋5 V 直流电压源输出插口（图中 R_{V1}构成的－5～＋5 V 直流电压源仅在仿真模拟时用，实验时不用另外接线，后面实验电路也一样），为集成运放提供直流输入信号。用数字万用表直流电压挡测量输入和输出电压（考虑负载和空载情况），按表 2－3－1 的要求进行实验测量并记录数据。

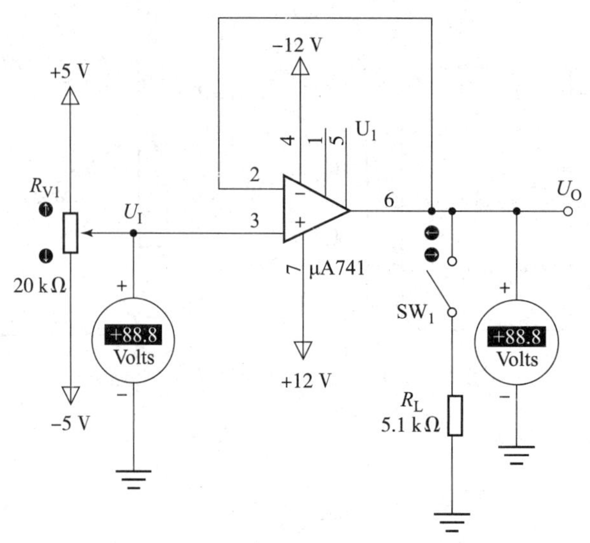

图 2-3-2　电压跟随器实验仿真电路

表 2-3-1　电压跟随器测试表　　V

直流输入电压 U_I		-2	-0.5	0	0.5	1
输出电压 U_O	$R_L=\infty$					
	$R_L=5.1\ \mathrm{k\Omega}$					

2. **反相比例放大电路测试**

实验仿真电路如图 2-3-3 所示。

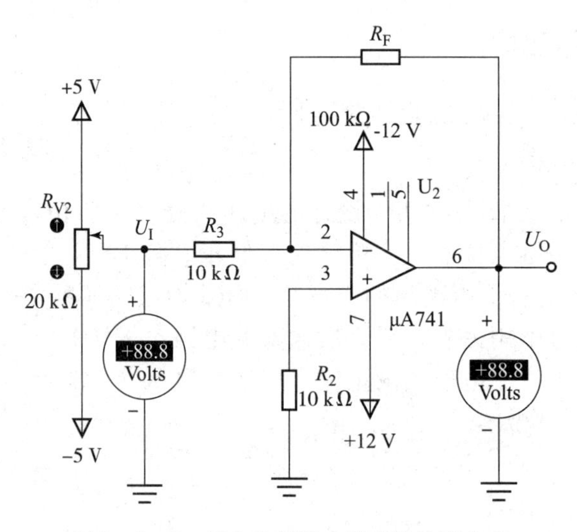

图 2-3-3　反向比例放大器实验仿真电路

按表 2－3－2 要求进行实验测量并记录数据。

表 2－3－2　反相比例放大电路测试表

直流输入电压输 U_I/mV		30	100	300	1 000	3 000
输出电压 U_O/V	理论值/mV					
	实测值/mV					
	误差					

3. 同相比例放大电路测试

实验仿真电路如图 2－3－4 所示。

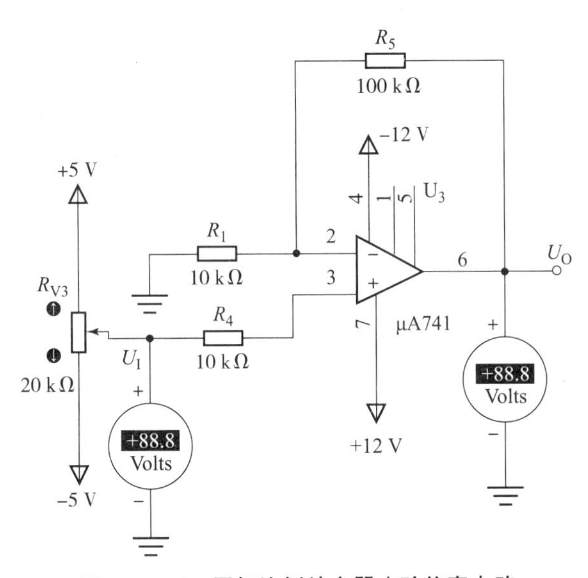

图 2－3－4　同相比例放大器实验仿真电路

按表 2－3－3 要求进行实验测量并记录数据。

表 2－3－3　同相比例放大电路测试表　　mV

直流输入电压 U_I		30	100	300	1 000	3 000
输出电压 U_O	理论估算					
	实测值					
	误差					

4. 双端输入求和（减法）电路测试

实验仿真电路如图 2－3－5 所示。

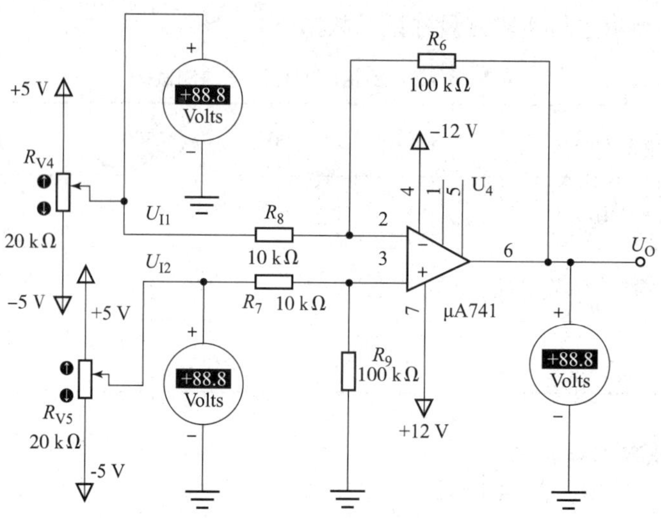

图 2－3－5　双端输入求和仿真实验电路

按表 2－3－4 要求进行实验测量并记录数据与计算结果比较。

表 2－3－4　双端输入求和电路测试表　　V

直流输入电压 U_{I1}	1	2	0. 2
直流输入电压 U_{I2}	0. 5	1. 8	－0. 2
理论值			
输出电压 U_O			

5. **反相求和电路测试**

实验仿真电路如图 2－3－6 所示。

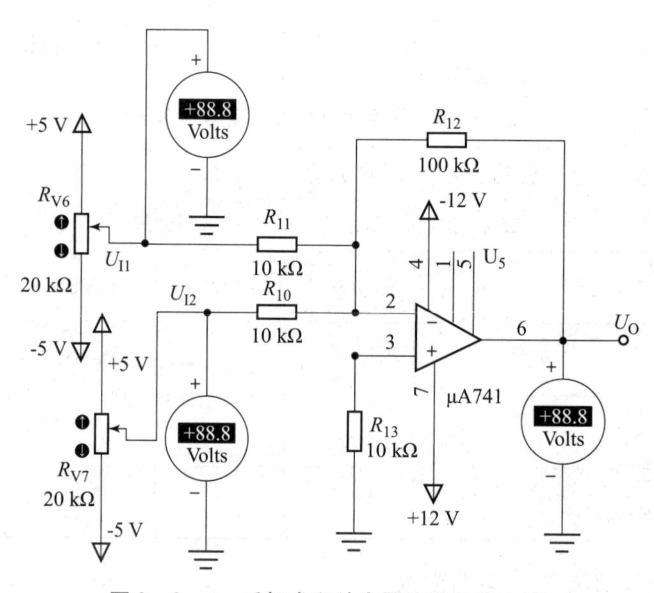

图 2－3－6　反相求和放大器实验仿真电路

按表 2－3－5 要求进行测量并记录数据，与计算结果比较。

表 2－3－5　反相求和电路测试表　　V

直流输入电压 U_{I1}	0.3	－0.3
直流输入电压 U_{I2}	0.2	0.2
理论值		
输出电压 U_O		

六、实验报告

（1）总结本实验中 5 种运算电路的特点及性能。

（2）分析理论计算与实验测试结果之间的误差原因。

实用电路小制作：音频放大器

如图 2－3－7 所示是用集成运放 LM324 构成的两级音频放大器仿真电路，第一级放大倍数为 6 倍，第二级放大倍数为 11 倍，总放大倍数约为 66 倍，输入阻抗约 10 kΩ，可用作扩音机的前置放大器。图中 LM324 采用单电源供电，为使输入信号能得到不失真放大，通过等值分压电阻 R_3、R_4 以及输入电阻 R_5 将同相输入端（3 脚）的直流电位偏置在$\frac{V_{CC}}{2}$上。为提高输入阻抗，R_5 的取值可以更大，这里是考虑了与驻极体话筒的匹配。C_2 为交流旁路电容。

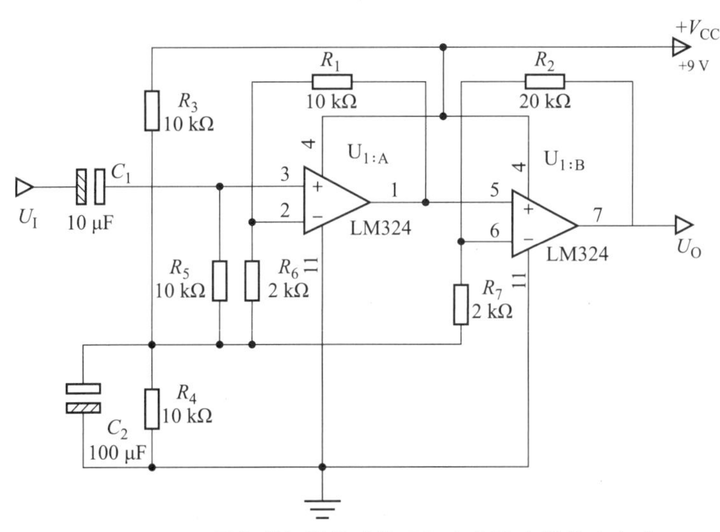

图 2－3－7　用集成运放构成的两级音频放大器仿真电路

模电实验四

波形发生电路

一、实验目的

（1）掌握波形发生电路的特点和分析方法。

（2）熟悉波形发生电路设计方法。

二、实验仪器设备

双踪示波器、数字万用表。

三、预习要求

（1）分析如图 2－4－1 所示方波发生电路的工作原理，定性画出 u_o和 u_C波形。

（2）在如图 2－4－1 所示电路中，当 $R_P=0$ 和 $R_P=100\ \text{k}\Omega$ 时，计算出 u_o的频率。

（3）对于如图 2－4－2 所示电路，如何使输出波形占空比变大？利用实验箱上所标元器件画出电路图。

（4）在如图 2－4－4 所示电路中如何连续改变振荡频率？利用实验箱上所标元器件画出电路图。

四、实验原理及说明

1. 方波发生电路

如图 2－4－1 所示，方波发生电路由反向输入的滞回比较器（即施密特触发器）和 RC 回路组成，滞回比较器引入正反馈，RC 网络作为负反馈网络。电路通过 RC 网络的充放电实现状态的自动转换。滞回比较器的门限电压为

$$\pm U_T = \pm\frac{R_1}{R_1+R_2}U_Z$$

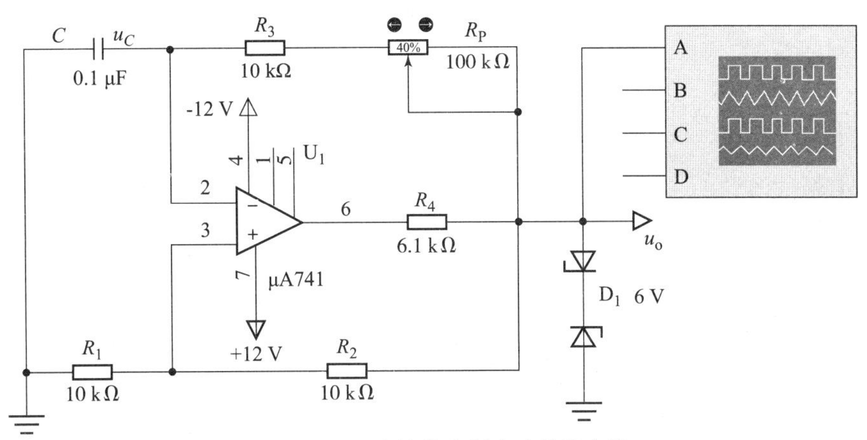

图 2－4－1　方波发生器实验仿真电路

当 u_o输出为 U_Z时，u_o通过 R_P和 R_3对 C 充电，直到 C 上的电压 u_C上升到门限电压 U_T，此时输出 u_o反转为 $-U_Z$，电容 C 通过 R_P和 R_3放电。当 C 上的电压 u_C下降到门限电压 $-U_T$时，输出 u_o再次反转为 U_Z，此过程周而复始，因而输出方波。根据分析充放电过程可得如下公式。

方波输出的周期为

$$T=2RC\ln\left(1+\frac{2R_1}{R_2}\right)$$

频率为

$$f=\frac{1}{T}$$

其中 R 为 R_3和滑变电阻 R_P之和，所以当 R_P增大时，周期增大，频率变小。由公式可知，要想获得更低的频率，可以加大电阻 R 和电容 C，或者加大 R_1、减小 R_2。

2. **占空比可调的矩形波发生电路**

如图 2－4－2 所示，其原理与如图 2－4－1 所示的方波发生电路原理相同，但由于两个单向导通二极管的作用，其充电回路和放电回路的电阻不同。设电位器 R_{P1}中属于充电回路部分（即 R_{P1}上半部分）的电阻为 R'，电位器 R_{P1}中属于放电回路部分（即 R_{P1}下半部分）的电阻为 R''，如不考虑二极管单向导通电压，可得如下公式：

$$T=t_1+t_2=(2R+R'+R'')\ C\ln\left(1+\frac{2R_{P2}}{R_2}\right)$$

$$f=\frac{1}{T}$$

占空比为

$$q=\frac{R+R'}{2R+R'+R''}$$

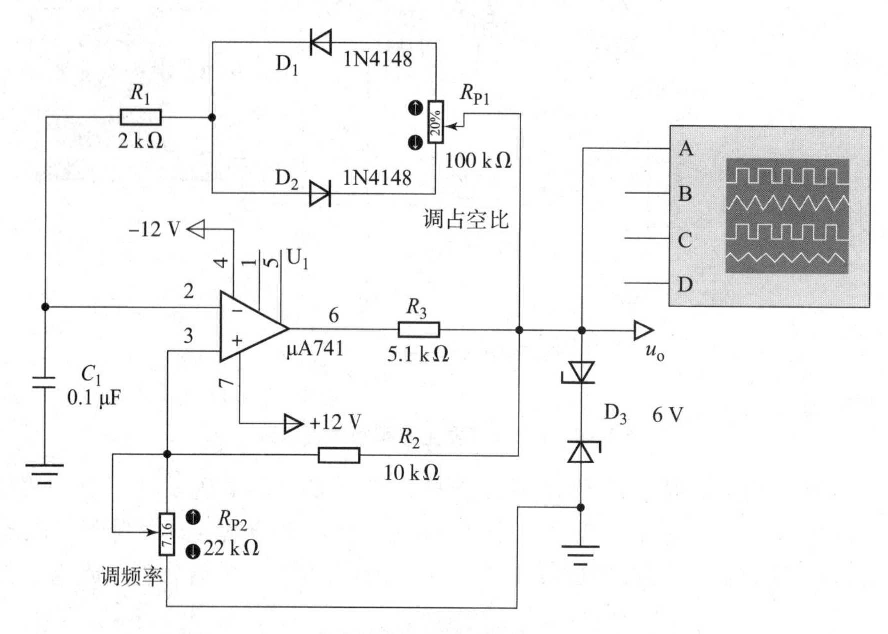

图 2-4-2　占空比可调的矩形波发生实验仿真电路

3. 三角波发生电路

如图 2-4-3 所示，三角波发生电路由正相输入滞回比较器与积分电路组成，与前面电路相比，积分电路代替了一阶 *RC* 电路作为恒流充、放电电路，从而形成线性三角波，同时易于电路带负载。滞回比较器中有

$$\pm U_T = \pm \frac{R_P}{R_1} U_Z$$

积分电路有

$$u_{o2} = -\frac{1}{R_3 C}\int u_{o1}\,\mathrm{d}t$$

所以有

$$\frac{U_Z}{R_3 C}\cdot\frac{T}{2} = U_T - (-U_T) = 2\frac{R_P}{R_1}U_Z$$

所以　$T = 4\dfrac{R_P}{R_1}R_3 C$

$$f = \frac{1}{T}$$

$$u_{o2} = U_T$$

4. 锯齿波发生电路

如图 2-4-4 所示，电路分析与前面一样，滞回比较器中有

$$\pm U_T = \pm \frac{R_1}{R_2} U_Z$$

当 $u_{o1} = U_Z$ 时，积分回路电阻（电位器上半部分）为 R'，当 $u_{o1} = -U_Z$ 时，积分回路电阻（电位器下半部分）为 R''。考虑二极管的导通压降可得

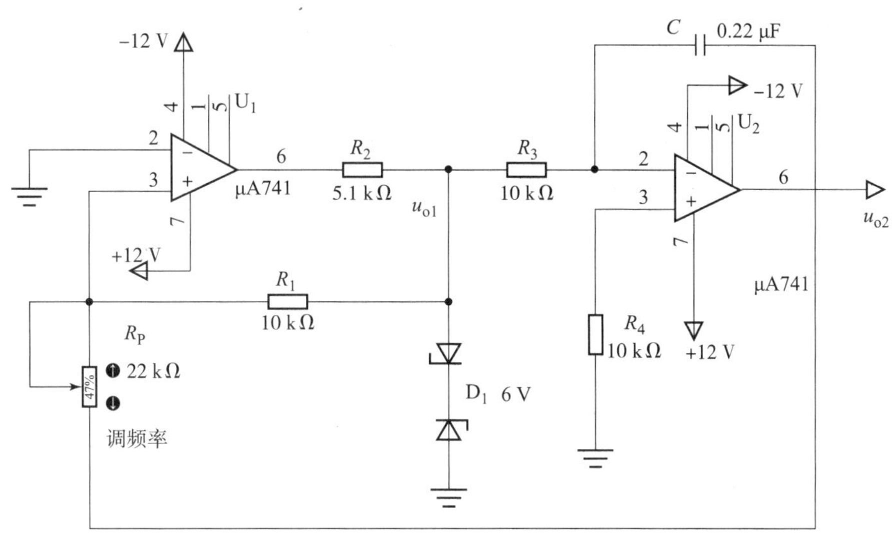

图 2－4－3　三角波发生实验仿真电路

$$t_1=\frac{2\frac{R_1}{R_2}U_Z}{U_Z-0.7}R'C,\quad t_2=\frac{2\frac{R_1}{R_2}U_Z}{U_Z-0.7}R''C,\quad T=t_1+t_2,\quad f=\frac{1}{T}$$

占空比为

$$q=\frac{t_1}{T}=\frac{R'}{(R'+R'')}$$

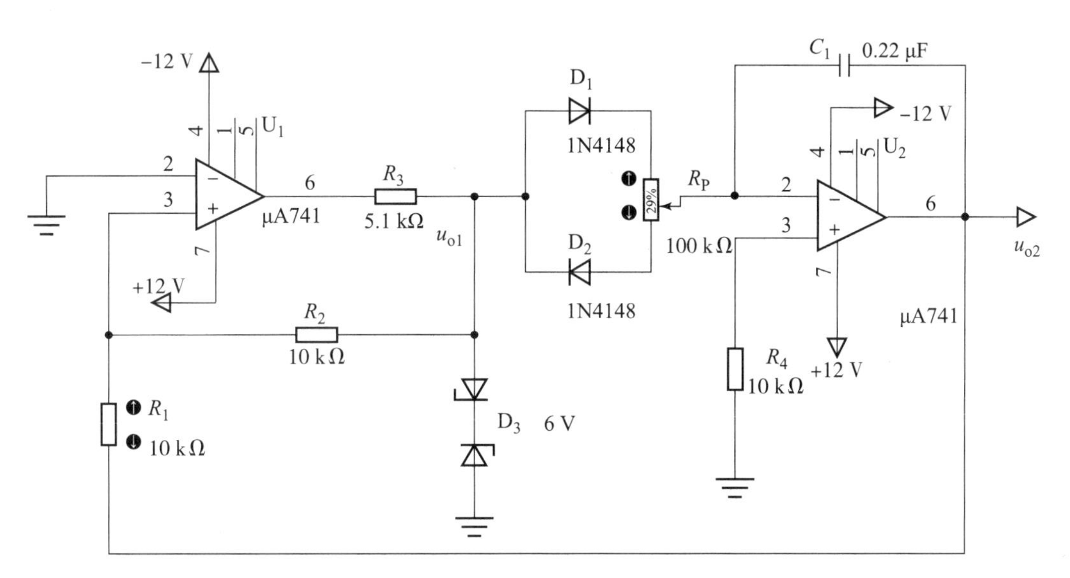

图 2－4－4　锯齿波发生实验仿真电路

五、实验内容及步骤

首先观看仿真演示，然后在模电实验箱上完成以下实验内容。

1. **方波发生电路测试**

实验仿真电路如图 2-4-1 所示，图中双向稳压管 D_1（这里是用两个 5.3 V 的稳压管反相串联来代替）稳压值一般取 5 ~6 V。

（1）按电路图接线，观察 u_o和 u_C波形及频率，与预习比较。

（2）分别测出当 $R_P=0$、$R_P=10$ kΩ 和 $R_P=100$ kΩ 时的频率和输出幅值，记于表 2-4-1 中。

（3）在表 2-4-1 中画出 u_C和 u_o波形。

表 2-4-1　方波发生电路测试表

R_P/k Ω	输出信号幅值 U_o/V	输出信号频率 f/Hz	电容 C 上的电压 u_C波形	输出信号 u_o波形
0				
10				
100				

2. **占空比可调的矩形波发生电路**

实验仿真电路如图 2-4-2 所示。

（1）按图接线，观察并测量电路的振荡频率、幅值及占空比。

（2）若要使占空比更大，应如何选择电路参数并用实验验证。

3. **三角波发生电路**

实验仿真电路如图 2-4-3 所示。

（1）按图接线，分别观察 u_{o1}及 u_{o2}的波形，并绘于表 2-4-2 中。

（2）当 R_P调至 3 kΩ、5 kΩ、10 kΩ 时，分别测出 u_{o1}和 u_{o2}的幅值及频率，记于表 2-4-2中。

表 2-4-2　三角波发生电路测试表

R_P/kΩ	u_{o1}幅值/V	u_{o2}幅值/V	u_{o1}信号频率 f_1/Hz	u_{o2}信号频率 f_2/Hz	u_{o1}波形	u_{o2}波形
3						
5						
10						

4. **锯齿波发生电路**

实验仿真电路如图 2-4-4 所示。

（1）按图接线，观测电路输出波形和频率。

（2）按预习时的方案改变锯齿波频率并测量变化范围。

六、实验报告

（1）画出各实验电路输出电压的波形图。

（2）画出各实验预习要求的设计方案和电路图，写出实验步骤及结果。

（3）总结波形发生电路的特点，并回答：

①波形产生电路需要调零吗？

②波形产生电路有没有输入端？

实用电路小制作：集成函数信号发生电路

如图 2－4－5 所示是采用集成电路 ICL8038 制作的函数信号发生器，能输出矩形波、三角波和近似正弦波。图中 S_1、S_2、S_3 用作输出频率的粗调，R_{P1}用作输出频率的细调；R_{P2}用作矩形波的占空比调节；R_{P3}和 R_{P4}用作正弦波的线性和失真度调节；改变电源电压可调节输出幅度。ICL8038 的引脚功能及内部结构如图 2－4－6 所示。

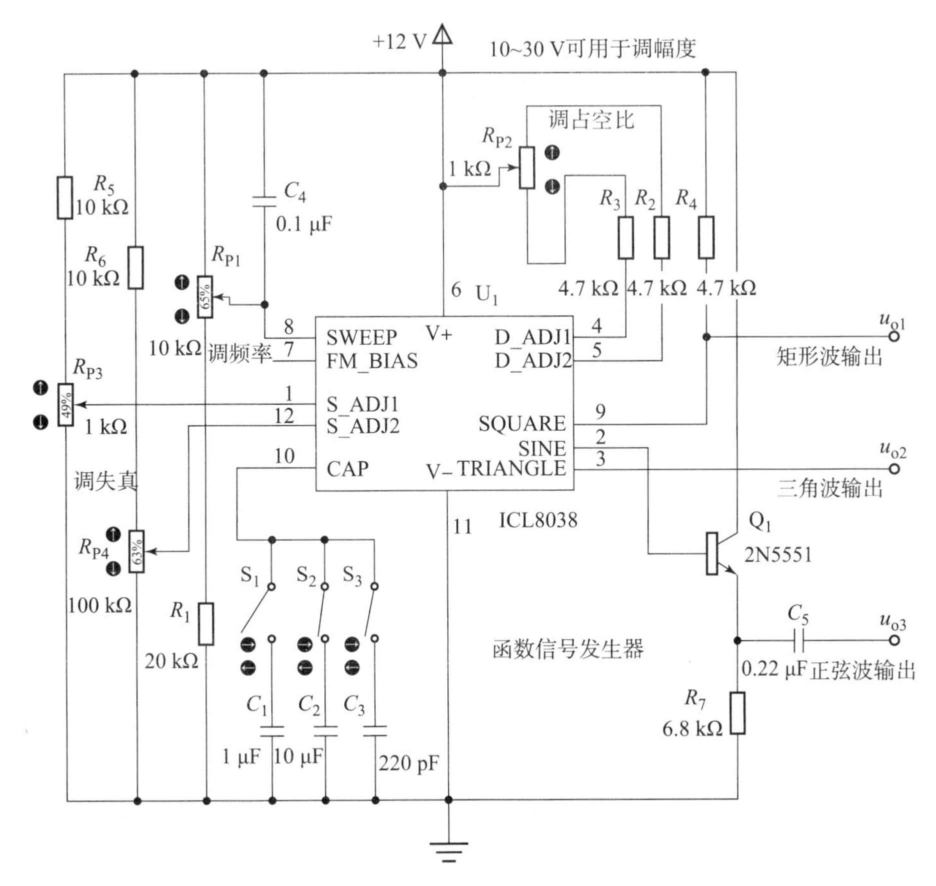

图 2－4－5　集成函数信号发生电路

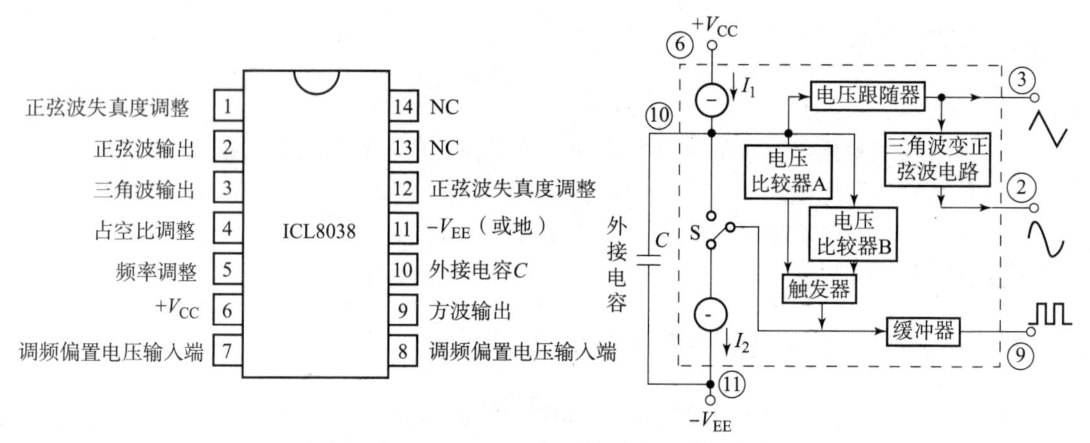

图 2-4-6　ICL8038 的引脚功能及内部结构

模电实验五

互补对称功率放大电路

一、实验目的

（1）了解功率放大电路的交越失真现象。

（2）熟悉理解互补对称功率放大器的工作原理及特点。

（3）学会互补对称功率放大电路调试及主要性能指标的测试方法。

二、实验仪器设备

信号发生器、示波器、万用表、交流毫伏表、模电实验箱。

三、预习要求

（1）分析如图 2－5－1 所示电路中各三极管工作状态及交越失真情况。

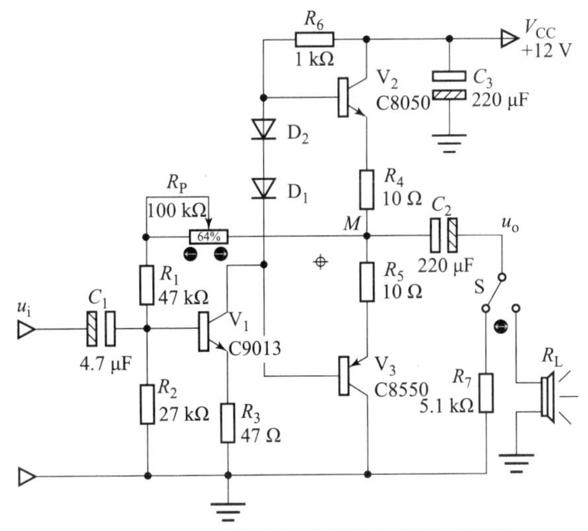

图 2－5－1　互补对称功率放大电路（OTL）

（2）电路中若不加输入信号，V_2、V_3 的功耗是多少？

（3）电阻 R_4、R_5 的作用是什么？

四、实验原理及说明

互补对称功率放大电路分为单电源供电的 OTL 电路和双电源供电的 OCL 电路。OTL 电路如图 2-5-1 所示。一般功放电路中的三极管具有甲类、乙类、甲乙类 3 种工作状态，实际互补对称功率放大器中的三极管工作在甲乙类状态。适当调节电位器 R_P，可以改变功率放大器的静态工作点和中点 M 的电位，通常使 M 点电位等于$\frac{V_{CC}}{2}$。

本电路由两部分组成，一部分是由 V_1 组成的共射放大电路，工作在甲类状态；一部分是互补对称功率放大电路，用 D_1、D_2、R_4、R_5 使 V_2、V_3 处于临界导通状态，以消除交越失真现象，称为甲乙类功率放大电路。

五、实验内容及步骤

首先观看仿真演示，然后在模电实验箱上完成以下实验内容。

1. 静态工作点的调整和测量

接通 12 V 电源，调节 R_P，使 M 点电位为 $0.5V_{CC}$。

在 $V_{CC}=12$ V，$U_M=6$ V 时测量各三极管的静态工作点（静态工作时要关闭输入信号），并将测量结果记于表 2-5-1 中。

2. 最大输出功率 P_{om} 和效率 η 的测试

1）测量 P_{om}

输入频率为 1 kHz，振幅约为 250 mV 的正弦波输入信号 u_i，然后适当调整输入信号保证输出达到最大不失真，观察输出波形并用交流毫伏表测出负载 R_L 上的电压 U_{om}，将测量结果记录于表 2-5-1 中。

2）测量 η

当输出电压为最大不失真时，用直流毫安表测量电源供给的平均电流 I_V，从而求得电源的直流功率 $P_V=V_{CC}I_V$，再根据上面测得的 P_{om}，即可求出效率 $\eta=\frac{P_{om}}{P_V}$。

测量和计算比较放大器在带 5.1 kΩ 和 8 Ω 负载（扬声器）时的功耗和效率，并记录于表2-5-1中。

表 2-5-1 静态工作点、P_{om} 和 η 测试表（$V_{CC}=12$ V）

$V_{CC}=12$ V，$U_M=6$ V	U_{BQ}/V	U_{CQ}/V	U_{EQ}/V
V_1			
V_2			
V_3			
当 U_i为____mV 时	$R_L=\infty$	$R_L=5.1$ kΩ	$R_L=8$ kΩ
U_{om}/V（最大不失真）			

续表

$V_{CC}=12$ V，$U_M=6$ V	$R_L=\infty$	$R_L=5.1$ kΩ	$R_L=8$ kΩ
电压放大倍数 $A_u=\frac{U_{om}}{U_i}$			
最大不失真输出功率 $P_{om}=\frac{U_{om}^2}{R_L}$/W			
电源功率 $P_V=V_{CC}I_V$/W			
功耗 $P_c=P_V-P_{om}$/W			
效率 $\eta=P_{om}/P_V$/W			

将最大不失真输出功率理论值 $P_{om}=\frac{1}{8}\frac{V_{CC}^2}{R_L}$、效率 $\eta=\frac{P_{om}}{P_V}\times100\%=75\%$ 和实际测量值进行比较。

(3) 改变电源电压为 6 V，按前面要求及步骤重新测量，并将测量结果记于表 2－5－2 中。

表 2－5－2　静态工作点、P_{om}和 η 测试表（$V_{CC}=6$ V）

$V_{CC}=6$ V，$U_M=3$ V	U_{BQ}/V	U_{CQ}/V	U_{EQ}/V
V_1			
V_2			
V_3			
当 U_i 为____mV 时	$R_L=\infty$	$R_L=5.1$ kΩ	$R_L=8\Omega$
U_{om}/V 最大不失真			
电压放大倍数 $A_u=\frac{U_{om}}{U_i}$			
最大不失真输出功率 $P_{om}=\frac{U_{om}^2}{R_L}$			
电源功率 $P_V=V_{CC}I_V$			
功耗 $P_c=P_V-P_{om}$			
效率 $\eta=P_{om}/P_V$			

3. 输出波形交越失真测试

设法使二极管 D_1 和 D_2 短路，观察输出波形的交越失真情况。

六、实验报告

(1) 分析实验结果，计算实验内容要求的参数。

(2) 总结功率放大电路的特点及测量方法。

实用电路小制作：最简单的差分输入 OCL 功放

最简单的差分输入 OCL 功放电路如图 2－5－2 所示。

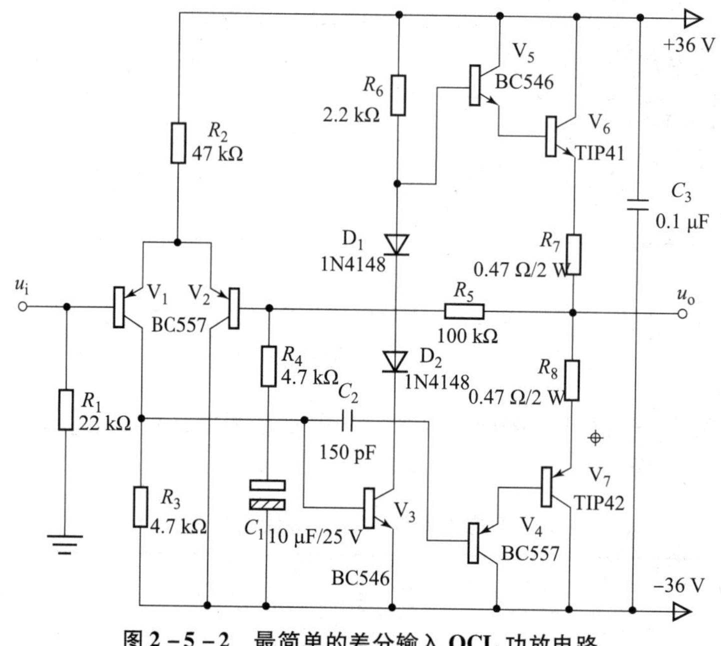

图 2－5－2　最简单的差分输入 OCL 功放电路

输入级 V_1、V_2 采用差分放大电路，但与一般常见电路稍不同的是采用 PNP 管，这与采用 NPN 管相比，两管配对容易且一致性好、噪声较低。第二级 V_3 为主电压放大级，提供大部分电压增益，但未采用常见的自举电路。大功率放大器采用自举电路对增大输出功率意义不大，且能省去一个对音质有影响的电解电容，并有利于减少元件，简化电路。C_2 是相位补偿电容。末级是由 V_4 ~ V_7 以最简方式复合而成的互补输出级，元件少、无调整，即使采用功率较小的推动管 V_4 ~ V_5 也足以满足推动末级输出功率应为 100 W 以上的要求。C_3 为双电源的高频退耦电容。

D_1、D_2 选用开关二极管 1N914，最大正向电流为 75 mA，10 mA 时正向压降约 1 V。也可用 1N4148 代换。

R_7、R_8 选用功放专用的 2 ~ 5 W 渗碳电阻，其余均选用 0.5 W 金属膜电阻。

C_2、C_3 选用 CBB 涤纶无感电容，要求耐压≥100 V，C_1 可用一般电解电容。

电源设计时，可选用双 28 V/50 W 电源变压器，加上 5 600 μF 滤波电容。

集成功率放大器

一、实验目的

（1）熟悉集成功率放大器的特点。
（2）掌握集成功率放大器的主要性能指标及测试方法。

二、实验仪器设备

双踪示波器、数字毫伏表、数字万用表。

三、预习要求

（1）复习集成功率放大器的工作原理，阅读实验内容，对照如图2－6－1及图2－6－2所示电路分析其工作原理。

（2）在如图2－6－2所示电路中，若$V_{CC}=12$ V，$R_L=10$ Ω，计算电路的输出功率P_{om}，电源供给功率P_V、效率η。

四、实验原理及说明

本实验电路采用集成功放LM386加外围元件组成，该芯片为美国国家半导体公司所生产的产品。采用8引线双列直插式封装，其内部电路及引脚分布如图2－6－1所示。电源电压V_{CC}使用范围为5～18 V、静态功耗低（$V_{CC}=12$ V时为6 mA左右），由于该集成电路外接元件少，因而在便携式无线电设备、收音机、录音机、小型放大设备中得到广泛应用。

LM386是单电源互补对称功放集成电路，该电路内部包括由V_{10}构成的射极输出器，V_1、V_2、V_3、V_4构成的差动放大电路，V_5、V_6构成的镜像电流源以及由V_7、V_8、V_9、V_{10}组成的互补对称式输出级。为使电路工作在甲乙类放大状态，利用D_1、D_2提供偏置

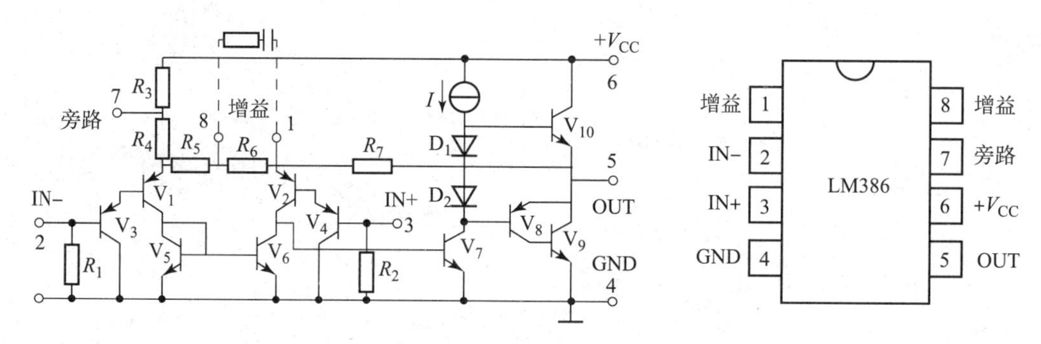

图 2-6-1 集成功放 LM386 内部电路及引脚分布

电压。该电路静态工作电流很小，范围为 4 ~ 8 mA。输入电阻约 5 MΩ，故可以获得很高的电压增益，由于 V_1、V_2 采用截止频率较低的横向 PNP 管，故几十赫兹以下的低频噪声很小。

如图 2-6-2 所示是用 Proteus 7 绘制的实验仿真电路，图中 R_P 为输入衰减电位器（音量控制），信号由 3 脚同相端输入，2 脚反相端接地。C_1 为直流电源 V_{CC} 端（6 脚）的退耦电容，C_4 为输出耦合电容，接在 7 脚的 C_3 为旁路电容，C_2 为跨接在 1 脚与 8 脚之间的增益控制电容。当 1 脚和 8 脚之间开路时，电压增益为 26 dB；若在 1 脚和 8 脚之间接阻容串联元件，则增益最高可达 46 dB，改变阻容值则增益可在 26 ~ 46 dB 范围内任意选取，电阻值越小增益越大。

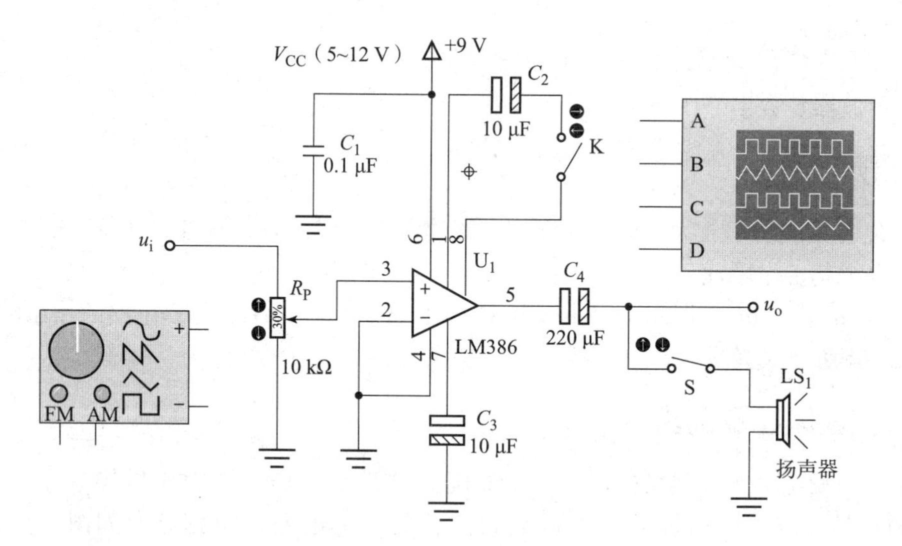

图 2-6-2 集成功率放大器 LM386 实验仿真电路

五、实验内容及步骤

首先观看仿真演示，然后在模电实验箱上完成以下实验内容。

（1）按如图 2-6-2 所示连接好电路，接入 C_2，电源电压取 +12 V，负载 R_L 用 10 Ω 电阻代替扬声器（避免对波形的影响）。

（2）将数字直流电流表拨到“20 mA”挡，串联接入 +12 V 电源支路中，输入端短路接地，测出静态工作电流 I_{VQ}。

（3）将信号源衰减 20 dB，幅度开关调到最小，输出频率调到 1 kHz，接入功率放大器的输入端 u_i，R_P 调至最上端，示波器接在输出端 u_o。

（4）逐渐增加信号发生器输出电压幅值，用示波器监视输出波形，直到最大不失真为止。用毫伏表测量并记下此时的输入 u_i、最大不失真输出 u_{om} 的有效值。

（5）将数字直流电流表拨到“200 mA”挡，串联接入 +12 V 电源支路，测出动态工作电流 i_v 后，调节 R_P 观察输出波形的变化。

（6）去掉 C_2，按步骤（4）、（5）的要求再次测量出输入 u_i、输出 u_{om} 的有效值及动态工作电流 i_v，并调节 R_P 观察输出波形的变化。

（7）将以上测量数据填入实验电路测试表 2-6-1 中，并计算 P_{om}、P_V 和效率 η。

（8）（选作）改变电源电压为 +9 V 重复上述实验。

在上述测量完成后，将音源（随身听、MP3 等）接入输入端，试听音响效果，旋转 R_P 感觉声音的变化。

表 2-6-1　实验电路测试表（V_{CC} = 12 V）

被测量 / 测量数据	U_i /mV	U_{om} /mV	I_{VQ} /mA	I_v /mA	输出功率（R_L = 10 Ω 时）P_{om}/mW	电源供给功率 P_V/mW	效率 η
C_2 接入时							
C_2 不接入时							

测量计算方法：

（1）输出功率 P_{om} 的计算：当 R_L 为已知时，只要用毫伏表测出 R_L 两端的电压 u_{om} 的有效值 U_{om}，则 $P_{om} = U_{om}^2/R_L$。

（2）电源供给功率 P_V 的计算：当测出动态电流 i_v 供给的平均电流 I_V 后，则 $P_V = I_V V_{CC}$。

（3）效率 η 的计算：$\eta = P_{om}/P_V$。

六、实验报告

（1）根据表中实验测量值，计算各种情况下的 P_{om}、P_V 和 η。

（2）绘出电源电压与输出电压、输出功率的关系曲线。

实用电路小制作：基于 LM386 的信号发生电路

如图 2-6-3 所示是用 LM386 构成的方波和三角波发生电路，电路的振荡主要是靠 R_1、R_{P2} 和 C_1 构成的负反馈网络以及 R_2 和 R_3 构成的正反馈网络来维持。方波输出频率估算公式为 $f = 1/[0.36(R_1 + R_{P2})C_1]$，调节 R_{P2} 可改变输出频率；调节 R_{P1} 可改变输出幅度。

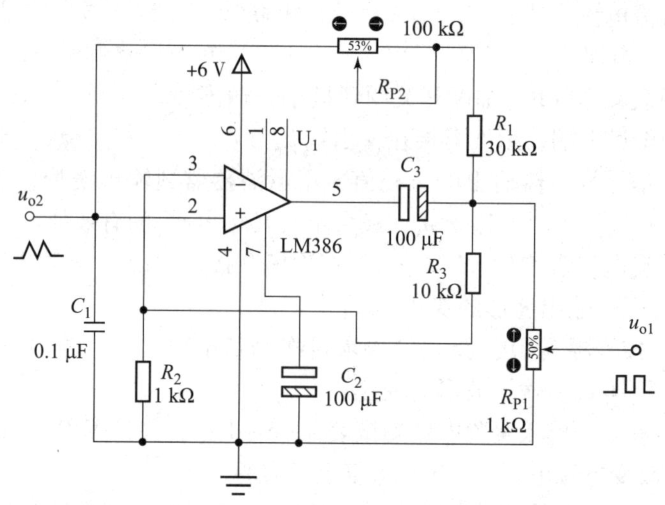

图 2-6-3　LM386 构成的方波和三角波发生电路

模电实验七

LC振荡器及选频放大器

一、实验目的

(1) 研究 *LC* 正弦波振荡器特性。

(2) 研究 *LC* 选频放大器幅频特性。

二、实验仪器设备

信号发生器、示波器、频率计、模电实验箱。

三、预习要求

(1) *LC* 电路电容三点式振荡器振荡条件及频率计算方法，计算如图 2-7-1 所示电路中，当电容 C 分别为 0.047 μF 和 0.01 μF 时的振荡频率。

(2) 复习 *LC* 选频放大器幅频特性。

四、实验原理及说明

本实验在单管放大器（模电实验二）的基础上增加了 *LC* 选频网络，从而构成 *LC* 选频放大器，利用点频法可对放大器幅频特性进行测试。实验仿真电路如图 2-7-1 所示。测试完成后去掉信号源和电阻 R_1、R_2，将图中 B 和 C 两点用导线连接即可构成 *LC* 振荡器。通过实验可测量振荡频率，验证幅度平衡条件以及负反馈和静态工作点对输出波形的影响。

五、实验内容及步骤

首先观看仿真演示，然后在模电实验箱上完成以下实验内容。

1. 用点频法测选频放大器的幅频特性

(1) 按如图 2-7-1 所示接线，$L=10$ mH，先选取电容 C 为 0.01 μF。

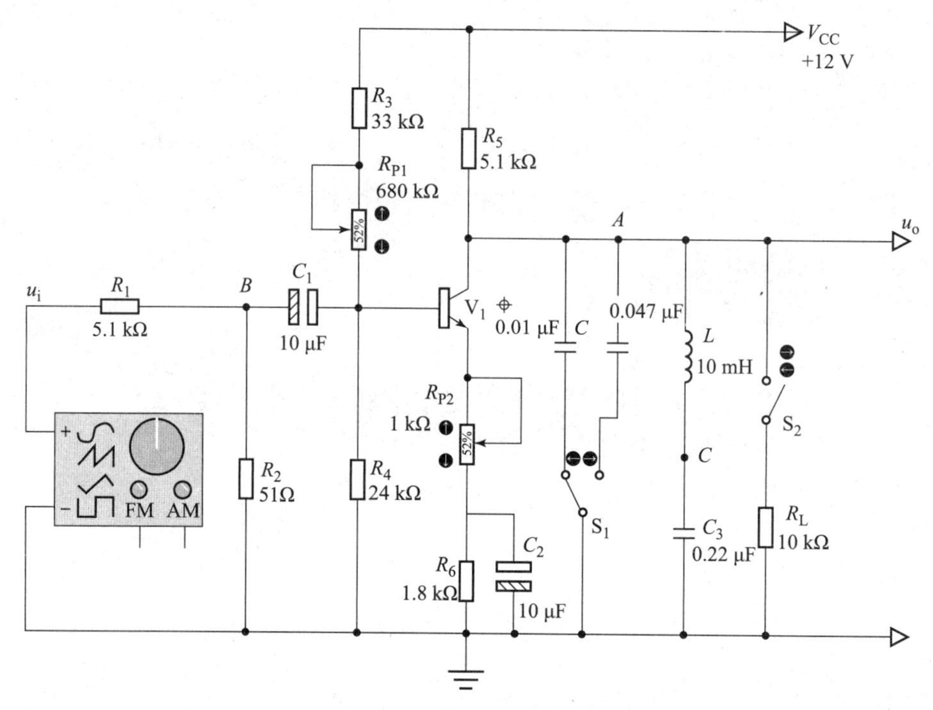

图 2-7-1 *LC* 选频放大器及 *LC* 振荡器实验仿真电路

（2）调 R_{P1} 使晶体管 V_1 的集电极电压为 6 V（此时 $R_{P2}=0$）。

（3）调信号源幅值和频率，使 $f=15$ kHz，u_i 幅值 $U_i=3.5$ V，用示波器监视输出波形，调 R_{P2} 使失真最小，输出幅值最大，用交流毫伏表测量此时幅值，计算电压放大倍数 A_u。记入表2-7-1中。

表 2-7-1 幅频特性测试记录表（$U_i=3.5$ V，$C=0.01$ μF）

频点 数据	频率/Hz							
	$f=10$k	f_0-2	f_0-1	$f_0-0.5$	f_0	$f_0+0.5$	f_0+1	f_0+2
u_o幅值/V								
放大倍数 A_u								

（4）微调信号源频率（幅值不变），使 u_o 幅值 u_o最大，并记录此时的f_0及输出信号幅值 U_o。记入表2-7-1中。

（5）改变信号源频率，使f分别为（f_0-2）、（f_0-1）、（$f_0-0.5$）、（$f_0+0.5$）、（f_0+1）、（f_0+2），分别测出相对应频率的输出信号幅值。记入表 2-7-1 中。

（6）将电容 C 改接为0.047μF，重复上述实验步骤（选做）。

2. *LC* 振荡器的测试

去掉如图 2-7-1 所示电路中信号源，先将 $C=0.01$ μF 接入，再断开 R_2。

在不接通 B、C 两点的情况下，令 $R_{P2}=0$，调 R_{P1}使 V_1 的集电极电压为 6 V。

1）测量振荡频率

（1）接通 B、C 两点，用示波器观察 A 点波形，调 R_{P2} 使波形不失真，测量此时的振荡频率，并与实验内容 1 中测得的选频放大器谐振频率 f_0 比较。

（2）用频率计测量振荡频率，并将结果与示波器测量的结果进行比较。

（3）将 C 改为 0.047 μF，重复上述步骤。

2）验证振荡幅度平衡条件

（1）在上述形成稳定振荡的基础上，用示波器测量 U_B、U_C、U_o。求出 $A_u \cdot F$ 值，验证 $A_u \cdot F$ 是否等于 1。

（2）调 R_{P2}，加大负反馈，观察振荡器是否会停振。

（3）在恢复振荡的情况下，在 A 点接入 10 kΩ 负载电阻，观察输出波形的变化。

3. 影响输出波形的因素

（1）在输出波形不失真的情况下，调 R_{P2}，使 R_{P2} 趋于 0，即减小负反馈，观察振荡波形的变化。

（2）调 R_{P1} 改变静态工作点，同时观察输出波形，在波形不失真的情况下，调 R_{P2} 观察振荡波形的变化。

六、实验报告

（1）由实验内容 1 作出选频放大器的 $|A_u|-f$ 曲线。

（2）观察实验内容 2 中各步骤发生的实验现象，并解释原因。

（3）总结负反馈对振荡幅度和波形的影响。

（4）分析静态工作点对振荡条件和波形的影响。

实用电路小制作：简易 FM 发射机（88 MHz）

该简易 FM 发射机制作成功后，可在 20 m 范围内用调频收音机接收。整机电路如图 2-7-2 所示。调节电感 L_1 的匝间距离可微调发射频率，用调频接收机监听使频率调至约 88 MHz,电路可用作小型监听器使用。

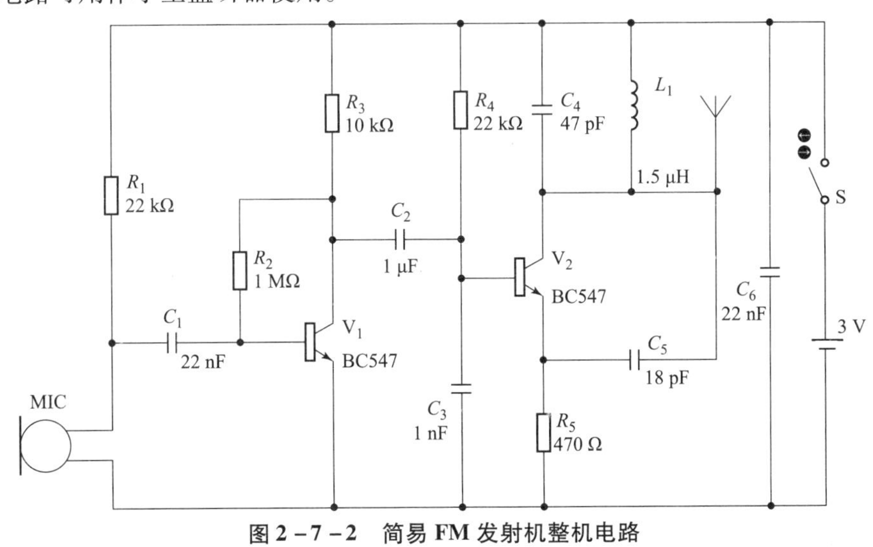

图 2-7-2　简易 FM 发射机整机电路

图中 V_1 构成固定偏置的共射放大器，对驻极体话筒产生的音频信号放大后耦合给 V_2 基极。V_2 及 R_4、$C_3 \sim C_5$、L_1 构成高频振荡器，其基极的音频信号对振荡频率进行调制后由天线发射出调频信号。

注意：制作时电感 L_1 可用直径约 0.5 mm 的漆包线在直径为 3 mm 的铁钉上绕 5 圈制成。电源可用 3 V 纽扣电池以减小体积，天线用单股导线引出即可。

模电实验八

串联型稳压电路

一、实验目的

（1）研究稳压电源的主要特性，掌握串联稳压电路的工作原理。

（2）学会稳压电源的调试及性能指标的测量方法。

二、实验仪器设备

示波器、数字万用表、模电实验箱。

三、预习要求

（1）如图 2－8－1 所示电路中，当 $U_I=9\ V$ 时，试估算各三极管的静态工作点（设各管的 $\beta=100$，电位器 R_P滑动端处于中间位置），将估算值填入表 2－8－1 中。

（2）分析如图 2－8－1 所示电路中，电阻 R_2 和发光二极管 LED 的作用是什么？

四、实验原理及说明

串联型稳压电路如图 2－8－1 所示，其中 R_4、R_P、R_5 构成取样电路，R_3 与稳压二极管 D 构成基准电压环节，R_1 与 V_3 构成比较放大环节，V_1 和 V_2 构成复合调整管。其稳压过程为，当电网电压波动或负载变动引起输出直流电压发生变化时，取样电路取出输出电压的一部分送入比较放大器，并与基准电压进行比较，产生的误差信号经 V_3 放大后送至调整管 V_2 的基极，使调整管 V_1 改变其管压降，以补偿输出电压的变化，从而达到稳定输出电压的目的。

稳压电源的主要性能指标为以下 5 点。

1. 输出电压 U_O和输出电压调节范围

$$U_O=\frac{R_4+R_P+R_5}{R_5}\ (U_{DZ}+U_{BEQ3})$$

调节 R_P可以改变输出电压 U_o。

2. **最大负载电流 I_{OM}**

3. **输出电阻 R_o**

输出电阻 R_o定义为，当输入电压 U_I（指稳压电路输入电压）保持不变，由于负载变化而引起的输出电压变化量 ΔU_O 与输出电流变化量 ΔI_O 之比，即

$$R_o = \frac{\Delta U_O}{\Delta I_O}\bigg|_{U_I = 常数}$$

4. **稳压系数 S（电压调整率）**

稳压系数定义为，当负载保持不变，输出电压相对变化量与输入电压相对变化量之比，即

$$S = \frac{\Delta U_O / U_O}{\Delta U_I / U_I}\bigg|_{R_L = 常数}$$

由于工程上常把电网电压波动 ±10% 作为极限条件，因此也有将此时输出电压的相对变化 $\Delta U_O/U_O$作为衡量指标，称为电压调整率。

5. **纹波电压**

输出纹波电压是指在额定负载条件下，输出电压中所含交流分量的有效值（或峰值）。

五、实验内容及步骤

首先观看仿真演示，然后在模电实验箱上完成以下实验内容。

1. **静态调试及测量**

（1）按如图 2-8-1 接线，负载 R_L开路，即稳压电源空载。

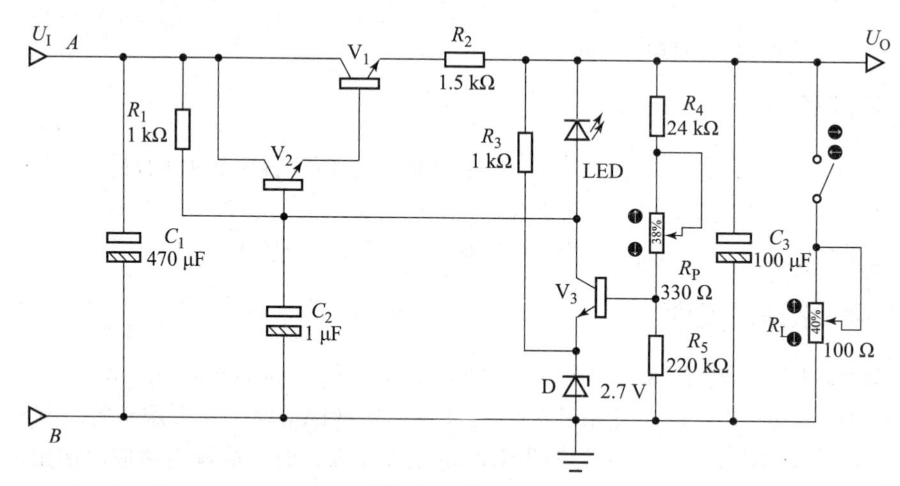

图 2-8-1　串联型稳压电路

（2）将 +5 V ~ +27 V 电源调到 9 V，接到 U_I端。再调节电位器 R_P，使 U_O =6 V。测量各三极管的 Q 点（提示：Q 点指的是 I_{BQ}、I_{CQ}、U_{BEQ}、U_{CEQ}，其中 U_{BEQ}、U_{CEQ}用万用表直接测量，I_{CQ}间接测量，例如 $I_{CQ} = I_{EQ} = U_{R_2}/R_2$）。

（3）将所测各三极管静态工作点 Q 的数据记录于表 2-8-1 中，并分析和计算实验的结果，给出实验结论。

表 2-8-1　各三极管静态工作点测试表

被测量		U_{BEQ}/V	U_{CEQ}/V	I_{BQ}/μA	I_{CQ}/mA
实测值	V_1				
	V_2				
	V_3				
理论估算值	V_1				
	V_2				
	V_3				

(4) 测量输出电压的调节范围。调节 R_P，观察输出电压 U_O的变化情况。记录 U_O的最大值和最小值。

2. 动态测量

1) 测量电源稳压特性

使稳压电源处于空载状态，调节可调电源电位器，模拟电网电压波动 ±10%，即 U_I由 8 V变到 10 V。测量相应的 U_O和 ΔU_O。根据 $S=(\Delta U_O/U_O)/(\Delta U_I/U_I)$ 计算稳压系数。将数据记入表 2-8-2 中。

2) 测量稳压电源内阻

稳压电源的负载电流 I_L由空载变化到额定值 $I_L=100$ mA 时，测量输出电压 U_O的变化量即可求出电源内阻 $R_o=|\Delta U_O/\Delta I_L|$。测量过程中，使 $U_I=9$ V 不变。将实验数据记入表 2-8-3中。

表 2-8-2　稳压系数测试表

测试值		计算值
U_I/V	U_O/V	S
8		$S_{12}=$ $S_{23}=$
9	6	
10		

表 2-8-3　稳压电源内阻测试表

测试值		计算值
I_O/mA	U_O/V	R_o/Ω
0（空载）		$R_{o12}=$ $R_{o23}=$
50		
100		

3) 过载指示电路的观测

在电源输出端接上负载 R_L 的同时串入电流表，并用电压表监视输出电压，逐渐减小 R_L 值，直到短路，注意 LED 发光二极管逐渐变亮，记录此时的电压、电流值。

注意：此实验内容短路时间应尽量短（不超过 5 s），以防元器件过热而损坏。

4) 测试输出的纹波电压

将如图 2-8-1 所示的电压输入端接到如图 2-8-2 所示的桥式整流滤波电路输出端（即接通 $A\to a$，$B\to b$），在负载电流 $I_L=100$ mA 条件下，用示波器观察稳压电源输入、输出中的交流分量 u_i和 u_o，描绘其波形。用晶体管毫伏表测量交流分量的大小。自行设计实验数据记录表。

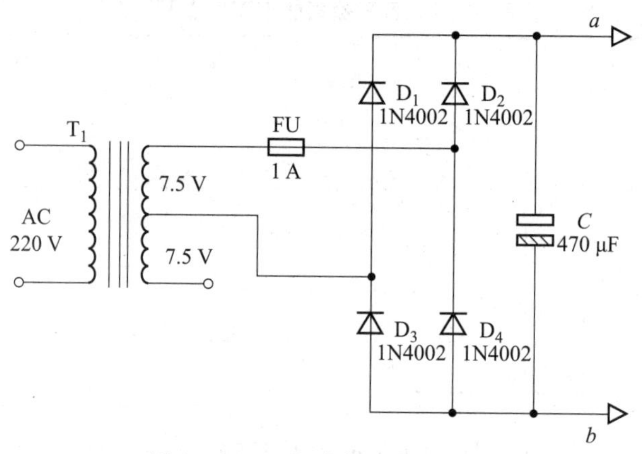

图 2-8-2　桥式整流滤波电路

六、实验报告

（1）填写好实验表格，并对静态调试及动态测试结果进行总结。

（2）如果把如图 2-8-1 所示电路中电位器的滑动端往上（或往下）调，各三极管的 Q 点将如何变化？

（3）这个串联型稳压电路中哪个三极管消耗的功率最大？

实用电路小制作：最简单的串联型稳压电路

该稳压电源电路简洁，输出功率大，输出电流最大可达 5 A，输出稳定电压 2.5～28 V 连续可调，可作为业余条件下的稳压电源使用。电路如图 2-8-3 所示。

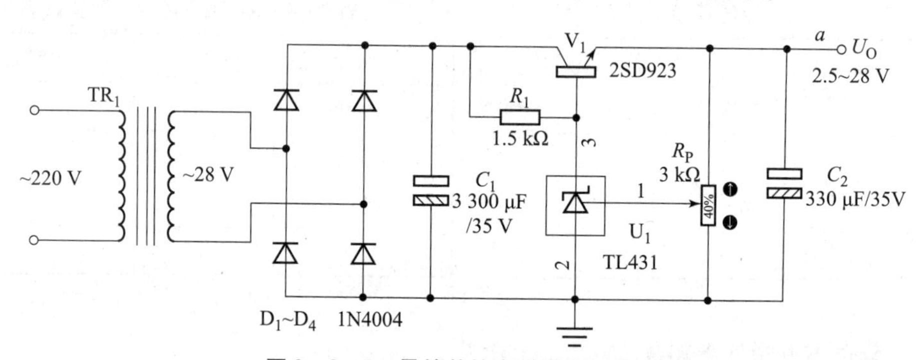

图 2-8-3　最简单的串联型稳压电路

在大功率调整管 V_1 上需加装 6 cm × 20 cm、厚 0.3 cm 的铝质散热片。元器件选择为，V_1 选用大功率达林顿管 2SD923 作为电源调整管，类似型号还有 25D920～25D922、C2421～C2424 等，用 1 只三端可控精密稳压源 TL431C 作为取样比较放大器，1 只 3 300 μF/35 V 及 1 只 330 μF/35 V 电容器作为输入及输出的滤波电容器，1 只 1.5 kΩ/0.5 W 的电阻 R_1 作为启动电阻，一只 3 kΩ/0.25 W 可调电位器作输出电压调节用，1 只 5 A/100 V 全桥或 4 只 1N4004 二极管作桥式整流用，1 只输入 220 V、输出 28 V/30 W 的变压器。

模电实验九

集成稳压器

一、实验目的

（1）了解集成稳压器的特性和使用方法。

（2）掌握直流稳压电源的主要技术指标的测试方法。

二、实验用仪器设备

双踪示波器、数字万用表、模电实验箱。

三、预习要求

（1）复习直流稳压电源的主要参数及测试方法。

（2）查阅手册，了解本实验所用稳压器的技术参数。

（3）估算如图 2－9－3 所示电路中输出电压的范围。计算如图 2－9－5 所示电路中 R_{P1} 的值。

四、实验原理及说明

集成稳压器具有体积小、外接线路简单、使用方便、工作可靠等优点，在各种电子设备中应用十分普遍，基本上取代了分立元件构成的稳压电路。集成稳压器的种类很多，其中三端式稳压器应用最广。

W7800、W7900 系列三端式集成稳压器的输出电压是固定的，在使用中不能调整。W7800 系列三端式稳压器输出正极性电压，一般有 5 V、6 V、9 V、12 V、15 V、18 V 和 24 V这 7 个挡，输出电流最大可达 1.5 A（加散热片）。同类型 78M 系列稳压器的输出电流为 0.5 A，78L 系列稳压器的输出电流最大为 0.1 A。若要求负极性电压输出，则可选用 W7900 系列。

除固定输出三端稳压器外，还有三端可调式稳压器，后者可通过外接元件对输出电压进行调整，以适应不同电压需要。本实验所用集成稳压器为三端固定式稳压器 78L05、三端可调式稳压器 LM317L。78L05 的主要参数有输出直流电压 $U_O = +5$ V，输出电流可达 0.1 A，输入电压范围为 7 ~ 20 V。

当集成稳压器的输出电压或电流不能满足要求时，可通过外接电路来扩展。如图 2-9-2所示是一种简单的输出电压扩展电路，输出电压为 $U_O = 5\ V + 2 \times 0.7\ V = 6.4\ V$，可提高稳压器本身的输出电压。如图 2-9-3 所示电路是用晶体管和电阻来改变输出电压。如图 2-9-4 所示电路是由 78L05 构成的恒流源电路。如图 2-9-5 所示电路为由三端可调式集成稳压器 LM317L 构成的输出电压可调电路。

五、实验内容及步骤

首先观看仿真演示，然后在模电实验箱上完成以下实验内容。

1. 78L05 **构成的稳压器测试**

利用 78L05 构成的稳压电路如图 2-9-1 所示。其中二极管 D 起保护作用，防止输入端突然短路时电流倒灌损坏稳压芯片。两个电容用于抑制纹波与高频噪声。

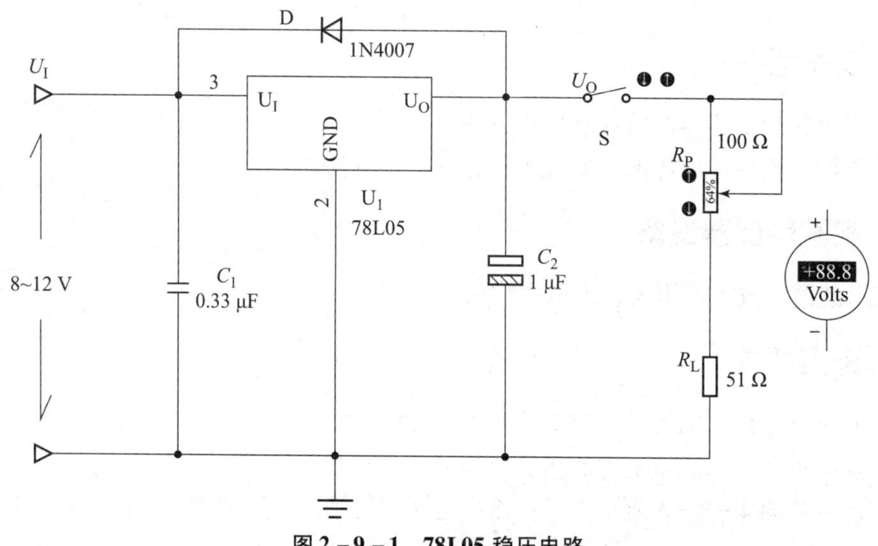

图 2-9-1　78L05 稳压电路

1）测稳定输出电压

接通工频电源，使整流滤波电路输出电压 U_I（稳压器输入电压）分别为 8 V、10 V、12 V，测出所接工频电源电压 U_2 及集成稳压器输出电压 U_O 的大小，U_O 的数值应与理论值 5 V接近。

注意：也可不用工频电源，直接用直流稳压电源提供相应电压接入集成稳压器输入端。

2）测稳压系数 S

测量时，保持负载 R_L 不变（$R_L = 100\ \Omega$），使输入电压变化 ±10%，以模拟电网电压的变化，分别测出稳压电路相应的输出电压，计算输出电压的变化量，然后可以求得 $S = \left.\dfrac{\Delta U_O/U_O}{\Delta U_I/U_I}\right|_{R_L = 常数}$，将测量值记入表 2-9-1 中。

表 2－9－1　测稳定输出电压及稳压系数记录表

测量值			计算值
U_2/V 工频电源电压	U_I/V 集成稳压器的输入电压	U_O/V 负载两端的直流电压	$S=\dfrac{\Delta U_O/U_O}{\Delta U_I/U_I}$
	8		S_{12} =
	10		
	12		S_{23} =

3）测输出电阻 R_o

稳压器输入电压 U_I保持不变，改变输出端所接的负载，分别测出当负载为 100 Ω 和 120 Ω 以及空载几种情况下的输出电压 U_O和输出电流 I_O，然后计算出对应的 ΔU_O和 ΔI_O，即可求出该稳压电路的输出内阻。将测量结果记入表 2－9－2 中。

表 2－9－2　测输出电阻记录表

	测量值		计算值
R_L/Ω	负载两端的直流电压 U_O/V	直流电流 I_O/V	$R_o=\dfrac{\Delta U_O}{\Delta I_O}$
∞			R_{o12} =
100			
120			R_{o23} =

4）测纹波电压（有效值或峰值）

集成稳压器的输入电压取 10 V，负载取 100 Ω，用交流毫伏表或示波器测量输出端的纹波电压 $\widetilde{U}_L$，并将测量数据记入表 2－9－3 中。

表 2－9－3　测纹波电压记录表

工频电源电压 U_2/V	额定负载 R_L/Ω	稳压器的输入电压 U_I/V	带负载输出电压 U_O/V	纹波电压 $\widetilde{U}_L$/V

2．稳压器性能测试

仍用如图 2－9－1 所示的电路，测试直流稳压电源性能。

（1）测出保持稳定输出电压的最小输入电压 U_{Imin}。

（2）测试输出电流最大值及过流保护性能。

3. 三端稳压器灵活应用（选做）

1）改变输出电压值

用二极管改变输出电压的电路如图 2－9－2 所示，接线后用万用表实测输出电压。

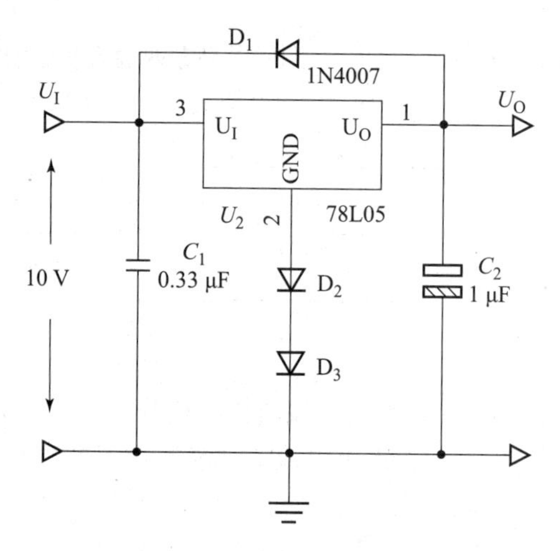

图 2－9－2　用二极管改变输出电压电路

用三极管改变输出电压的电路如图 2－9－3 所示，接线后用万用表测出输出电压变化范围。

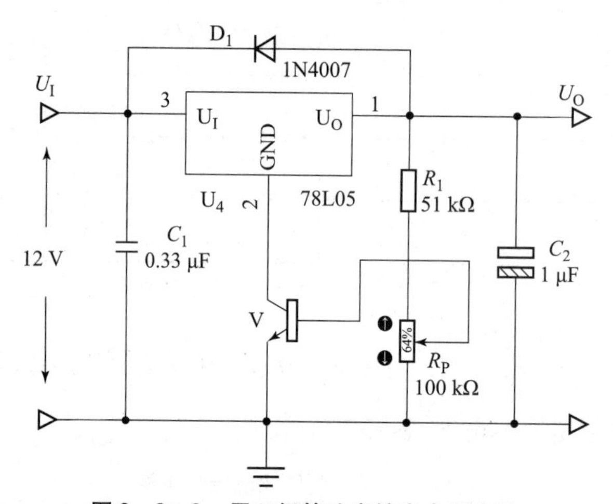

图 2－9－3　用三极管改变输出电压电路

2）构成恒流源电路

实验电路如图 2－9－4 所示，按图接线，并测试电路的恒流作用。

电路可根据实验箱作适当修改，C_1、C_2 可直接接地，R 可改为 150 Ω，R_L 可改为 330 Ω 的电位器。$I_O = I_R + I_Q \approx \frac{5\ V}{R} + I_Q$，其中 I_Q 是指从芯片中间脚流出的电流，其数值较小，一般在 5 mA 以下，因此输出电流近似恒流。但恒流的前提必须保证稳压电路工作在正常的条件下，即输入电压比输出电压高 2 V 以上，所以当 R_L 增大，使输出电压增大到一定值时，就无法保证稳压条件，电路则失去恒流作用。试完成表 2－9－4 中的测试任务。

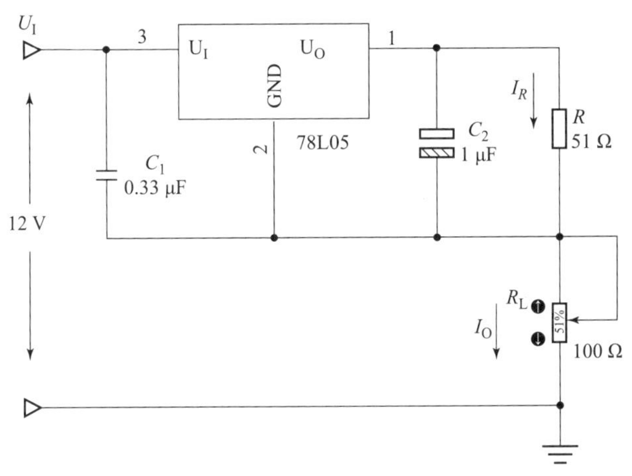

图 2-9-4　恒流源电路

表 2-9-4　恒流源电路测试表

R_L/Ω	I_R/mA	I_O/mA	U_R/V	U_O/V
0				
50				
100				
150				

3）由 LM317L 构成可调稳压电路

由集成电路 LM317L 构成的可调稳压电路如图 2-9-5 所示。LM317L 的最大输入电压为 40 V（本实验只加 12 V 输入电压），输出可在 1.25～37 V 范围内可调，最大输出电流为 100 mA。电路中的二极管起保护作用，LM317L 中间引脚的电流值很小，在忽略不计的情况下，可以通过如下公式计算得到输出电压。

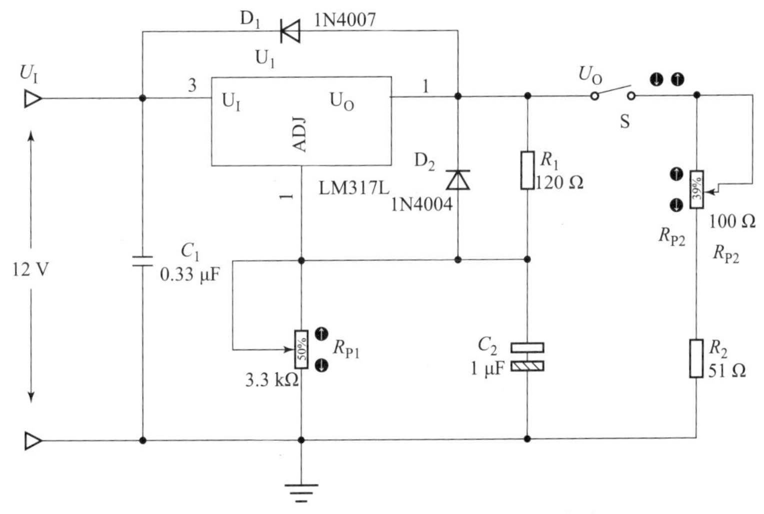

图 2-9-5　LM317L 构成的可调稳压电路

$$U_O \approx \left(1+\frac{R_{P1}}{R_1}\right)\cdot\ (U_O - U_T)\ =\left(1+\frac{R_{P1}}{R_1}\right)U_{REF}=\left(1+\frac{R_{P1}}{R_1}\right)\times 1.25\ \text{V}$$

按图接线并进行下列测试：

（1）电压输出范围。

（2）按实验内容 1 的要求测试各项指标，测试时将输出电压调到 9 V。

六、实验报告

（1）整理实验报告，计算实验内容 1 的各项参数。

（2）总结本实验所用的两种三端稳压器的应用方法。

实用电路小制作：简易开关电源

线性稳压电源的调整管功耗大、电路效率低，为提高电源效率多采用开关电源。所谓开关电源就是让调整管工作在开关状态，用控制通断时间的比例来达到稳压目的的稳压电源。

本制作采用的是 LM2596 芯片，其封装及引脚排列如图 2－9－6 所示，是一种降压型开关电源集成电路，能够输出 3 A 的驱动电流，有固定输出 3.3 V、5 V、12 V 和可调输出（小于 37 V）几种类型。该器件内部集成了频率补偿和固定频率发生器，开关频率为 150 kHz。由于该器件只需 4 个外接元件（*L* 可使用通用的标准电感），因此极大地简化了开关电源电路的设计。

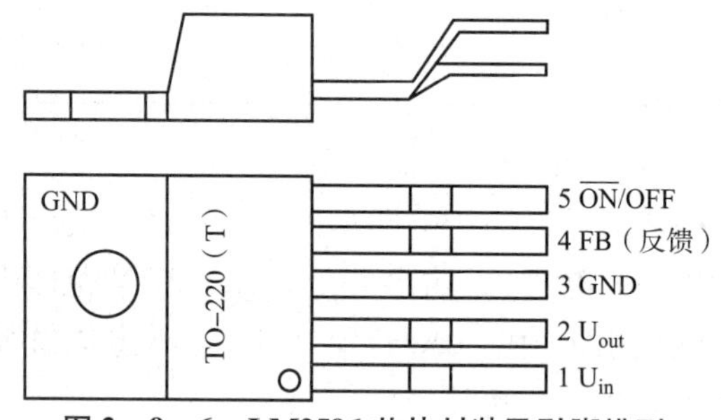

图 2－9－6　LM2596 芯片封装及引脚排列

用 LM2596－5.0 芯片制作的开关型稳压电路如图 2－9－7 所示。其中 5 脚（$\overline{\text{ON}}$/OFF）可以利用逻辑电平把 LM2596 切断，使输入电流降到大约 80 μA。将这个引脚的电压下拉到低于大约 1.3 V 时，LM2596 就被打开；当上拉到高于 1.3 V（最大到 25 V）时，LM2596 就被关断。如果不需要使用这个功能，就可以把这个引脚接地或开路，使电路处于打开的状态。4 脚（FB）为反馈端，这个引脚把输出端的电压反馈到闭环反馈回路。D 为肖特基二极管。

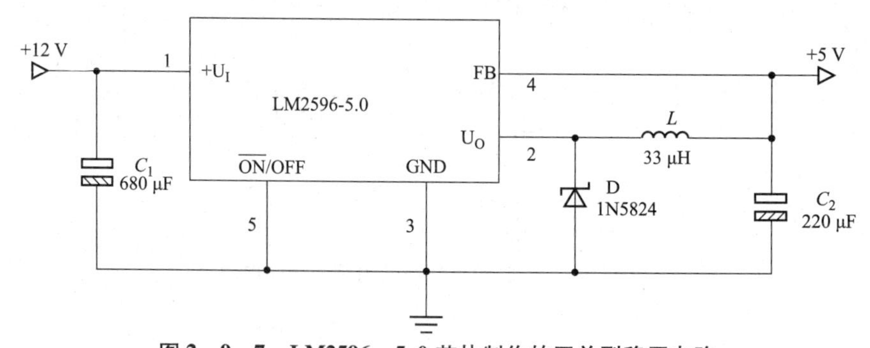

图 2－9－7　LM2596－5.0 芯片制作的开关型稳压电路

用 LM2596 - ADJ 可调式芯片制作的开关型稳压电路如图 2 - 9 - 8 所示。其输出有如下关系：

$$U_O = U_{REF}\left(1 + \frac{R_2}{R_1}\right)$$

其中，$U_{REF} = 1.23$ V；R_1一般取 1 kΩ。

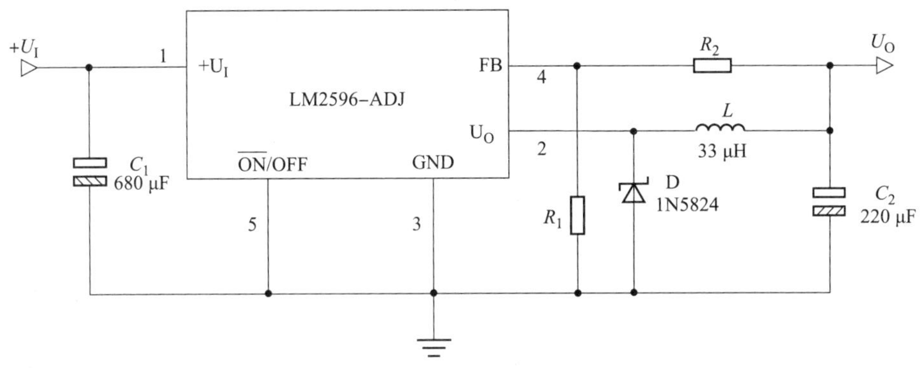

图 2 - 9 - 8　LM2596 - ADJ 制作的开关型稳压电路

模电实验十

晶闸管调压电路

一、实验目的

（1）熟悉晶闸管的结构特点和引脚分布，了解晶闸管导通与关断的条件。
（2）了解单结晶体管触发电路中脉冲的产生和移相原理。
（3）掌握移相控制方法实现交流调压的原理。

二、实验仪器设备

示波器、万用表、实验电路板。

三、预习要求

（1）复习晶闸管的结构及其开关特性。
（2）复习单结晶体管触发电路的组成及工作原理。

四、实验原理及说明

1. 晶闸管及应用

晶闸管又称可控硅，常用的有双向和单向之分。单向晶闸管的内部结构、电路符号及等效电路如图 2－10－1 所示。

单向晶闸管的内部由 3 个互相背靠背的 PN 结串接而成，除门极 G 和阴极 K 之间有一个正向 PN 结外，其他任意两个电极之间都有 1～2 个反向 PN 结，根据这一内部结构特点，用万用表很容易判别单向晶闸管的电极和好坏。

利用单向晶闸管的开关特性，在脉冲数字电路中可作为功率开关使用；利用单向晶闸管的整流可控特性，可方便地对大功率电源进行控制和变换。

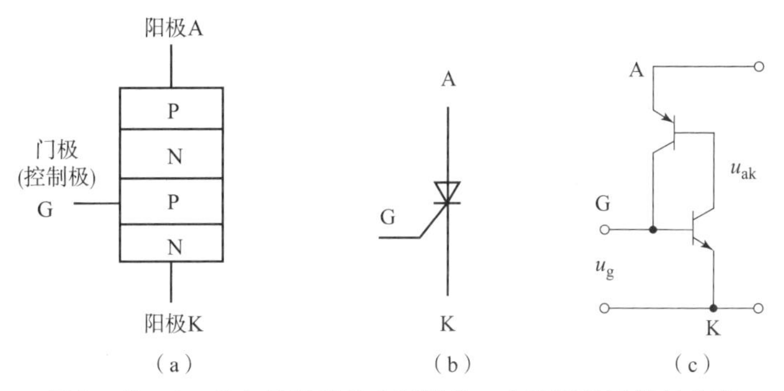

图 2－10－1　单向晶闸管的内部结构、电路符号及等效电路

（a）内部结构；（b）电路符号；（c）等效电路

2. 单结晶体管及应用

单结晶体管又称为双基极二极管，是一种特殊的半导体器件。其外形和普通三极管相似，其内部结构、电路符号及等效电路如图 2－10－2 所示。其有一个发射极 e 和两个基极 b_1、b_2。单结晶体管在 U_E 小于峰点电压 U_P、大于谷点电压 U_V 时，其伏安特性呈现出负阻特性。

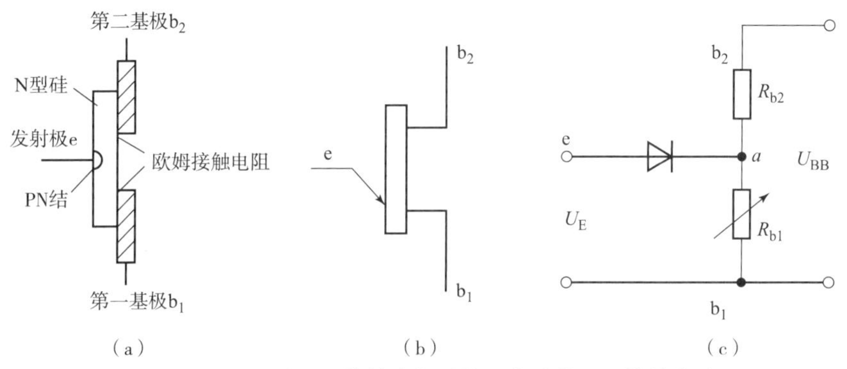

图 2－10－2　单结晶体管内部结构、电路符号及等效电路

（a）内部结构；（b）电路符号；（c）等效电路

利用单结晶体管的负阻特性和 *RC* 电路的充放电特性可构成张弛振荡器，产生频率可调的脉冲信号，张弛振荡器电路及波形如图 2－10－3 所示。该信号可用于可控硅的移相控制。

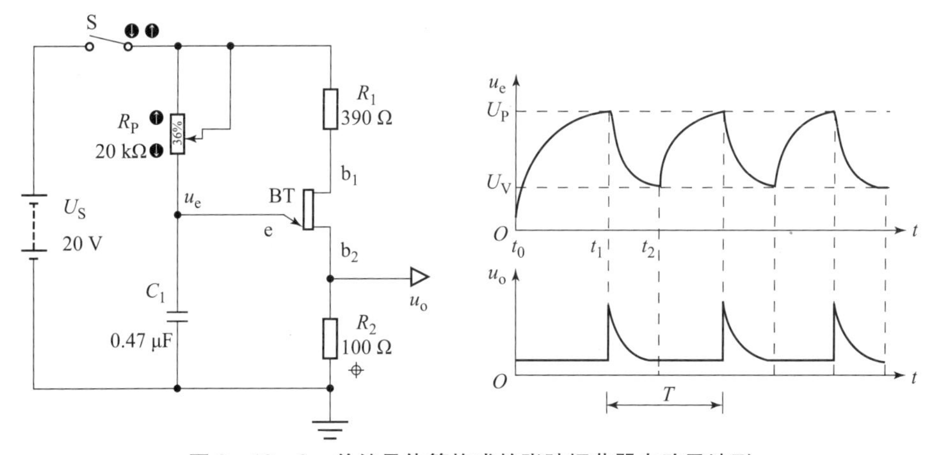

图 2－10－3　单结晶体管构成的张弛振荡器电路及波形

3. **单相半控桥式整流电路**

用 Proteus 7 绘制的单相半控桥式整流电路如图 2－10－4 所示。该电路是利用单向晶闸管的整流可控特性构成的输出电压可控直流电源。若变压器副边电压有效值为 U_2，则输出电压值可在 $(0\sim0.9)U_2$之间调节，其平均值为

$$\frac{U_O = 0.9U_2\ (1+\mathrm{COS}\alpha)}{2}$$

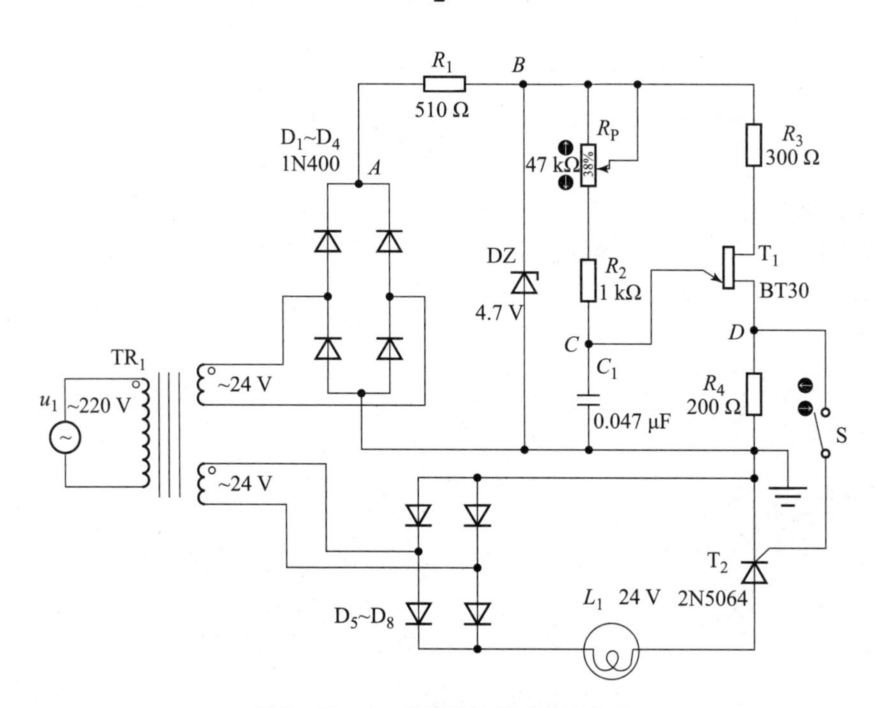

图 2－10－4　单相半控桥式整流电路

式中 α 为控制角，由触发脉冲的相位决定，改变 α 就可以改变输出电压值。

晶闸管的门极触发脉冲是由触发电路提供的。本实验的触发电路是由与主电路同步的电源电路、桥式整流电路、限幅电路、单结晶体管脉冲形成电路等几个部分组成的。

由于稳压管的限幅作用，消除了因电源电压波动带来的影响，而使加在单结晶体管脉冲形成电路上的每一个波形的幅度都相等，从而保证了脉冲信号移相的一致性。其次，由于主电路和触发电路的电源同步，保证了两个电路所加电压同时过零，从而使单结晶体管脉冲形成电路每半周内产生的第一个脉冲的相角相同，这就能使可控硅的导通角和可控整流电源的输出电压平均值保持恒定。

五、实验内容及步骤

首先观看仿真演示，然后在实验电路板上完成以下实验内容。

1. **判断单向晶闸管的电极和好坏**

根据单向晶闸管的内部结构特点，用万用表的“×1”及“×10”挡，测量晶闸管各极之间的阻值，并判断其好坏，将结果填入表 2－10－1 中。

表 2－10－1　晶闸管各极之间的阻值测量

电极	AK	KA	GK	KG	AG	GA
万用表挡位						
测量阻值/Ω						
是否正常						

2. **触发电路测试**

（1）断开如图 2－10－4 所示电路中的开关 S，接通电源，用万用表测量变压器次级电压。

（2）用双踪示波器观测 A、B、C、D 这 4 点的电压波形，记入表 2－10－2 中。

表 2－10－2　触发电路观测点波形

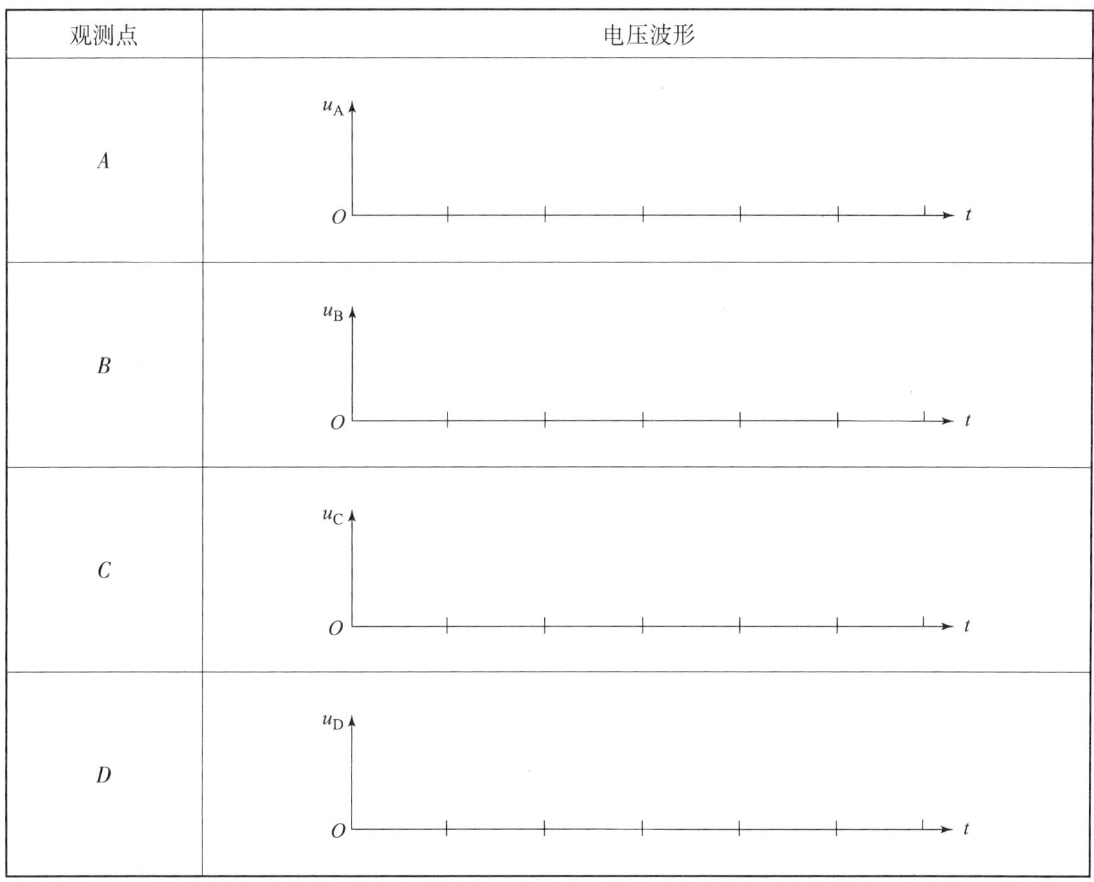

观测点	电压波形
A	
B	
C	
D	

（3）调节 R_P，观测触发脉冲的移相过程及控制角与 R_P 大小的关系。

3. **可控整流电路测试**

（1）先测量 24 V 灯泡是否完好，再合上开关 S。

（2）用万用表直流电压挡测量灯泡两端的电压，同时调节 R_P 观察灯泡电压及亮度的变化。按表 2－10－3 的要求完成测量记录。

表 2－10－3　R_P变化测量记录

R_P变化	控制角 α （大或小）	变压器副边电压 有效值 U_2/V	平均电压 U_0 /V	灯泡亮度 （亮或暗）
最小				
最大				

六、实验报告

（1）整理实验观测到的波形和数据。

（2）实验电路中，影响单结晶体管触发电路输出脉冲相位及幅值的因素有哪些?

实用电路小制作：简易电风扇调速器

家用电风扇无级调速电路，如图 2－10－5 所示。电路中使用了一个双向晶闸管 TLC336 和一个双向触发二极管 DB3。电位器 R_{P1} 用于设定慢速，R_{P2} 采用自带开关的电位器，用于对风扇电机 M 的转速进行调节并兼作电源开关。R_{P1}、R_{P2}、R_1 ~ R_3、C_2 和 D_1 构成双向晶闸管的触发电路；C_1 和 L_1 用于抑制高频脉冲对电源的干扰，其中 L_1 可用 15 号漆包线在圆形磁棒上绕 20 圈而制成。

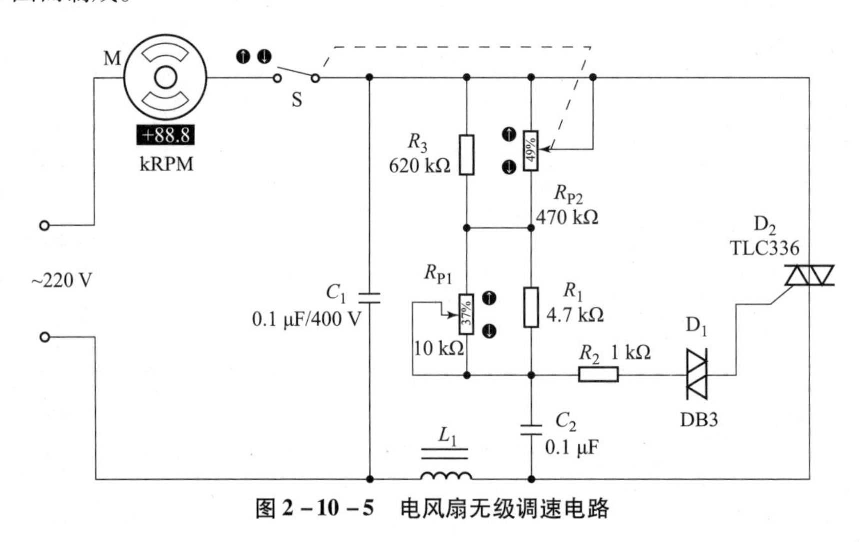

图 2－10－5　电风扇无级调速电路

第　三　篇

数字电路基础实验

数电实验一

TTL与非门的逻辑功能与应用

一、实验目的

（1）熟悉数字电路实验箱的结构、基本功能和使用方法。

（2）掌握 TTL 集成与非门的逻辑功能测试方法。

（3）掌握 TTL 器件的使用规则。

二、实验仪器设备

示波器、数电实验箱。

三、预习要求

（1）复习 TTL 集成逻辑门的有关内容，认真阅读“使用 TTL 集成电路的注意事项”。

（2）了解数字电路实验箱的结构、功能及使用方法。

（3）写出集成芯片 74LS00（四 2 输入与非门）、74LS04（六反相器）、74LS10（三 3 输入与非门）、74LS20（二 4 输入与非门）的真值表。

四、实验原理及说明

1. 数电实验箱简介

一般型号的数电实验箱都由以下几部分组成。

（1）直流电源，用来给数字集成电路及外围电路供电。其电压等级一般设有固定的 +5 V、+12 V、 −12 V 和可调输出等几种，对 TTL 系列的数字集成电路只能用 +5 V 供电。

（2）逻辑开关，用来提供手动开关信号。其高电平对应数字 1，低电平对应数字 0。

（3）连续可调脉冲源，用来提供频率可调的矩形波信号，是数字电路常用的信号源。

（4）固定输出脉冲源，用来提供几种典型频率的矩形波信号，以方便对电路的分析。

（5）单次脉冲源，用按键操作方式提供手动脉冲，以方便对上升沿和下降沿的观测。

（6）逻辑电平显示器，用若干个发光二极管组成的高低电平指示灯，也称 0－1 显示器。有的实验箱还带有逻辑测试笔，可以更方便地测试数字电路某点的逻辑状态。

（7）实验接线区，由若干个不同引脚数的集成块插座及相应插口组成，用来搭建实验电路。

2. **集成与非门**

与非门是逻辑电路中最常用的基本单元。其逻辑功能是，当输入端中有一个或一个以上是低电平时，输出端则为高电平；只有当输入端全部为高电平时，输出端才是低电平（即有 0 则 1，全 1 得 0）。

由与非门还可以构成其他门电路，如图 3－1－1 所示的非门、与门、或门电路。还可以组合成比较复杂的逻辑电路，如编码器、译码器、环形振荡器等。

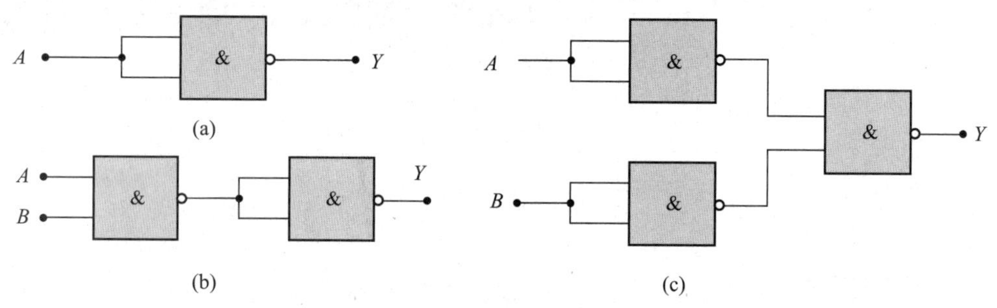

图 3－1－1　用与非门构成的非门、与门、或门

（a）非门；（b）与门；（c）或门

与非门的主要参数有以下 4 点。

（1）低电平输入电流 I_{IL} 和高电平输入电流 I_{IH}；

（2）输出低电平 U_{OL} 和输出高电平 U_{OH}；

（3）扇出系数 N_O；

（4）平均传输延迟时间 t_{pd}。

本实验采用二 4 输入与非门 74LS20，即在一块集成芯片内包含有两个互相独立的与非门，每个与非门有 4 个输入端。其逻辑符号及引脚排列如图 3－1－2 所示。

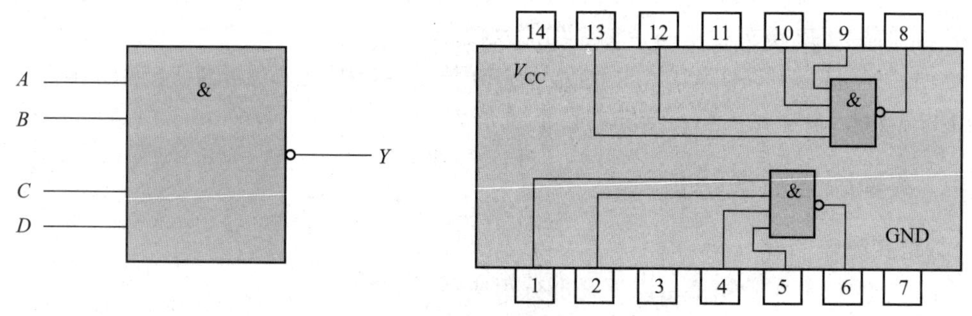

图 3－1－2　74LS20 逻辑符号及引脚排列

五、实验内容及步骤

首先观看如图 3－1－3、图 3－1－4 所示电路的仿真演示，然后在数电实验箱上完成以下实验内容。

1. **测试与非门逻辑功能**

仿真测试电路如图 3－1－3 所示。

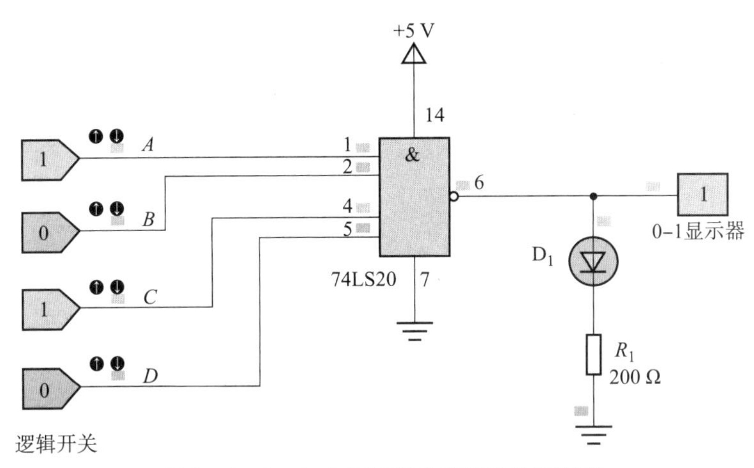

图 3－1－3　与非门逻辑功能测试仿真电路

（1）按如图 3－1－3 所示电路接线，先将与非门 4 个输入端分别接 4 个逻辑开关，输出端接 0－1 显示器，电源端 14 脚接 +5 V 电源，7 脚接地（电源负极）。

（2）通电后按 4 输入与非门真值表的顺序，逐个改变输入状态，同时观察 0－1 显示器的显示结果，并计入表 3－1－1 中。

（3）归纳总结与非门的逻辑功能。

表 3－1－1　与非门逻辑功能测试表

A	B	C	D	Y	A	B	C	D	Y
0	0	0	0		1	0	0	0	
0	0	0	1		1	0	0	1	
0	0	1	0		1	0	1	0	
0	0	1	1		1	0	1	1	
0	1	0	0		1	1	0	0	
0	1	0	1		1	1	0	1	
0	1	1	0		1	1	1	0	
0	1	1	1		1	1	1	1	

2. **观察与非门的开关控制作用**

（1）按如图 3－1－4所示电路接线，与非门 $U_{1:A}$的一个输入端接逻辑开关，一个输入端接连续脉冲源，将脉冲源的频率调至几赫兹，以方便观察。两个与非门的输出各接一个 0－1 显示器。

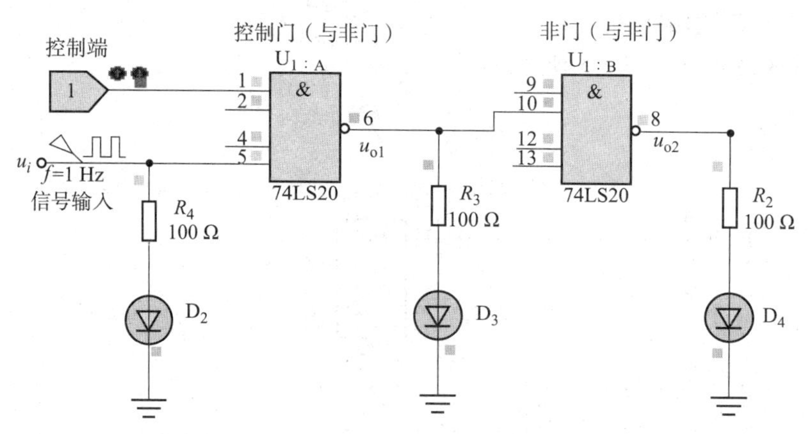

图 3-1-4　与非门构成控制门测试仿真电路

（2）通电后使逻辑开关置“0”或置“1”，分别观察与非门的输出变化，并对观察到的现象进行解释。

（3）将脉冲频率调至约 1 kHz，用示波器观察两个与非门的输出波形，并观察相位关系。

3. 验证用与非门构成与门的逻辑功能

参照如图 3-1-1（b）所示与门，自行接出 4 输入与门测试电路，将测试结果计入自拟表格中。

六、实验报告

（1）记录、整理实验结果，并对结果进行分析。

（2）与非门一个输入端接连续脉冲，其余端为什么状态时允许脉冲通过？什么状态时禁止脉冲通过？

实用小资料：TTL 集成电路使用规则

（1）集成芯片插入引脚座时，要认清定位标记，不得插反。

（2）电源电压使用范围为 +4.5 ~ +5.5 V，实验使用 V_{CC} = +5 V 电源。电源绝对不允许接错。

（3）输出端不允许直接接电源 +5 V 或直接接地，否则会导致器件损坏。有时为使后级电路获得较高的输出电平，允许输出端通过电阻 R 接至 V_{CC}，一般取 R = 3 ~ 5.1 kΩ。

（4）除集电极开路输出门和三态输出门外，不允许几个 TTL 器件输出端并联使用，否则会使电路逻辑功能混乱并损坏器件。

（5）TTL 门电路多余输入端（闲置端）的处理方法分为下列两种。

①对于与门、与非门多余输入端的处理方式。

a. 直接接电源 V_{CC}（也可串入一只 1 ~ 10 kΩ 的固定电阻）或接至某一固定电压（+2.4 V ≤ U ≤ 4.5 V）的电源上。

b. 小规模集成芯片可悬空，悬空相当于逻辑 1。但是中规模集成芯片输入端悬空易受外界干扰，破坏电路的逻辑功能，因此所有控制端必须按逻辑要求接入电路，不允许悬空。

c. 通过大电阻接地。电阻值的大小将直接影响电路所处的状态。当 $R<680\ \Omega$ 时，输入端相当于逻辑 0；当 $R>4.7\ \mathrm{k}\Omega$ 时，输入端相当于逻辑 1。对于不同系列的器件，要求的阻值不同。

d. 若前级驱动能力允许，可以与使用的输入端并联。

②对于或门、或非门多余的输入端处理方式。

a. 接低电平。

b. 直接接地。

c. 通过 1 kΩ 以下电阻接地。

数电实验二

组合逻辑电路的设计与测试

一、实验目的

掌握组合逻辑电路设计与测试的方法。

二、实验仪器设备

数电实验箱、集成与非门 74LS00（CC4011）、74LS10、74LS20。

三、预习要求

（1）认真阅读实验原理及说明，熟悉组合逻辑电路的设计步骤。

（2）自行完成实验内容 3 的逻辑电路设计，写出最简逻辑表达式。

四、实验原理及说明

1. 组合逻辑电路的设计步骤

实际工作中会经常采用中、小规模集成电路来设计组合逻辑电路。组合电路的一般设计流程如图 3-2-1 所示。

（1）根据任务的要求建立输入、输出变量，列出真值表；

（2）用卡诺图法或代数化简法求出最简的逻辑表达式；

（3）根据表达式，画出逻辑电路图，用标准器件构成电路；

（4）最后用实验来验证设计的正确性。

2. 组合逻辑电路设计举例

1）设计要求

用与非门设计一个 4 人无弃权表决电路，当 4 人中有 3 人或 4 人同意时，决议才能通过。

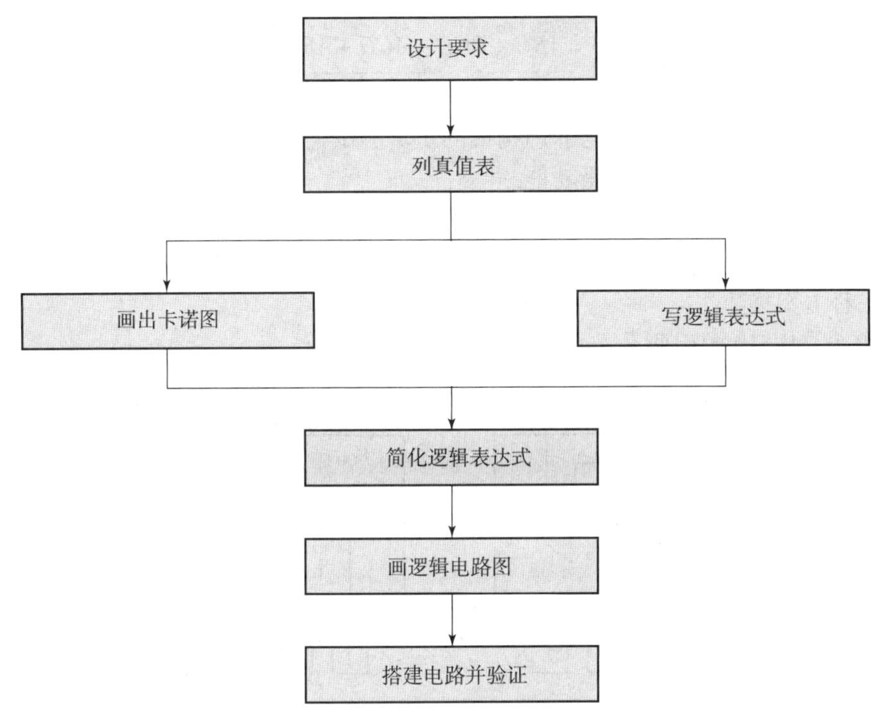

图 3－2－1　组合逻辑电路设计流程

2）设计步骤

（1）根据题意列出真值表如表 3－2－1 所示（4 个变量中同意用“1”表示，最后决议通过用“1”表示），再转入卡诺图如表 3－2－2 所示。

表 3－2－1　4 人表决真值表

D	0	0	0	0	0	0	0	0	1	1	1	1	1	1	1	1
A	0	0	0	0	1	1	1	1	0	0	0	0	1	1	1	1
B	0	0	1	1	0	0	1	1	0	0	1	1	0	0	1	1
C	0	1	0	1	0	1	0	1	0	1	0	1	0	1	0	1
Z	0	0	0	0	0	0	0	1	0	0	0	1	0	1	1	1

表 3－2－2　4 人表决卡诺图

DA \ BC	00	01	11	10
00				
01			1	
11		1	1	1
10			1	

（2）由卡诺图化简得出逻辑表达式，并演化成“与非 - 与非”的形式，即

$$Z = ABC + BCD + ACD + ABD$$
$$= \overline{\overline{ABC} \cdot \overline{BCD} \cdot \overline{ACD} \cdot \overline{ABD}}$$

（3）根据逻辑表达式画出用与非门构成的仿真测试电路。

（4）在数电实验箱上验证逻辑功能。

3）集成与非门芯片选择方案

一是用 3 片 74LS20 来搭建，二是用 1 片 74LS10 和 1 片 74LS20 来搭建，本实验测试电路采用第二种方案搭建。

74LS00 和 74LS10 的引脚分布如图 3 - 2 - 2 所示。

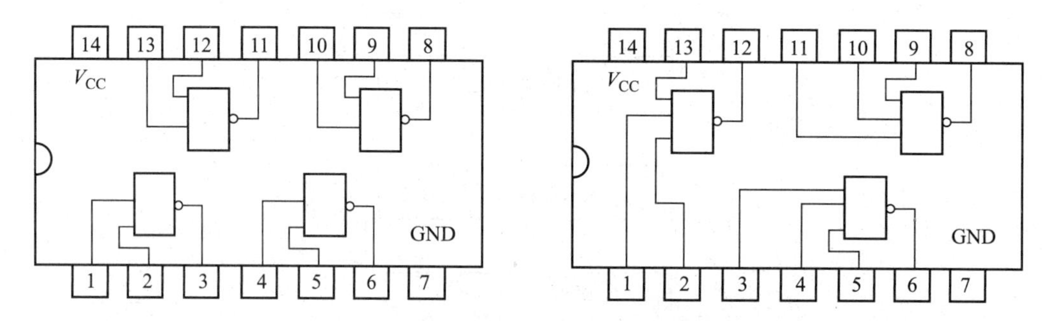

图 3 - 2 - 2　74LS00 和 74LS10 的引脚分布

（a）74LS00 引脚分布；（b）74LS10 引脚分布

五、实验内容及步骤

首先观看如图 3 - 2 - 3 所示电路的仿真演示，然后在数电实验箱上完成以下实验内容。

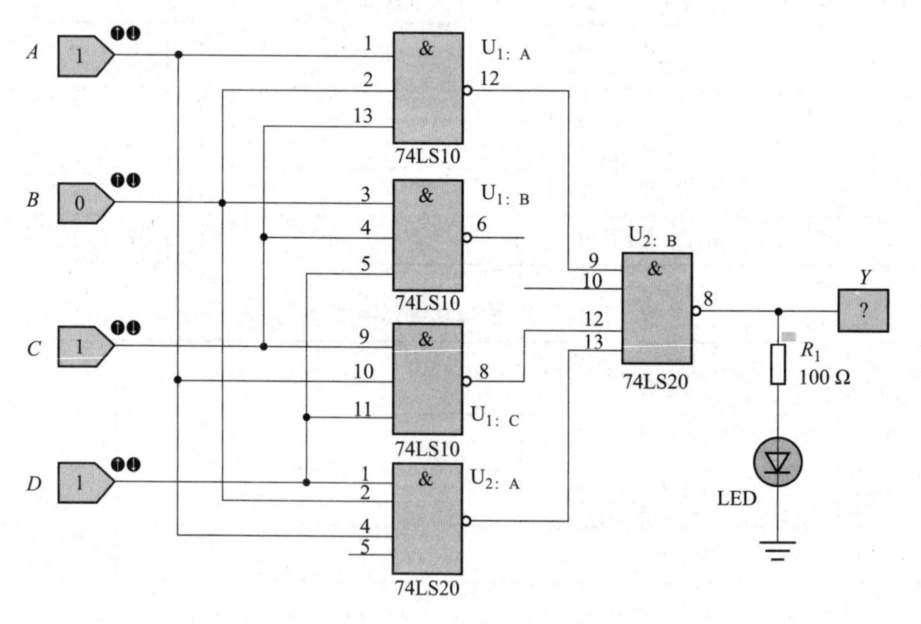

图 3 - 2 - 3　4 人表决测试仿真电路

1.4 人表决电路的测试

按如图 3-2-3 所示电路接线，输入端 A、B、C、D 接 4 个逻辑开关，输出端 Y 接逻辑电平显示器，按真值表 3-2-1 逐次改变输入量，观测相应的输出值，验证所设计的逻辑电路是否符合逻辑要求。

2.4 位代码锁的设计与测试

设计一个保险箱的数字代码锁，该锁具有 4 位代码 A、B、C、D 作为输入端，锁的密码由实验者自编。如果输入代码符合该锁设定的密码，则保险箱被打开（$Z_1=1$），如果不符，电路将发出报警信号（$Z_2=1$）。要求使用最少的与非门来实现、检测并记录实验结果。

提示：实验时模拟锁被打开，可用实验箱上的继电器吸合与 LED 发光二极管点亮表示；密码不对时可用实验箱上的蜂鸣器报警。

参考如图 3-2-4 所示的仿真电路（密码 1001），自主完成其他密码的设计和测试。

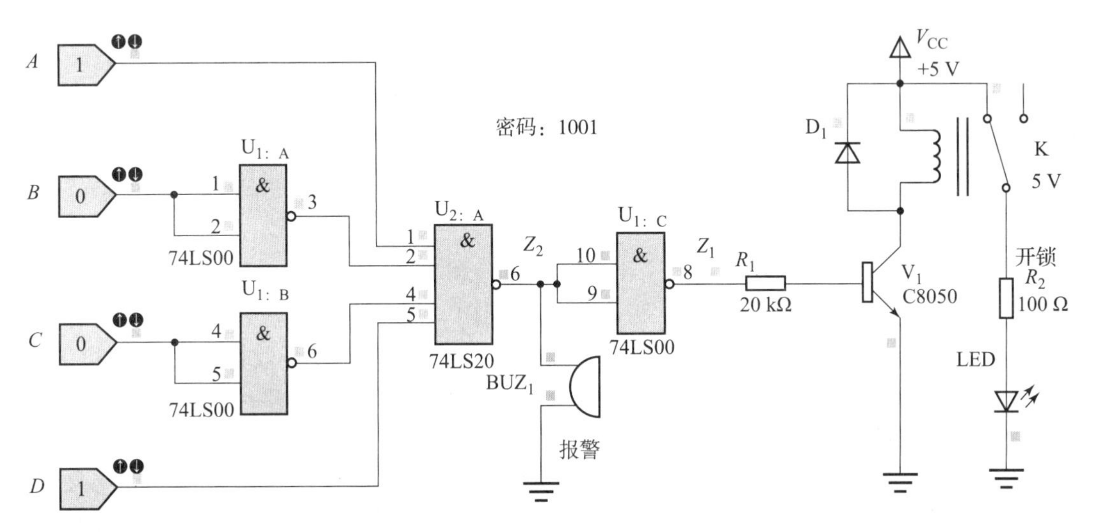

图 3-2-4　4 位密码锁测试仿真电路

3. 两个两位无符号二进制数的比较电路设计

设计要求为，对两个两位无符号的二进制数进行比较；根据第 1 个数是否大于、等于、小于第 2 个数，使相应的 3 个输出端中的 1 个输出为 1。

按设计步骤完成电路的设计，写出最简逻辑表达式。

六、实验报告

（1）列写实验内容 2 的设计过程，画出设计的电路图。

（2）对所设计的电路进行实验测试，记录测试结果。

（3）写出实验内容 3 的最简逻辑表达式。

实用小资料：CMOS 集成电路特点及使用规则

CMOS 是 Complementary Metal - Oxide Semiconductor 的缩写。CMOS 集成电路中的有源器件采用的是场效应管。常用的国产 CC4000 系列和 CC4500 系列在电子产品的制作中经常会被用到。

一、CMOS 集成电路的特点

1. 功耗低

CMOS 集成电路采用场效应管，且都是互补结构，工作时两个串联的场效应管总是处于一个导通，另一个截止的状态，电路静态功耗理论上为零。实际上，由于存在漏电流，CMOS 电路尚有微量静态功耗。

2. 工作电压范围宽

CMOS 集成电路供电简单，供电电源体积小，基本上不需稳压。国产 CC4000 系列的集成电路，可在 3 ~ 18 V 电压下正常工作。

3. 逻辑摆幅大

CMOS 集成电路的逻辑高电平 1 和逻辑低电平 0 分别接近于电源高电位 V_{DD} 和低电位 V_{SS}。当 V_{DD} = 15 V，V_{SS} = 0 V 时，输出逻辑摆幅近似为 15 V。

4. 抗干扰能力强

CMOS 集成电路的电压噪声容限的典型值为电源电压的 45%，保证值为电源电压的 30%。随着电源电压的增加，噪声容限电压的绝对值将成比例增加。对于 V_{DD} = 15 V 的供电电压，电路将有 7 V 左右的噪声容限。

5. 输入阻抗高

CMOS 集成电路的输入端一般都有由保护二极管和串联电阻构成的保护网络，故比一般场效应管的输入电阻稍小。但在正常工作电压范围内，这些保护二极管均处于反向偏置状态，直流输入阻抗取决于这些二极管的泄漏电流。通常情况下，等效输入阻抗高达 10^3 ~ 10^{11} Ω，因此 CMOS 集成电路几乎不消耗驱动电路的功率。

6. 温度稳定性好

由于 CMOS 集成电路的功耗很低，内部发热量少，而且 CMOS 电路结构和电气参数都具有对称性，在温度环境发生变化时，某些参数能起到自动补偿作用，因而 CMOS 集成电路的温度特性非常好。一般陶瓷金属封装的电路，工作温度范围为 −55 ℃ ~ +125 ℃；塑料封装的电路工作温度范围为 −45 ℃ ~ +85 ℃。

7. 扇出能力强

扇出能力是用电路输出端所能带动的输入端数来表示的。由于 CMOS 集成电路的输入阻抗极高，因此电路的输出能力受输入电容的限制，但是当 CMOS 集成电路用来驱动同类型电路时，如不考虑速度，一般可以驱动 50 个以上的输入端。

8. 抗辐射能力强

CMOS 集成电路中的基本器件是 MOS 晶体管，属于多数载流子导电器件。各种射线、辐射对其导电性能的影响都有限，因而特别适用于制作航天及核试验设备。

9. 接口方便

因为 CMOS 集成电路的输入阻抗高且输出摆幅大，所以易于被其他电路所驱动，也容易驱动其他类型的电路或器件。

二、CMOS 集成电路使用规则

（1）电源极性不能反接，为保护栅极不被击穿，通常在输入端接保护二极管。

（2）输入电压不能高于电源电压，当输入电压高时可以串入一个限流电阻。

（3）输入端不能悬空，悬空时电平不稳定，将会破坏逻辑关系，甚至会因为静电感应击穿器件。对于与门、与非门，不用的输入端应该接高电平；对于或门、或非门，不用的输入端应该接低电平。

（4）CMOS 集成电路驱动能力差，不能带大的电流负载，一般为 1 ~ 19 mA，只可以带一个晶体管。若需要大电流负载，可以将几个门电路并联使用或者采用复合管。

（5）CMOS 集成电路在贮藏和焊接时要采取一定的防静电措施。

三、CMOS 集成电路和 TTL 集成电路的电平转换

有的系统里面可能既有 CMOS 集成电路又有 TTL 集成电路，设计时应该以 TTL 集成电路的电平为基准。若系统里有 5 V 的 CMOS 集成电路，可以直接与 TTL 集成电路相连，如果 TTL 集成电路电平较低，则需要加上拉电阻或者用 OC 门驱动 CMOS 集成电路。

数电实验三

触发器逻辑功能测试

一、实验目的

（1）掌握基本 *RS*、*JK*、*D* 和 *T* 触发器的逻辑功能。

（2）掌握集成触发器逻辑功能的测试及使用方法。

（3）熟悉触发器之间相互转换的方法。

二、实验仪器设备

数字电路实验箱、数字集成电路 74LS00（或 CC4011）、74LS112（或 CC4027）、74LS74（或 CC4013）。

三、预习要求

（1）复习教科书中有关触发器的章节。

（2）列出各触发器逻辑功能表。

（3）了解触发器有哪些具体应用。

四、实验原理及说明

触发器是构成时序电路的最基本逻辑单元，有两个互补输出端，其输出状态不仅与输入有关，还与原先的输出状态有关。在一定的外界信号作用下，可以从一个稳定状态翻转到另一个稳定状态，也是一个具有记忆功能的二进制信息存储器件。

1. 基本 *RS* 触发器

基本 *RS* 触发器可由两个与非门交叉耦合构成，如图 3－3－1 所示，是一个无时钟控制、低电平直接触发的触发器。基本 *RS* 触发器具有置 0、置 1 和保持 3 种功能。通常称 $\overline{S}$ 为置位（置 1）端，$\overline{S}=0$ 时触发器被置 1；$\overline{R}$ 为复位（置 0）端，$\overline{R}=0$ 时触发器被置 0。当 $\overline{S}=$

$\overline{R}=1$ 时，状态保持；当 $\overline{S}=\overline{R}=0$ 时，为不定状态，应当避免这种状态。

基本 *RS* 触发器也可以用两个或非门组成，此时为高电平有效。

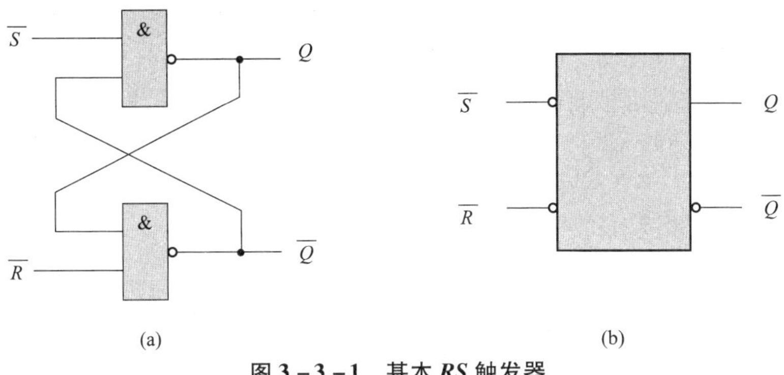

图 3-3-1　基本 *RS* 触发器

（a）内部电路；（b）逻辑符号

2. *JK* 触发器

在输入信号为双端的情况下，*JK* 触发器是功能最完善、使用灵活和通用性较强的一种触发器。本实验采用了 74LS112 双 *JK* 触发器，是下降沿触发的边沿触发器。其引脚排列及逻辑符号如图 3-3-2 所示。

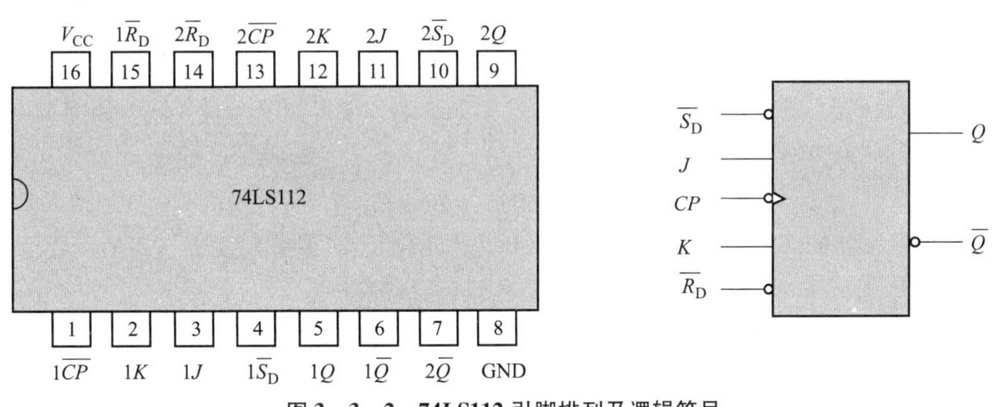

图 3-3-2　74LS112 引脚排列及逻辑符号

JK 触发器的状态方程为

$$Q^{n+1}=J\overline{Q}^{n}+\overline{K}Q^{n}$$

其中，*J* 和 *K* 是数据输入端，是触发器状态更新的依据，若 *J*、*K* 有两个或两个以上输入端时，则组成与关系。*Q* 和 $\overline{Q}$ 为两个互补输出端。通常把 $Q=0$、$\overline{Q}=1$ 的状态定为触发器的 0 状态；而把 $Q=1$，$\overline{Q}=0$ 定为触发器的 1 状态。$\overline{R}_D$ 和 $\overline{S}_D$ 是两个预置端，可用于触发器的现态预置（注意：预置完后均应置为 1）。*CP* 为触发脉冲输入端，下降沿有效。

JK 触发器常被用作缓冲存储器、移位寄存器和计数器。

CC4027 是 CMOS 双 *JK* 触发器，其功能与 74LS112 相同，但采用上升沿触发，R_D 和 S_D 端为高电平有效。

3. *D* 触发器

在输入信号为单端的情况下，*D* 触发器用起来更为方便。

D 触发器的状态方程为

$$Q^{n+1} = D$$

本实验采用了 74LS74 双 D 触发器，其输出状态的更新发生在 CP 脉冲的上升沿，故又称为上升沿触发的边沿触发器，触发器的状态只取决于时钟到来前 D 端的状态。D 触发器的应用很广，可用于数字信号的寄存、移位寄存、分频和波形发生电路等，有很多种型号可供各种用途的选用。如双 D 触发器（74LS74，CC4013），四 D 触发器（74LS175，CC4042），六 D 触发器（74LS174，CC14174），八 D 触发器（74LS374）等。如图 3-3-3 为 74LS74 的引脚排列和逻辑符号。

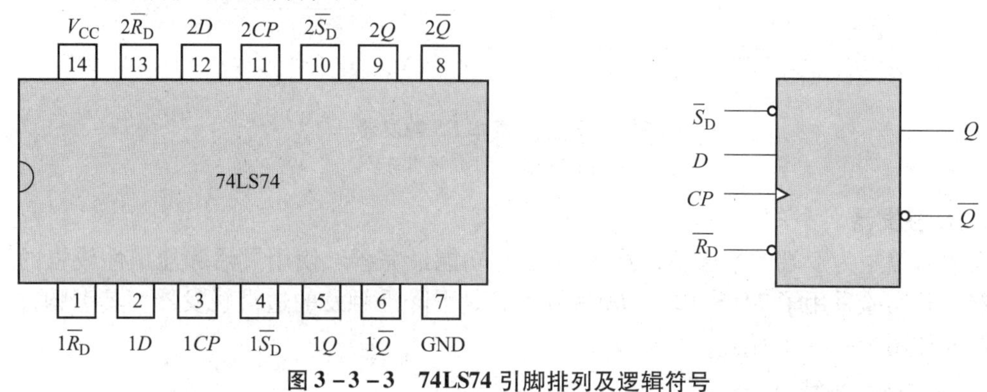

图 3-3-3　74LS74 引脚排列及逻辑符号

4. 触发器之间的相互转换

将 JK 触发器的 J、K 两端连在一起，并定义为 T 端，就得到了 T 触发器。如图 3-3-4（a）所示，其状态方程为

$$Q^{n+1} = T\overline{Q}^n + \overline{T}Q^n$$

若将 T 触发器的 T 端置 1，如图 3-3-4（b）所示，即得 T' 触发器，T' 触发器也称为翻转（计数）触发器，广泛用于计数电路中。

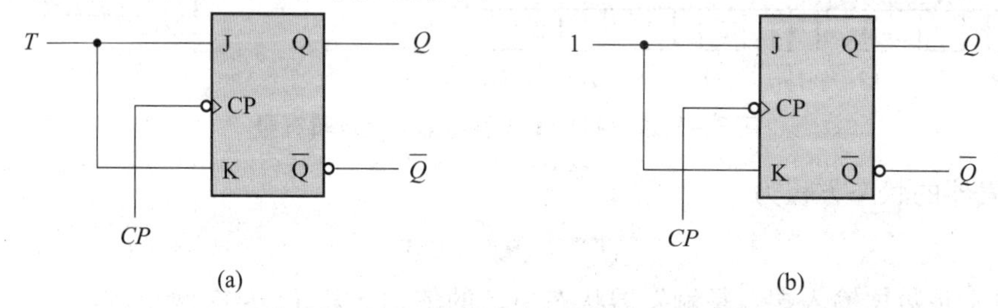

图 3-3-4　JK 触发器转换为 T、T' 触发器

（a）T 触发器；（b）T' 触发器

同样，若将 D 触发器的 $\overline{Q}$ 端与 D 端相连，便转换成 T' 触发器，如图 3-3-5 所示。

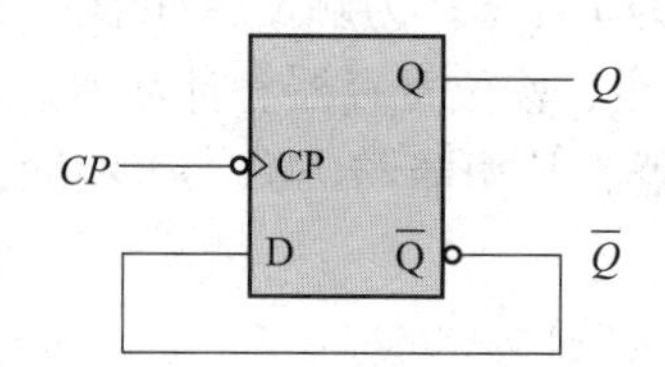

图 3-3-5　D 触发器转成 T' 触发器

JK 触发器也可转换为 D 触发器，如图 3－3－6 所示。

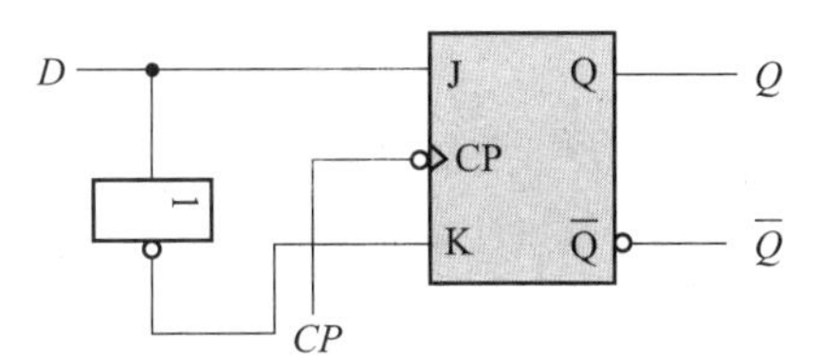

图 3－3－6　JK 触发器转成 D 触发器

五、实验内容及步骤

首先观看实验内容 1、2、3 的仿真演示，然后在数电实验箱上完成以下实验内容。

1. 测试基本 RS 触发器的逻辑功能

按如图 3－3－7 所示仿真电路用 74LS00 组成基本 RS 触发器，输入端 $\overline{R}$、$\overline{S}$ 接逻辑开关的输出插口，输出端 Q、$\overline{Q}$ 接逻辑电平显示输入插口，按表 3－3－1 要求测试并记录数据。

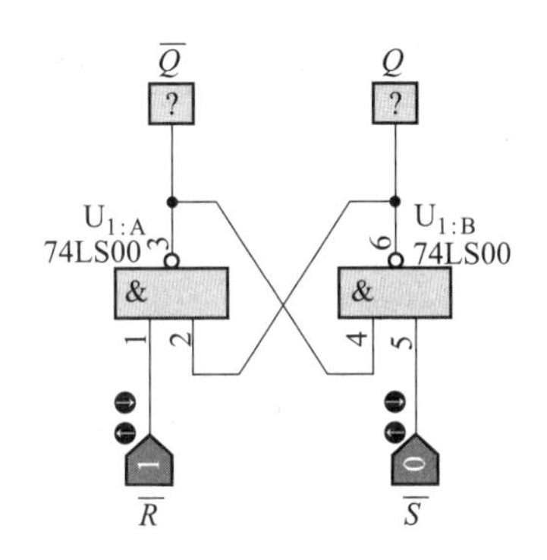

图 3－3－7　基本 RS 触发器测试仿真电路

表 3－3－1　基本 RS 触发器测试表

输　入		输　出	
$\overline{S}$	$\overline{R}$	Q^{n+1}	$\overline{Q}^{n+1}$
0	1		
1	0		
1	1		
0	0		

2. 测试双 JK 触发器 74LS112 的逻辑功能

（1）按如图 3－3－8 所示用 74LS112 组成测试电路，输入端 J、K 接逻辑开关，时钟端 $\overline{CP}$ 接单次脉冲源（正脉冲），预置端 $\overline{R}$、$\overline{S}$ 接逻辑开关（低电平有效），输出端 Q、$\overline{Q}$ 接逻辑电平显示器。按表 3－3－2 的要求改变 J、K、CP 端状态，观察 Q、$\overline{Q}$ 状态变化，注意观察触发器状态更新是否发生在 CP 脉冲的下降沿（即手动释放开关 CP 由 1→0 时），并记录数据。表中 Q^n 表示现态（可由预置端来预置），Q^{n+1} 表示次态。

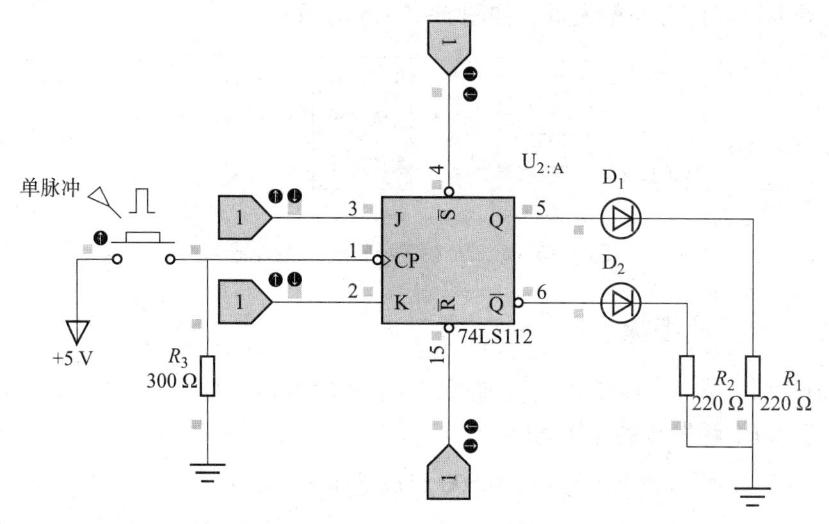

图 3-3-8　*JK* 触发器 74LS112 测试仿真电路

表 3-3-2　*JK* 触发器的逻辑功能测试表

J	*K*	*CP*	Q^{n+1}		逻辑功能
			$Q^n=0$	$Q^n=1$	
0	0	0→1			
		1→0			
0	1	0→1			
		1→0			
1	0	0→1			
		1→0			
1	1	0→1			
		1→0			

（2）将 *JK* 触发器的 *J*、*K* 端连在一起，构成 *T* 和 *T′*触发器。

在 *CP* 端输入 1 Hz 连续脉冲，用逻辑电笔观察 *Q* 端的变化。在 *CP* 端输入 1 kHz 连续脉冲，用双踪示波器观察 *CP*、*Q*、$\overline{Q}$ 端波形，注意相位与时间的关系，并描绘出波形。

3. 测试双 *D* 触发器 74LS74 的逻辑功能

（1）按如图 3-3-9 所示用 74LS74 组成测试电路，输入端 *D*（即 *J* 端）接逻辑开关，时钟端 *CP* 接单次脉冲源（负脉冲），预置端 $\overline{R}$、$\overline{S}$ 接逻辑开关（低电平有效），输出端 *Q*、$\overline{Q}$ 接逻辑电平显示器。按表 3-3-3 的要求改变 *D*、*CP* 端状态，观察 *Q*、$\overline{Q}$ 状态变化，注意观察触发器状态更新是否发生在 *CP* 脉冲的上升沿（即手动指下开关 *CP* 由 0→1 时），并记录数据。

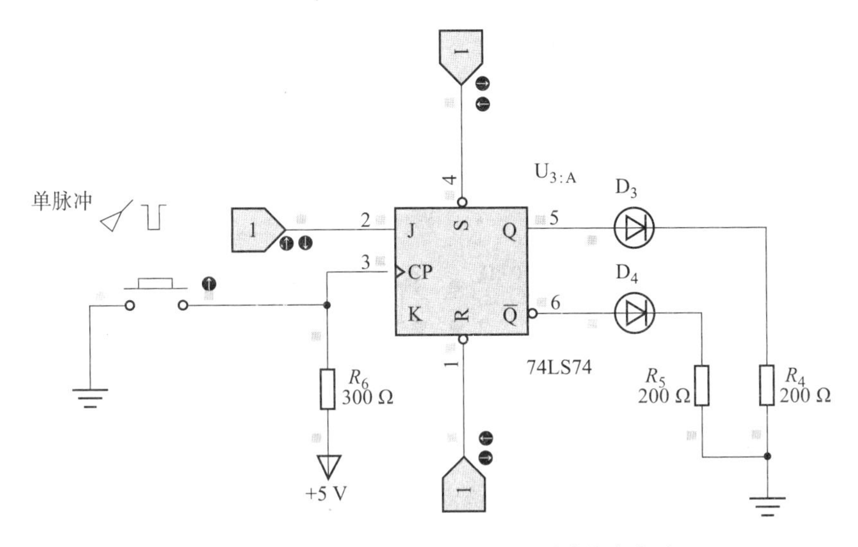

图 3-3-9　双 D 触发器 74LS74 测试仿真电路

表 3-3-3　双 D 触发器的逻辑功能测试表

<table>
<tr><th rowspan="2">D</th><th rowspan="2">CP</th><th colspan="2">Q^{n+1}</th><th rowspan="2">逻辑功能</th></tr>
<tr><th>$Q^n=0$</th><th>$Q^n=1$</th></tr>
<tr><td rowspan="2">0</td><td>1→0</td><td></td><td></td><td rowspan="2"></td></tr>
<tr><td>0→1</td><td></td><td></td></tr>
<tr><td rowspan="2">1</td><td>1→0</td><td></td><td></td><td rowspan="2"></td></tr>
<tr><td>0→1</td><td></td><td></td></tr>
</table>

（2）将 D 触发器的 $\overline{Q}$ 端与 D 端相连接，构成 T' 触发器。

在 CP 端输入 1 Hz 连续脉冲，用逻辑电笔观察 Q 端的变化。在 CP 端输入 1 kHz 连续脉冲，用双踪示波器观察 CP、Q、$\overline{Q}$ 端波形，注意相位与时间的关系，并描绘波形。

六、实验报告

（1）列表整理各类触发器的逻辑功能。

（2）总结观察到的结果及波形，说明触发器的触发方式。

（3）利用普通机械开关组成的数据开关所产生的信号，是否可作为触发器的时钟脉冲信号？是否可用作触发器的其他输入端的信号？为什么？

实用电路小制作：数字电路巡线小车

用 Proteus 7 制作的数字电路巡线小车电路如图 3-3-10 所示。为使仿真效果更逼真，将电路画成了类似小车的形式。图中用 74HC00（四 2 与非门）构成 RS 触发器，通过光电对管（可选用 ST188，其实物外形如图 3-3-11 所示）对黑线的识别来自动控制小车的行走动作，控制方式如表 3-3-4 所示。

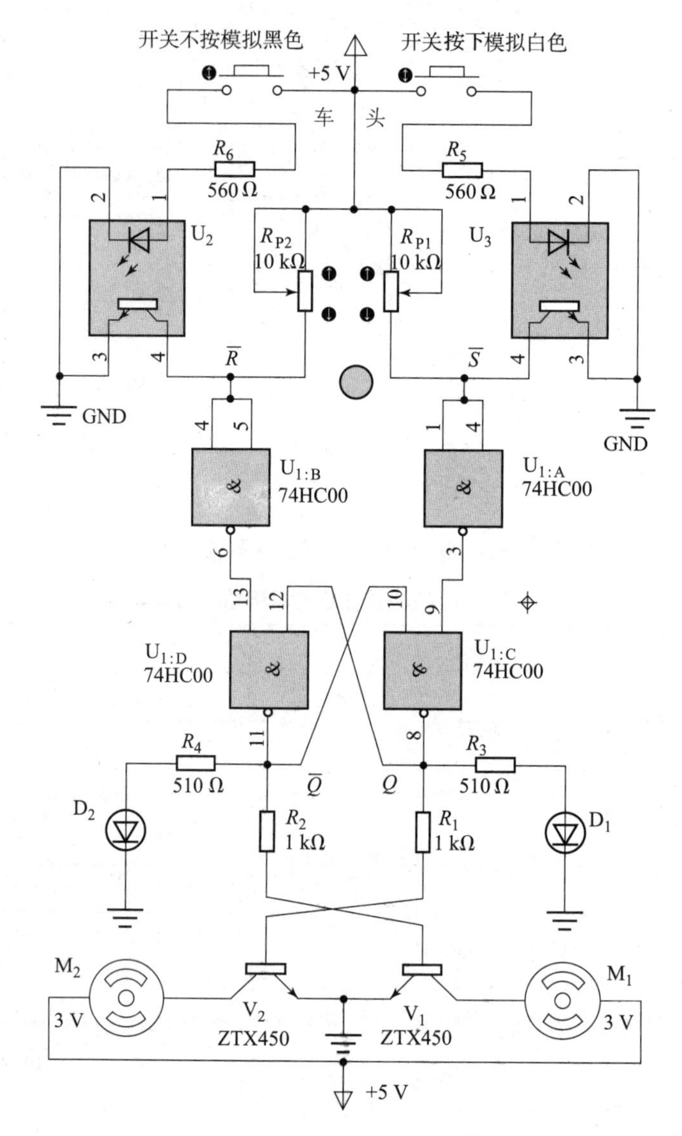

图 3-3-10　数字电路巡线小车仿真电路

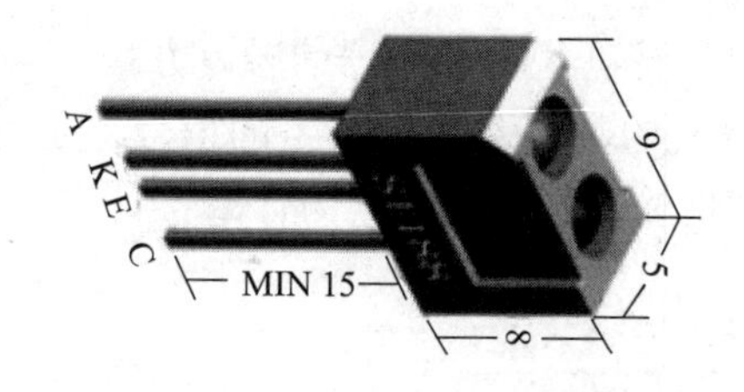

图 3-3-11　ST188 光电对管实物外形

表 3-3-4　小车行走动作控制方式

小车状态	$\overline{S}$	$\overline{R}$	Q	$\overline{Q}$	小车动作
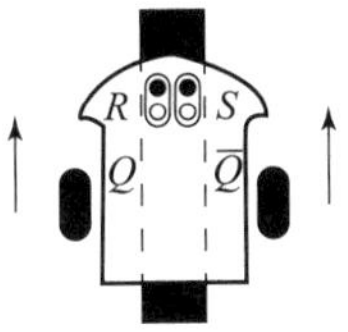 R S Q $\overline{Q}$	1	1	1	1	车正直走两车轮同时转
	0	1	0	1	右跑偏左转左轮停右轮转
	1	0	1	0	左跑偏右转右轮停左轮转
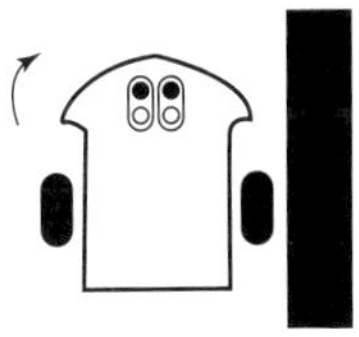	0	0	1	0	离黑线自转动找黑线

M_1、M_2 为小车左右轮直流电动机，V_1、V_2 为其驱动管。D_1、D_2 为左右转向指示灯，车头前的两个按键开关仅在仿真模拟时使用，实际制作时不用（直接短接）。

若不会 PCB 设计，电路板可用万能板焊接，光电对管安装间距与黑线等宽，离地面高度一般为 5 ~6 mm，车架可自制或网购。

调试时让两个光电管均在黑线上，接通电源（可以用 3 V 电源供电）后调节电位器 R_{P1} 和 R_{P2}，使两个电动机能同时转动。当右边光电管偏离黑线时应该是左轮停，右轮转；当左边光电管偏离黑线时应该是右轮停，左轮转，这样则说明电路调试成功。

数电实验四

计数器及其应用

一、实验目的

（1）学会用集成触发器构成计数器的方法。

（2）掌握中规模集成计数器的使用及功能测试方法。

（3）运用集成计数器构成 1/*N* 分频器。

二、实验仪器设备

数字电路实验箱、数字集成电路 74LS74 （CC4013）、74LS192 （CC40192）、74LS00（CC4011）。

三、预习要求

（1）复习教材中有关计数器的章节。

（2）熟悉各类计数器的逻辑功能及使用方法，自拟各实验内容中所需的测试记录表格。

（3）了解计数器有哪些具体应用。

四、实验原理及说明

计数器是一个用来实现计数功能的时序部件，不仅可用来对脉冲计数，还常用于实现数字系统的定时、分频和执行数字运算以及其他特定的逻辑功能。

计数器种类很多。按构成计数器中的各触发器是否使用同一个时钟脉冲源来分，有同步计数器和异步计数器；根据计数制的不同，分为二进制计数器、十进制计数器和任意进制计数器；根据计数的增减趋势，又分为加法、减法和可逆计数器；还有可预置数和可编程功能的计数器等。目前无论是TTL还是CMOS集成电路，都有品种较齐全的中规模集成计数器。使用者只要借助于器件手册提供的功能表和工作波形以及引脚排列，就能正确地运用这些器件。

1. 用 D 触发器构成异步二进制加/减计数器

如图3-4-1所示是用4只 D 触发器构成的四位二进制异步加法计数器，其连接特点是将每只 D 触发器接成 T' 触发器，再将低位触发器的 $\overline{Q}$ 端和高一位的 CP 端相连接。

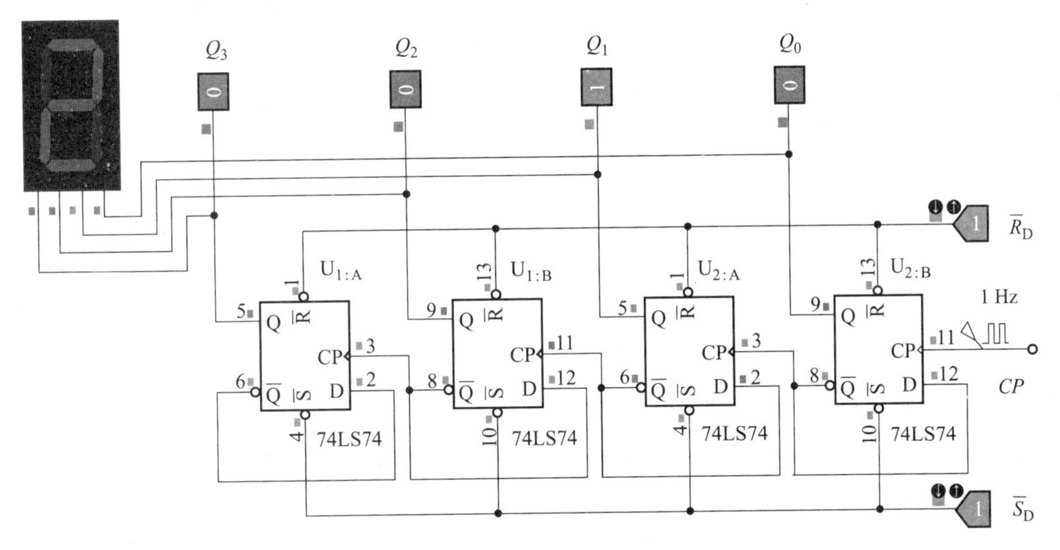

图3-4-1　四位二进制异步加法计数器仿真电路

注意：图中数码管是自带译码器的二合一数码管，可用数电实验箱上的译码显示模块代替。

若将如图3-4-1所示电路稍加改动，即将低位触发器的 Q 端与高一位的 CP 端相连接，即构成了一个四位二进制减法计数器。

双 D 触发器74LS74的引脚排列见数电实验三中图3-3-3。

2. 中规模十进制计数器

CC40192是同步十进制可逆计数器，具有双时钟输入及清除和置数等功能，其引脚排列及逻辑符号如图3-4-2所示。

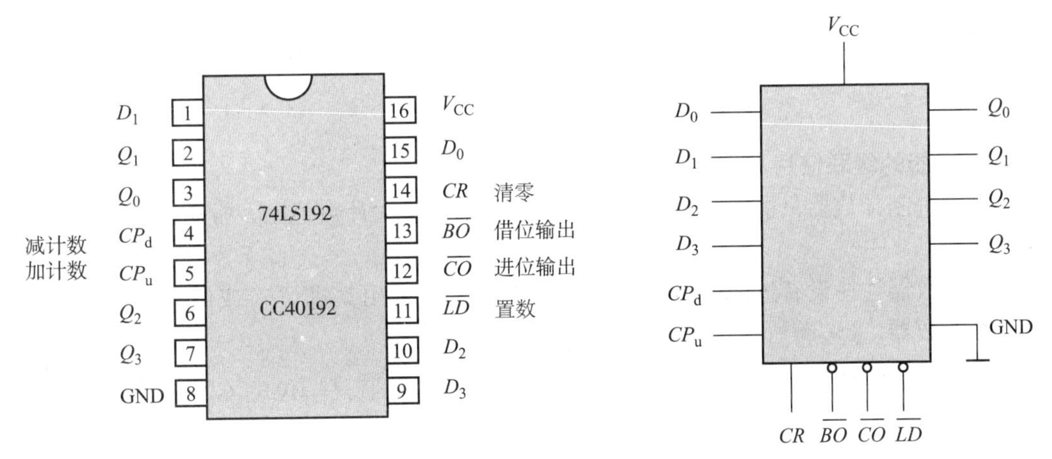

图3-4-2　CC40192（74LS192）引脚排列及逻辑符号

CC40192（同 74LS192，二者可互换使用）功能见表 3－4－1。

表 3－4－1　74LS192 功能表

输入								输出			
CR	$\overline{LD}$	CP_u	CP_d	D_3	D_2	D_1	D_0	Q_3	Q_2	Q_1	Q_0
1	×	×	×	×	×	×	×	0	0	0	0
0	0	×	×	d	c	b	a	d	c	b	a
0	1	↑	1	×	×	×	×	加计数			
0	1	1	↑	×	×	×	×	减计数			

当清除端 CR 为高电平 1 时，计数器直接清零；CR 置低电平时则执行其他功能。当 CR 为低电平，置数端$\overline{LD}$也为低电平时，数据直接从置数端 D_0、D_1、D_2、D_3 置入计数器。

当 CR 为低电平，$\overline{LD}$为高电平时，执行计数功能。执行加计数时，减计数端 CP_d 接高电平，计数脉冲由 CP_u 输入；在计数脉冲上升沿进行 8421 码十进制加法计数。执行减计数时，加计数端 CP_u 接高电平，计数脉冲由减计数端 CP_d 输入，表 3－4－2 为 8421 码十进制加、减计数器的状态转换表。

表 3－4－2　加、减计数器的状态转换表

加计数 →

输入脉冲数		0	1	2	3	4	5	6	7	8	9
输出	Q_3	0	0	0	0	0	0	0	0	1	1
	Q_2	0	0	0	0	1	1	1	1	0	0
	Q_1	0	0	1	1	0	0	1	1	0	0
	Q_0	0	1	0	1	0	1	0	1	0	1

减计数 ←

3. **计数器的级联使用**

一个十进制计数器只能表示 0～9 这 10 个数，为了扩大计数范围，常用多个十进制计数器级联使用。

同步计数器往往设有进位（或借位）输出端，故可选用其进位（或借位）输出信号驱动下一级计数器。

如图 3－4－3 所示是由 74LS192 利用进位输出端$\overline{CO}$控制高一位的 CP_u 端构成的加计数级联计数器。

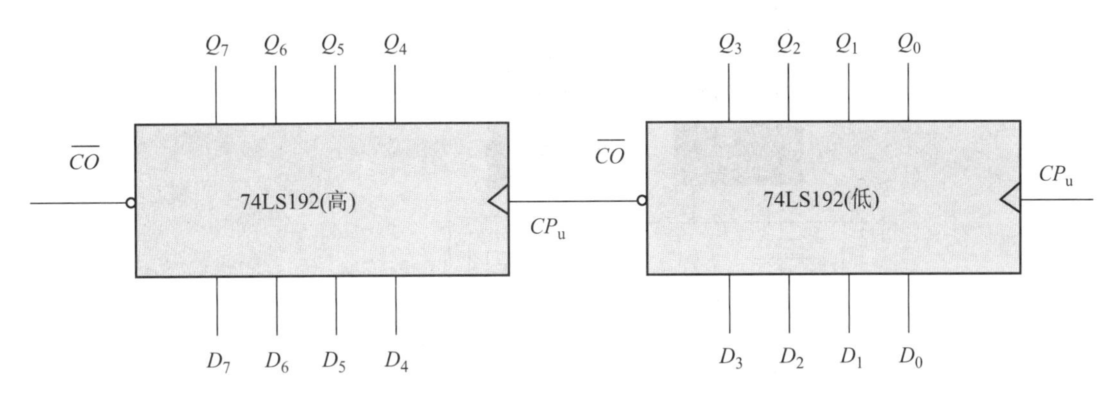

图 3-4-3　74LS192 级联计数器

4. 实现任意进制计数

1）用复位法获得任意进制计数器

假定已有 N 进制计数器，而需要得到一个 M 进制计数器时，只要 $M<N$，用复位法使计数器计数到 M 时置 0，即获得 M 进制计数器。如图 3-4-4 所示是由 74LS192 接成的六进制计数器。

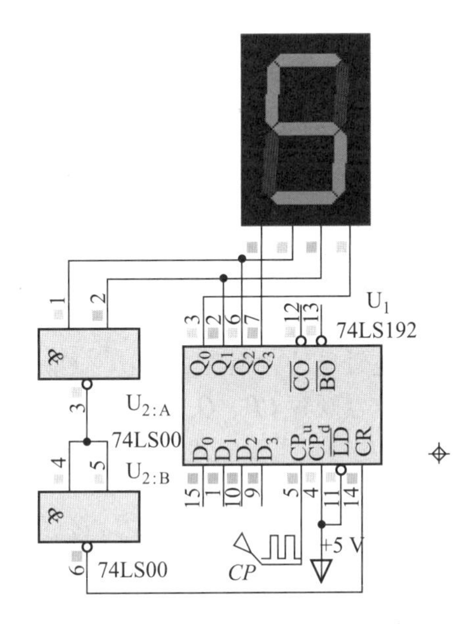

图 3-4-4　六进制计数器仿真电路

2）利用预置功能获得 M 进制计数器

如图 3-4-5 所示是由 74LS192 组成的特殊 12 进制计数器。在数字钟里，对时位的计数序列是 1、2、…、11、12、1、…是 12 进制的，且无 0。当计数到 13 时，通过与非门产生一个置位信号，使十位的 74LS192 直接置成 0000，而个位的 74LS192 直接置成 0001，从而实现了 1～12 计数。

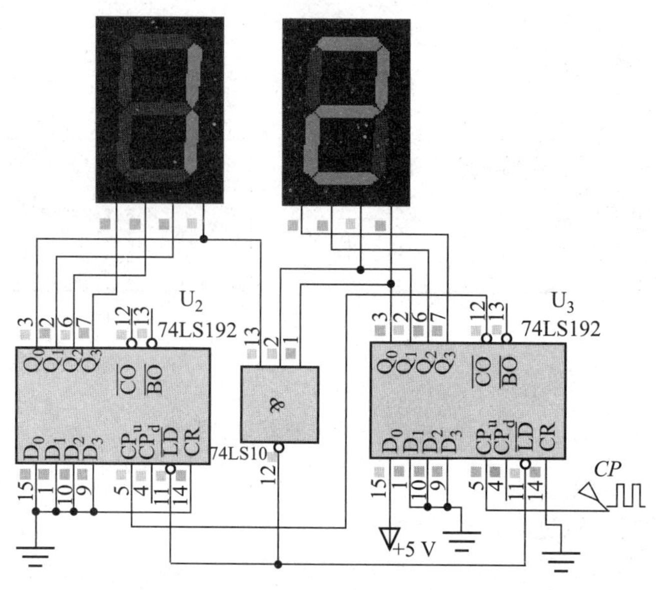

图 3-4-5　特殊 12 进制计数器仿真电路

五、实验内容及步骤

首先观看实验内容 1、2、3、4 的仿真演示，然后在数电实验箱上完成以下实验内容。

1. **用 74LS74 双 D 触发器构成四位二进制异步加法计数器**

（1）按如图 3-4-1 所示电路接线，将 $\overline{R}_D$ 和 $\overline{S}_D$ 端接逻辑开关，CP 端接单次脉冲源，输出端 Q_3、Q_2、Q_1、Q_0 接逻辑电平显示器，$\overline{S}_D$ 端置为高电平。

（2）$\overline{R}_D$ 端置为低电平清零，清零后再置为高电平，然后逐个送入单次脉冲，观察并列表记录 Q_3、Q_2、Q_1、Q_0 的状态。

（3）将单次脉冲改为 1 Hz 的连续脉冲，观察 Q_3、Q_2、Q_1、Q_0 的状态。

（4）将 CP 改为 1 kHz，用示波器观察 CP、Q_3、Q_2、Q_1、Q_0 端波形并描绘出波形。

（5）将图 3-4-1 改成减法计数器，重复上述步骤，并列表记录输出状态。

2. **74LS192 逻辑功能测试**

按如图 3-4-6 所示连接线路，CP 接单次脉冲源，清零端 CR、置数端 $\overline{LD}$、数据输入端 D_3 ~ D_0 分别接逻辑开关，输出端 Q_3 ~ Q_0 接逻辑电平显示器或译码显示器输入插孔 A、B、C、D；$\overline{CO}$ 和 $\overline{BO}$ 接逻辑电平显示器。按表 3-4-1 逐项测试其功能。

1）清零

当 $CR=1$，其他输入端状态为任意态，此时 $Q_3Q_2Q_1Q_0=0000$，译码显示为 0。清零功能完成之后，置 $CR=0$。

2）置数

当 $CR=0$，CP_u、CP_d 任意，$D_3D_2D_1D_0$ 任给一组二进制数据，令 $\overline{LD}=0$，观察输出 Q_3、Q_2、Q_1、Q_0 与 D_3、D_2、D_1、D_0 数据是否相同，此后置 $\overline{LD}=1$。

3）加计数

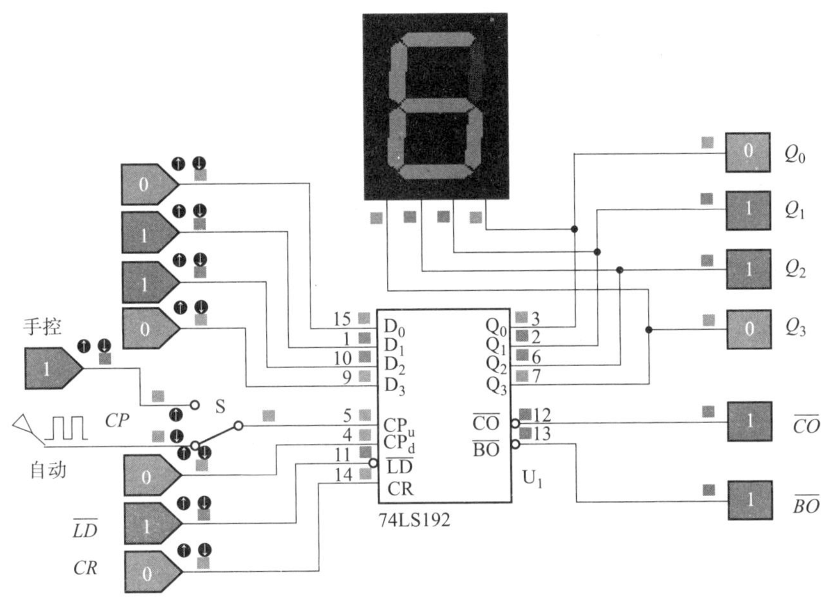

图 3－4－6　74LS192 逻辑功能测试仿真电路

$CR=0$，$\overline{LD}=CP_d=1$，CP_u 接单次脉冲源。在清零后送入 10 个单次脉冲，观察输出状态变化是否发生在 CP_u 的上升沿。

4）减计数

$CR=0$，$\overline{LD}=CP_u=1$，CP_d 接单次脉冲源。在清零后送入 10 个单次脉冲，观察输出状态的变化是否发生在 CP_d 的上升沿。

3. 74LS192 **的级联**

用两片 74LS192 组成两位十进制加法计数器仿真电路如图 3－4－7 所示，输入 10 Hz 连续计数脉冲，观察由 00～99 累加计数的过程。

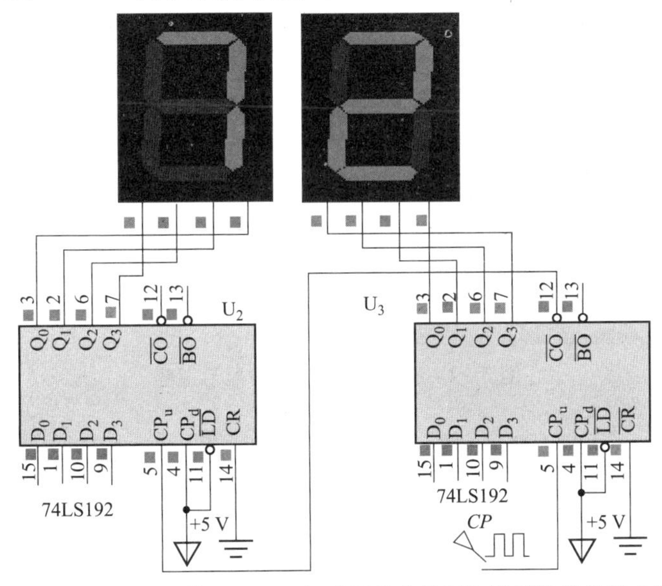

图 3－4－7　用两片 74LS192 组成两位十进制加法计数器仿真电路

4. **任意进制计数器测试**

按如图 3－4－4 所示仿真电路接线，观测六进制计数器工作情况。

按如图 3－4－5 所示仿真电路接线，观测特殊 12 进制计数器工作情况。

六、实验报告

（1）画出实验电路图，记录整理实验现象及实验所得波形，对实验结果进行分析。

（2）总结使用集成计数器的体会。

实用电路小制作：巧改计算器为计数器

一般计算器都具有自加（累加）功能。当输入“0”“＋”“1”后，第一次按下“＝”键显示“1”，第二次按下“＝”键显示“2”，如此第 n 次按下“＝”键将显示“n”，这就成了计数器。相反也可以实现减计数，如输入“365”后依次按下“－”“1”键，当第一次按下“＝”键后显示“364”，第二次按下“＝”键显示“363”，如此递减。“＝”键实质上是一个导电橡胶微动开关，打开外壳后，在电路板上找到“＝”键下面对应的叉指形电极，在两个电极上焊出两根导线，导线的另一头焊上开关器件就代替了“＝”键的作用。如果开关器件用干簧管就能实现磁控计数，用光控开关就能实现光控计数，用继电器触点就能对电脉冲计数。改装示意图如图 3－4－8 所示。

有些计数器的显示位数高达十几位，可以实现长时间的计数。思考一下这样改装后的计数器能应用到哪些地方。

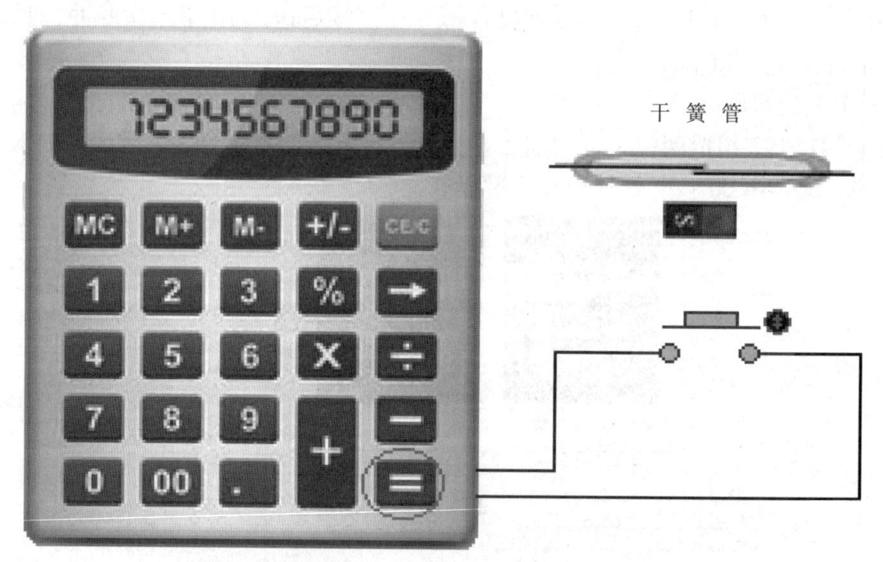

图 3－4－8　计算器改计数器示意图

数电实验五

移位寄存器及其应用

一、实验目的

(1) 掌握中规模四位双向移位寄存器的逻辑功能及使用方法。
(2) 熟悉移位寄存器的应用，实现数据的串行、并行转换和构成环形计数器。

二、实验仪器设备

数字电路实验箱、数字集成电路 74LS194（CC40194）、74LS00（CC4011）、74LS04、74LS30（CC4068）。

三、预习要求

(1) 复习教材中有关寄存器的章节。
(2) 熟悉寄存器逻辑功能及使用方法，拟出各实验内容中所需的测试记录表格。
(3) 了解寄存器有哪些具体应用。

四、实验原理及说明

移位寄存器是一个具有移位功能的寄存器，是指寄存器中所存的代码能够在移位脉冲的作用下依次左移或右移。既能左移又能右移的寄存器称为双向移位寄存器，只需要改变左、右移的控制信号便可实现双向移位要求。根据移位寄存器存取信息的方式不同分为串入串出、串入并出、并入串出、并入并出 4 种形式。

1. 四位双向移位寄存器

本实验选用的四位双向移位寄存器，型号为 74LS194 或 CC40194，两者功能相同，可互换使用，其逻辑符号及引脚排列如图 3－5－1 所示。

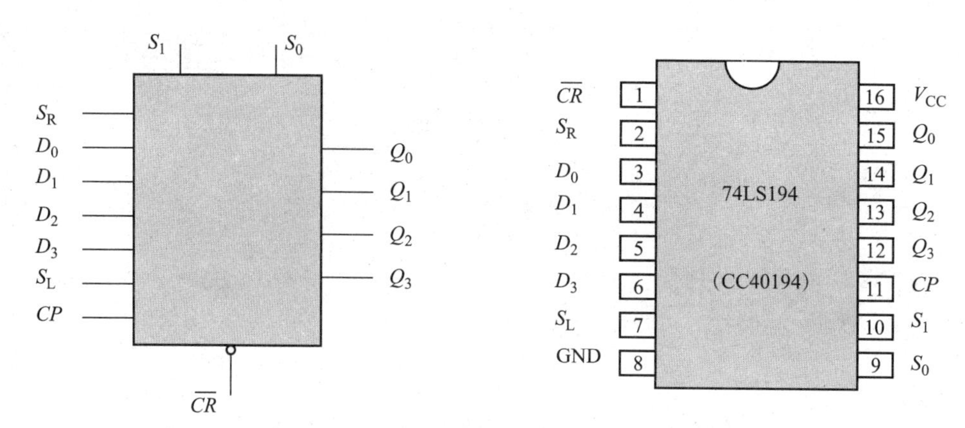

图 3－5－1　74LS194 的逻辑符号及引脚排列

其中 D_0、D_1、D_2、D_3为并行输入端；Q_0、Q_1、Q_2、Q_3为并行输出端；S_R为右移串行输入端，S_L为左移串行输入端；S_1、S_0为操作模式控制端；$\overline{CR}$ 为直接无条件清零端；CP 为时钟脉冲输入端。

74LS194 有 5 种不同操作模式，即并行送数寄存、右移（方向由 $Q_0 \to Q_3$）、左移（方向由 $Q_3 \to Q_0$）、保持及清零。其功能表如表 3－5－1 所示。

表 3－5－1　74LS194 功能表

功能	输入										输出			
	CP	$\overline{CR}$	S_1	S_0	S_R	S_L	D_0	D_1	D_2	D_3	Q_0	Q_1	Q_2	Q_3
清除	×	0	×	×	×	×	×	×	×	×	0	0	0	0
送数	↑	1	1	1	×	×	a	b	c	d	a	b	c	d
右移	↑	1	0	1	D_{S_R}	×	×	×	×	×	D_{S_R}	Q_0	Q_1	Q_2
左移	↑	1	1	0	×	D_{S_L}	×	×	×	×	Q_1	Q_2	Q_3	D_{S_L}
保持	↑	1	0	0	×	×	×	×	×	×	Q_0^n	Q_1^n	Q_2^n	Q_3^n
保持	↓	1	×	×	×	×	×	×	×	×	Q_0^n	Q_1^n	Q_2^n	Q_3^n

2. **移位寄存器的应用**

移位寄存器可构成移位寄存器型计数器、顺序脉冲发生器、串行累加器，也可用作数据转换器，即把串行数据转换为并行数据，或把并行数据转换为串行数据等。本实验研究移位寄存器用作环形计数器和实现数据的串、并行转换功能。

1）环形计数器

把移位寄存器的输出反馈到其串行输入端，就可以进行循环移位，如图 3－5－2 所示。把输出端 Q_3和右移串行输入端 S_R相连接，设初始状态 $Q_0Q_1Q_2Q_3 = 1000$，则在时钟脉冲作用下 $Q_0Q_1Q_2Q_3$ 将依次变为 0100→0010→0001→1000→……，如表 3－5－2 所示，可见其是一个具有 4 个有效状态的计数器，这种类型的计数器通常称为环形计数器。因如图 3－5－2 所示环形计数器可输出在时间上有先后顺序的脉冲，因此也可作为顺序脉冲发生器。

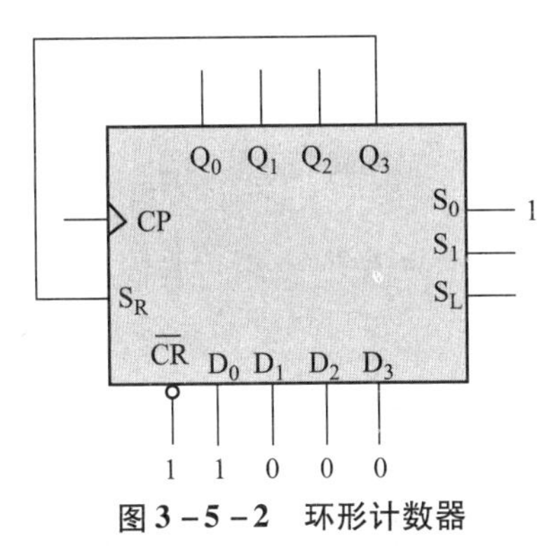

图 3-5-2　环形计数器

表 3-5-2　环形计数器状态表

CP	Q_0	Q_1	Q_2	Q_3
0	1	0	0	0
1	0	1	0	0
2	0	0	1	0
3	0	0	0	1

如果将输出 Q_0 与左移串行输入端 S_L 相连接，即可实现左移循环移位。

2）实现数据串、并行转换

(1) 串行/并行转换器。

串行/并行转换是指串行输入的数码，经电路转换之后变换成并行输出。

如图 3-5-3 所示是用两片 74LS194 组成的七位串/并行数据转换仿真电路。

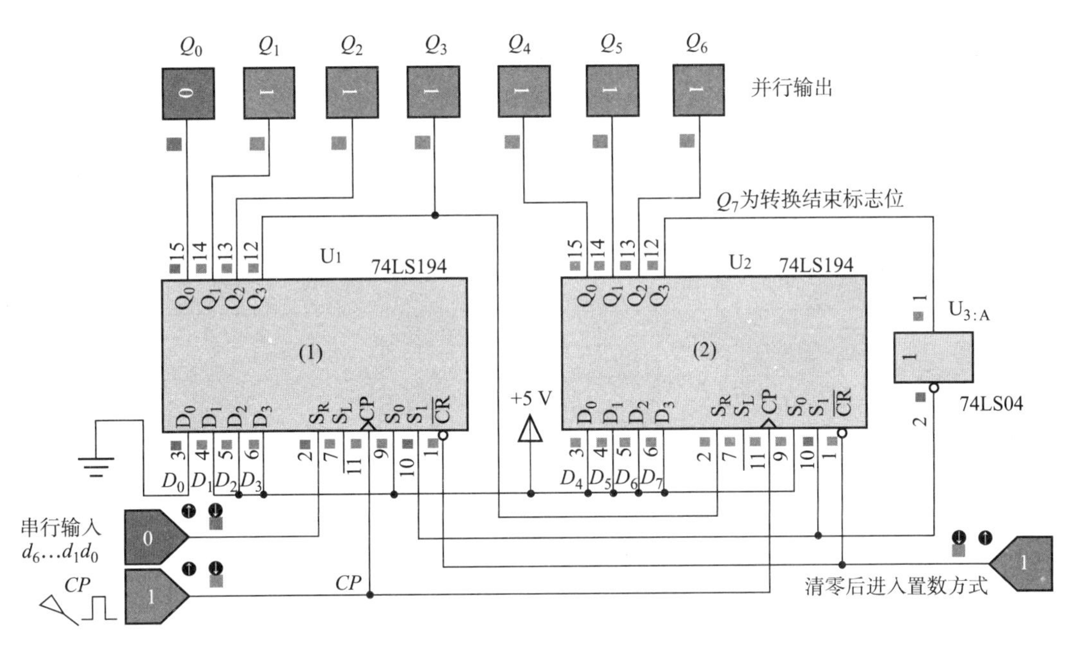

图 3-5-3　七位串行/并行转换仿真电路

电路中 S_0 端接高电平 1，S_1 受 Q_7 控制，两片寄存器连接成串行输入右移工作模式。Q_7 是转换结束标志。当 $Q_7=1$ 时，$S_1=0$，使之成为 $S_1S_0=01$ 的串入右移工作方式，当 $Q_7=0$ 时，$S_1=1$，有 $S_1S_0=11$，则串行送数结束，标志着串行输入的数据已转换成并行输出。串行/并行转换的具体过程如下。

转换前，$\overline{CR}$端加低电平，使两片寄存器的内容清零，此时 $S_1S_0=11$，寄存器处于并行输入工作方式。当第一个 CP 脉冲到来后，寄存器的输出状态 $Q_0 \sim Q_7$ 为 01111111（因第（1）片 $D_0=0$，$D_1 \sim D_7=1$），与此同时 S_1S_0 变为 01，转换电路变为执行串入行输右移工作，串行输入数据由第（1）片的 S_R端加入。随着 CP 脉冲的依次加入，输出状态的变化可列成如表 3 – 5 – 3 所示。

由表 3 – 5 – 3 可见，右移操作 7 次之后，Q_7变为 0，S_1S_0又变为 11，说明串行输入结束。这时串行输入的数码已经转换成并行输出。

当再来一个 CP 脉冲时，电路又重新执行一次并行输入，为第二组串行数码转换做好了准备。

74LS04 和 74LS30 引脚排列如图 3 – 5 – 4 所示。

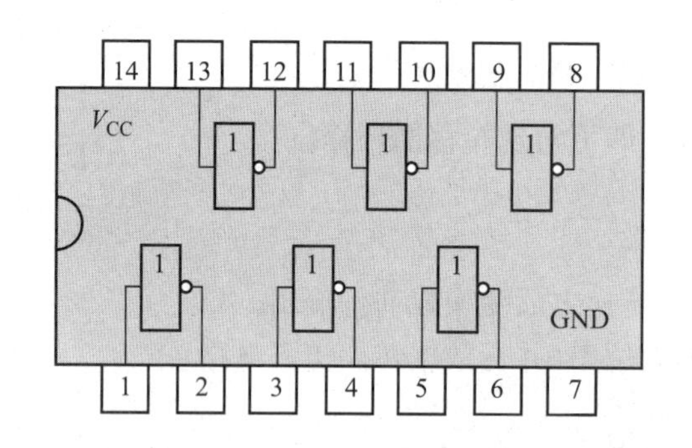

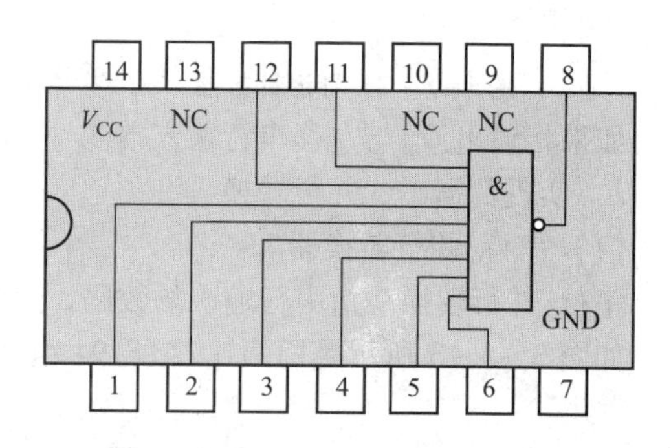

图 3 – 5 – 4　74LS04 和 74LS30 引脚排列

（a）74LS04 引脚排列；（b）74LS30 引脚排列

表 3 – 5 – 3　串 – 并行转换状态表

CP	Q_0	Q_1	Q_2	Q_3	Q_4	Q_5	Q_6	Q_7	说明
0	0	0	0	0	0	0	0	0	清零
1	0	1	1	1	1	1	1	1	送数
2	d_0	0	1	1	1	1	1	1	右移操作7次
3	d_1	d_0	0	1	1	1	1	1	
4	d_2	d_1	d_0	0	1	1	1	1	
5	d_3	d_2	d_1	d_0	0	1	1	1	
6	d_4	d_3	d_2	d_1	d_0	0	1	1	
7	d_5	d_4	d_3	d_2	d_1	d_0	0	1	
8	d_6	d_5	d_4	d_3	d_2	d_1	d_0	0	
9	0	1	1	1	1	1	1	1	送数

（2）并行/串行转换器。

并行/串行转换器是指并行输入的数码经转换电路之后，转换成串行输出。

如图 3 – 5 – 5 所示是用两片 74LS194 组成的七位并行/串行转换仿真电路，比如图 3 – 5 – 3所示的电路多了两个与非门 G_1和 G_2，电路工作方式同样为右移。

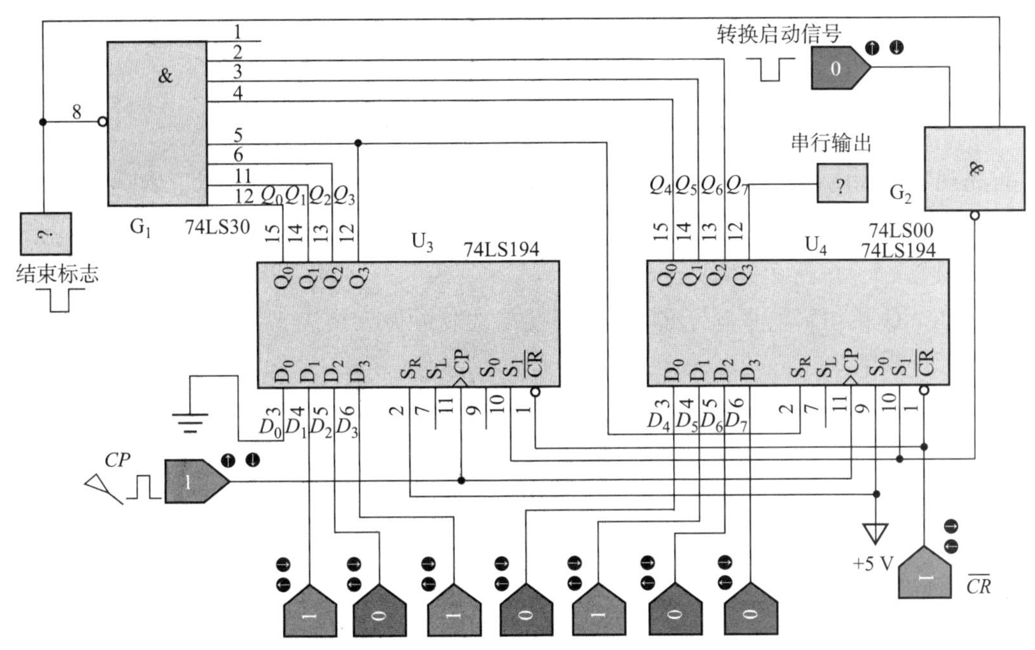

图 3－5－5　七位并行/串行转换仿真电路

寄存器清零后，加一个转换启动信号（负脉冲或低电平）。此时，由于方式控制 $S_1S_0=11$，转换电路执行并行输入操作。当第一个 CP 脉冲到来后，$Q_0Q_1Q_2Q_3Q_4Q_5Q_6Q_7$ 的状态为 $D_0D_1D_2D_3D_4D_5D_6D_7$，并行输入数码存入寄存器。从而使得 G_1 输出为 1，G_2 输出为 0，结果使 S_1S_0 变为 01，转换电路随着 CP 脉冲的加入，开始执行右移串行输出。随着 CP 脉冲的依次加入，输出状态依次右移，待右移操作 7 次后，$Q_0\sim Q_6$ 的状态都为高电平 1，与非门 G_1 输出为低电平，G_2 输出为高电平，S_1S_0 又变为 11，表示并/串行转换结束，且为第二次并行输入创造条件。转换过程如表 3－5－4 所示。

表 3－5－4　并－串转换状态表

CP	Q_0	Q_1	Q_2	Q_3	Q_4	Q_5	Q_6	Q_7	串行输出						
0	0	0	0	0	0	0	0	0	0						
1	0	D_1	D_2	D_3	D_4	D_5	D_6	D_7							
2	1	0	D_1	D_2	D_3	D_4	D_5	D_6	D_7						
3	1	1	0	D_1	D_2	D_3	D_4	D_5	D_6	D_7					
4	1	1	1	0	D_1	D_2	D_3	D_4	D_5	D_6	D_7				
5	1	1	1	1	0	D_1	D_2	D_3	D_4	D_5	D_6	D_7			
6	1	1	1	1	1	0	D_1	D_2	D_3	D_4	D_5	D_6	D_7		
7	1	1	1	1	1	1	0	D_1	D_2	D_3	D_4	D_5	D_6	D_7	
8	1	1	1	1	1	1	1	0	D_1	D_2	D_3	D_4	D_5	D_6	D_7
9	0	D_1	D_2	D_3	D_4	D_5	D_6	D_7							

中规模集成移位寄存器，其位数往往以四位居多，当需要的位数多于四位时，可把几片移位寄存器用级联的方法来扩展位数。

五、实验内容及步骤

首先观看实验内容1、2、3的仿真演示，然后在数电实验箱上完成以下实验内容。

1. 测试74LS194的逻辑功能

按如图3－5－6所示接线，$\overline{CR}$、S_1、S_0、S_L、S_R、D_0、D_1、D_2、D_3分别接逻辑开关；Q_0、Q_1、Q_2、Q_3接逻辑电平显示器。CP端接单次脉冲源。按表3－5－5所规定的输入状态，逐项进行测试。

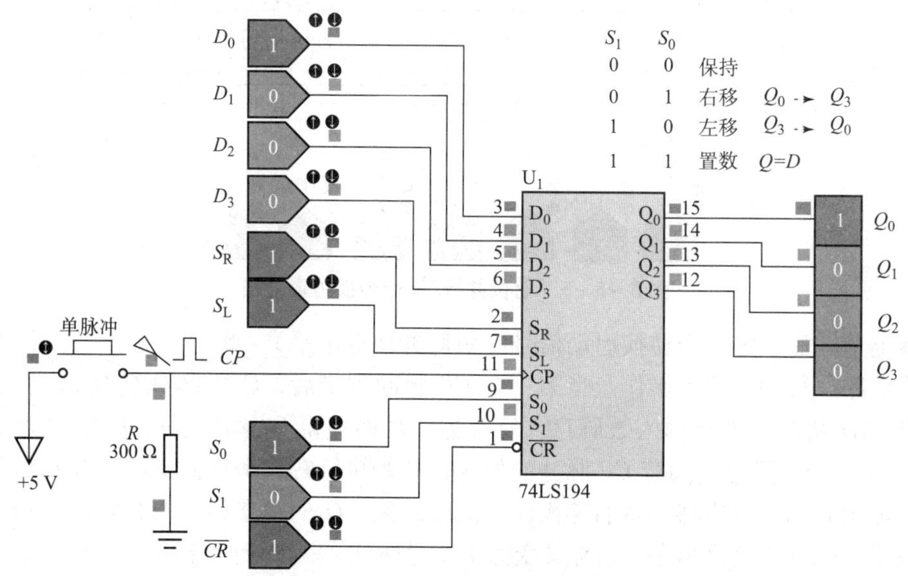

图3－5－6　74LS194逻辑功能测试仿真电路

表3－5－5　74LS194的逻辑功能测试表

清除	模　式		时钟	串　行		输　入	输　出	功能总结
$\overline{CR}$	S_1	S_0	CP	S_L	S_R	$D_0\ D_1\ D_2\ D_3$	$Q_0\ Q_1\ Q_2\ Q_3$	
0	×	×	×	×	×	××××		
1	1	1	↑	×	×			
1	0	1	↑	×	0	××××		
1	0	1	↑	×	1	××××		
1	0	1	↑	×	0	××××		
1	0	1	↑	×	0	××××		
1	1	0	↑	1	×	××××		
1	1	0	↑	1	×	××××		
1	1	0	↑	1	×	××××		
1	1	0	↑	1	×	××××		
1	0	0	↑	×	×	××××		

（1）清除：令$\overline{CR}=0$，其他输入均为任意态，这时寄存器输出 Q_0、Q_1、Q_2、Q_3 应均为0。清除后，置$\overline{CR}=1$。

（2）置数：令$\overline{CR}=S_1=S_0=1$，D_0、D_1、D_2、D_3 设为任意数据，加入 CP 脉冲，观察 $CP=0$、CP 由0→1、CP 由1→0 这3种情况下寄存器输出状态的变化是否发生在 CP 脉冲的上升沿。

（3）右移：清零后，令$\overline{CR}=1$，$S_1=0$，$S_0=1$，由右移输入端 S_R 送入二进制数码，如0100，由 CP 端连续加4个 CP 脉冲，观察输出情况并记录。

（4）左移：先清零或预置，再令$\overline{CR}=1$，$S_1=1$，$S_0=0$，由左移输入端 S_L 送入二进制数码，如1111，连续加4个 CP 脉冲，观察输出情况并记录。

（5）保持：寄存器预置任意4位二进制数码 $abcd$，令$\overline{CR}=1$，$S_1=S_0=0$，加 CP 脉冲，观察寄存器输出情况并记录。

2. 环形计数器测试

按如图3-5-7所示接线，用并行送数法预置寄存器为某二进制数码，如0100，然后进行右移循环，观察寄存器输出端状态的变化，记入表3-5-6中。

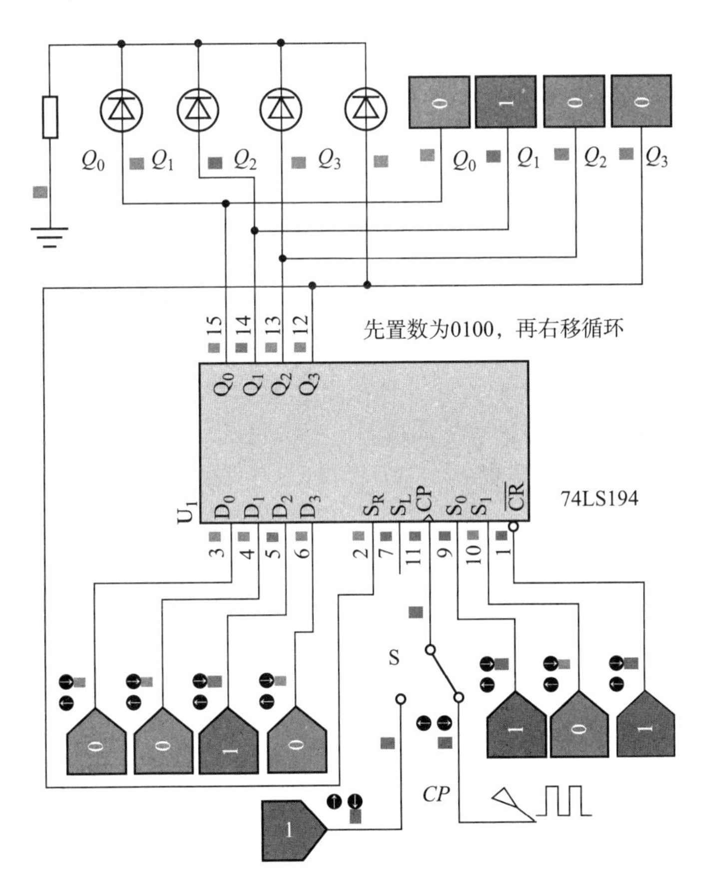

图3-5-7　右移循环计数器测试仿真电路

表 3-5-6　环形计数器测试表

CP	Q_0	Q_1	Q_2	Q_3
0	0	1	0	0
1				
2				
3				
4				

3. 数据的串-并行转换

1）串行输入、并行输出

按如图 3-5-3 所示接线，进行右移串行输入、并行输出实验，串行输入数码自定。再改接线路用左移方式实现并行输出，自拟表格并记录数据。

2）并行输入、串行输出

按如图 3-5-5 所示接线，进行右移并行输入、串行输出实验，并行输入数码自定。再改接线路用左移方式实现串行输出，自拟表格并记录数据。

六、实验报告

（1）分析表 3-5-5 的实验结果，总结移位寄存器 74LS194 的逻辑功能，并写入表格“功能总结”一栏中。

（2）根据实验内容 2 的结果，画出四位环形计数器的状态转换图及波形图。

（3）分析串-并行、并-串行转换器所得结果的正确性。

实用电路小制作：用寄存器产生序列信号

序列信号（时序脉冲）是一组特定的串行数字信号，能够循环地产生序列信号的电路称为序列信号发生器。序列信号的长度用其位数表示。例如：序列 01101，序列长度为 5。序列信号发生器一般有两种结构形式，一种由寄存器和反馈电路组成，另一种由计数器组成。序列信号可用于对彩灯或步进电机的控制。

用移位寄存器和反馈组合电路构成序列信号发生器的设计方案分为两种，一种是用移位寄存器和门电路实现；另一种是用移位寄存器和数据选择器或译码器实现。设计步骤如下。

第一步：根据序列信号的长度 L 确定移位寄存器的位数 N，要求 N 满足 $(2N-1) \leqslant L \leqslant 2N$。

第二步：确定移位寄存器的 L 个独立状态。根据数据左移，画出状态转换图，检查图中的 L 个状态是否两两不同，如果是，则 N 可用；如果存在两个状态相同，则移位寄存器位数需要加 1，即 $N+1$。重新画状态转换图，再次检查状态图中的 L 个状态是否两两不同，如果是，则 $N+1$ 可用；否则，移位寄存器位数再加 1 即 $N+2$。重复上述过程，直到状态图中的 L 个状态两两不同为止，这时状态图中的 L 个状态就是移位寄存器的 L 个独立状态，这时的移位寄存器的位数才是最后的值。

第三步：根据状态转换图及每一个状态所需要的移位输入信号，列出反馈函数表，画出反馈函数的卡诺图，求出反馈函数的表达式。对于未用状态，做无关项处理。如果有无关项，还要检查电路的自启动能力。

第四步：根据反馈函数的表达式，使用门电路或译码器或数据选择器实现反馈函数的组合电路。

例如，产生一个5位的序列信号01101。

设计过程为，第一步，$L=5$，得$N=3$。第二步，取$N=3$，根据数据左移，可得到5个状态为011、110、101、010、101，在这5个状态中，存在两个重复状态，移位寄存器的位数需要加1，即$N=4$，按照上述方法重新得到5个状态为0110、1101、1010、0101、1011，这5个状态各不相同，为独立状态，因此选择$N=4$，用移位寄存器74LS194即可构成电路。第三步，列出反馈函数表，如表3-5-7所示，Q_0为序列信号输出端。

根据反馈函数表，得反馈函数D的卡诺图如表3-5-8所示。化简时若将0000所对应的小方块中的d画在圈外，也就是化简时将其看作0，即意味着0000状态时左移输入信号D为0，因此当时钟信号到来时状态依然为0000，这样构成了无效循环，电路是不能自启动的。为使0000不再构成无效循环，应将0000对应小方框中的d画入圈中。卡诺图的化简结果为$D=\overline{Q}_0\overline{Q}_3$。之后还应检查电路的自启动能力。当电路中出现无效状态时，根据左移输入信号，判断若干个时钟脉冲作用后电路能否进入有效循环。经判断，电路可以自启动。

表3-5-7　反馈函数表

Q_0	Q_1	Q_2	Q_3	D
0	1	1	0	1
1	1	0	1	0
1	0	1	0	1
0	1	0	1	1
1	0	1	1	0

表3-5-8　卡诺图化简

Q_0Q_1 \ Q_2Q_3	00	01	11	10
00	d	d	d	d
01	d	1	d	1
11	d	0	d	d
10	d	d	0	1

第五步，画出电路图并接线验证。用门电路实现的序列信号发生器仿真电路如图3-5-8所示，用数据选择器实现的序列信号发生器仿真电路如图3-5-9所示。

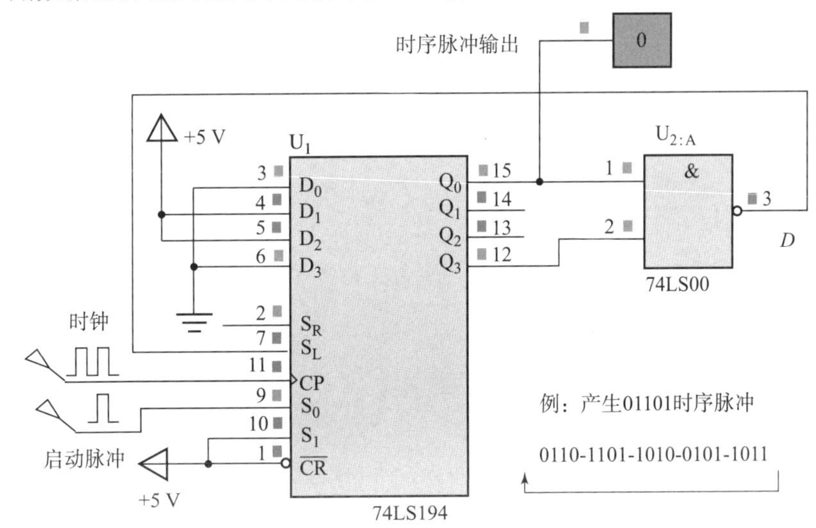

图3-5-8　用门电路实现的序列信号发生器仿真电路

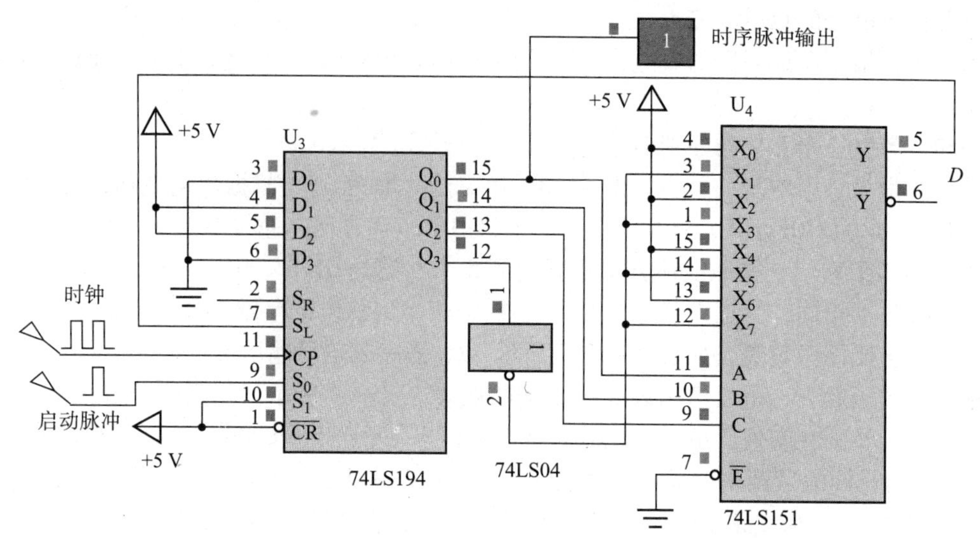

图 3-5-9　用数据选择器实现的序列信号发生器仿真电路

数电实验六

译码器及其应用

一、实验目的

（1）掌握中规模集成译码器的逻辑功能和使用方法。
（2）熟悉数码管的使用，了解七段数码显示电路的工作原理。

二、实验仪器设备

数字电路实验箱、数字集成电路 74LS138、74LS47、CC4511。

三、预习要求

（1）复习教材中有关译码器和分配器的章节。
（2）熟悉 74LS138 译码器逻辑功能及使用方法，自拟各实验内容中所需的测试记录表格。
（3）了解译码器有哪些具体应用。

四、实验原理及说明

译码器是一个多输入、多输出的组合逻辑电路，其作用是把给定的代码进行翻译，变成相应的状态，使输出通道中相应的一路有信号输出。译码器在数字系统中被广泛使用，不仅用于代码的转换、终端的数字显示，还用于数据分配、存储器寻址和组合控制信号等。不同的功能可选用不同类型的译码器。

译码器可分为通用译码器和显示译码器两大类。前者又分为变量译码器和代码变换译码器。

1. **变量译码器（又称二进制译码器）**

用以表示输入变量的状态，如2线－4线译码器、3线－8线译码器和4线－16线译码器。若有 n 个输入变量，则有 2^n 个不同的组合状态，即有 2^n 个输出，而每一个输出所代表的函数对应于 n 个输入变量的最小项。

以3线－8线译码器74LS138为例进行分析，如图3－6－1所示为其逻辑符号及引脚排列。

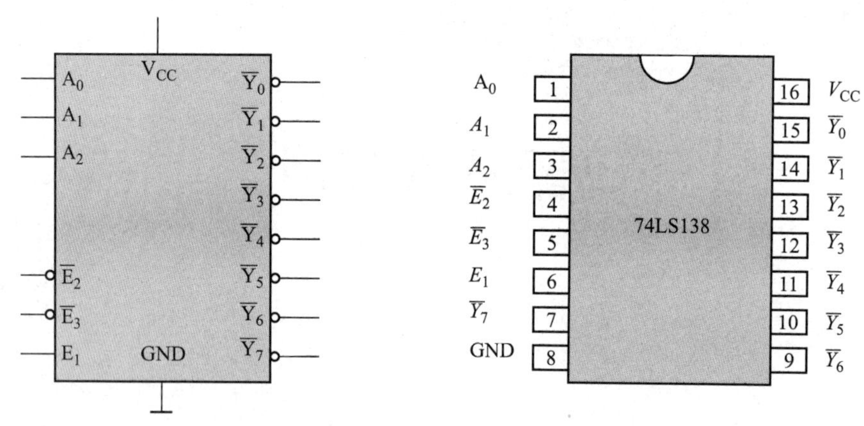

图3－6－1　74LS138逻辑符号及引脚排列

其中 A_2、A_1、A_0 为地址输入端，$\overline{Y}_0 \sim \overline{Y}_7$ 为译码输出端，E_1、$\overline{E}_2$、$\overline{E}_3$ 为使能端。

当 $E_1=1$，$\overline{E}_2+\overline{E}_3=0$ 时，器件处于正常译码状态，地址码所指定的输出端有信号（为0）输出，其他所有输出端均无信号（全为1）输出。当 $E_1=0$，$\overline{E}_2+\overline{E}_3=\times$ 时，或 $E_1=\times$，$\overline{E}_2+\overline{E}_3=1$ 时，译码器被禁止，所有输出同时为1。如表3－6－1所示为74LS138的功能表。

表3－6－1　74LS138的功能表

输　入					输　出							
E_1	$\overline{E}_2+\overline{E}_3$	A_2	A_1	A_0	$\overline{Y}_0$	$\overline{Y}_1$	$\overline{Y}_2$	$\overline{Y}_3$	$\overline{Y}_4$	$\overline{Y}_5$	$\overline{Y}_6$	$\overline{Y}_7$
1	0	0	0	0	0	1	1	1	1	1	1	1
1	0	0	0	1	1	0	1	1	1	1	1	1
1	0	0	1	0	1	1	0	1	1	1	1	1
1	0	0	1	1	1	1	1	0	1	1	1	1
1	0	1	0	0	1	1	1	1	0	1	1	1
1	0	1	0	1	1	1	1	1	1	0	1	1
1	0	1	1	0	1	1	1	1	1	1	0	1
1	0	1	1	1	1	1	1	1	1	1	1	0
0	×	×	×	×	1	1	1	1	1	1	1	1
×	1	×	×	×	1	1	1	1	1	1	1	1

二进制译码器实际上也是负脉冲输出的脉冲分配器。若利用使能端中的一个输入端输入数据信息，器件就成为一个数据分配器（又称多路分配器），如图 3－6－2 所示。若在 E_1 输入端输入数据信息，令 $\bar{E}_2=\bar{E}_3=0$，则地址码所对应的输出是 E_1 数据信息的反码；若从 $\bar{E}_2$ 端输入数据信息，令 $E_1=1$、$\bar{E}_3=0$，则地址码所对应的输出就是 $\bar{E}_2$ 端数据信息的原码。若数据信息是时钟脉冲，则数据分配器便成为时钟脉冲分配器。

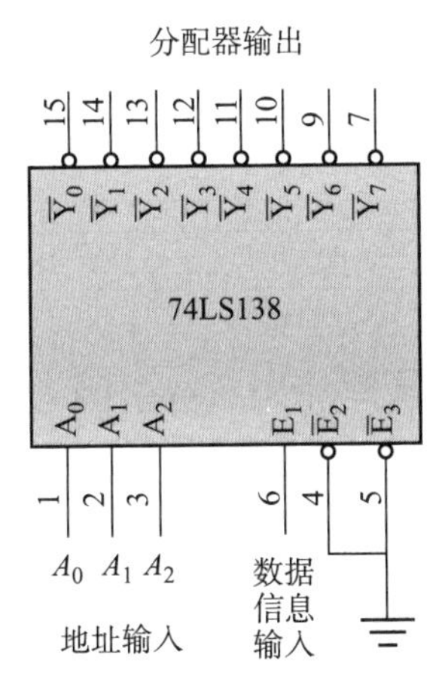

图 3－6－2　作数据分配器

二进制译码器可以根据输入地址的不同组合译出唯一地址，故可用作地址译码器。接成多路分配器，可将一个信号源的数据信息传输到不同的地点。

二进制译码器还能方便地实现逻辑函数，如图 3－6－3 所示，实现的逻辑函数是

$$Z=\bar{A}\ \bar{B}\ \bar{C}+\bar{A}\ B\ \bar{C}+A\ \bar{B}\ \bar{C}+ABC$$

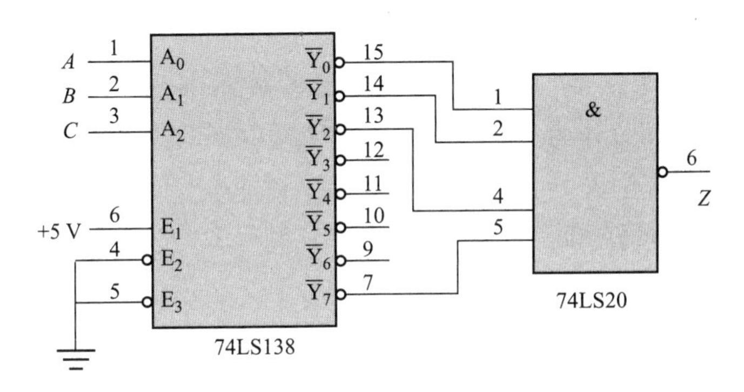

图 3－6－3　实现逻辑函数

利用使能端能方便地将两个 3 线－8 线译码器组合成一个 4 线－16 线译码器，如图 3－6－4 所示。

2. 二－十进制译码器

二－十进制译码器属于代码度换译码器，能将输入的 4 位二进制数译成十进制数，CC4028 逻辑符号及引脚排列如图 3－6－5 所示。其中 A_3、A_2、A_1、A_0 是地址输入端，$\bar{Y}_0$ ~ $\bar{Y}_9$ 是译码输出端，CC4028 的输出能拒绝伪码，当输入为 1010 ~ 1111 时，所有输出全为 1。

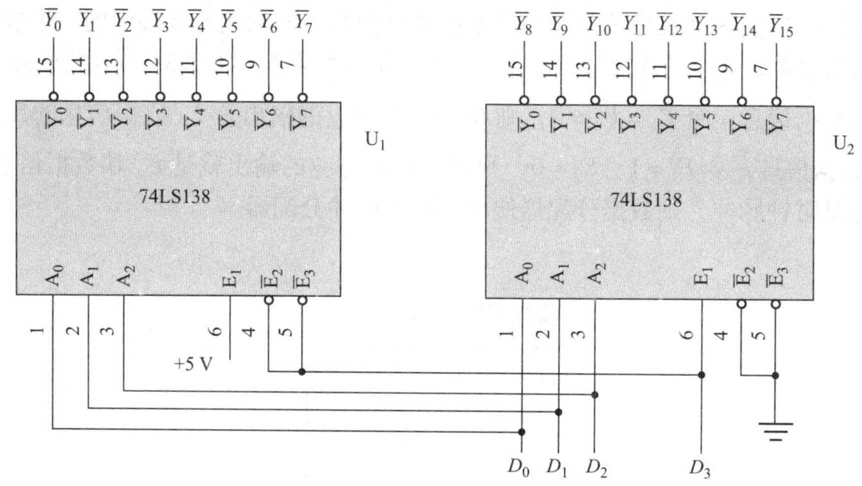

图 3-6-4　用两片 74LS138 组合成 4 线-16 线译码器

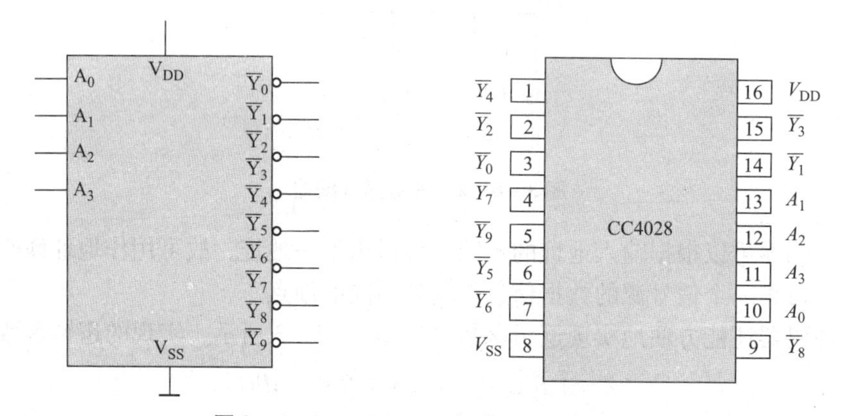

图 3-6-5　CC4028 逻辑符号及引脚排列

此外，CC4028 没有使能端，因此不能作多路分配器使用。但若用 $A_2A_1A_0$ 作地址输入端，$\overline{Y}_8$、$\overline{Y}_9$ 闲置不用，A_3 则可以作为使能端使用，此时的 CC4028 就变成了 3 线-8 线译码器，A_3 的选通功能与 74LS138 的 $\overline{E}_2$、$\overline{E}_3$ 相同，为低电平使能端。所以 CC4028 不仅可作为一般译码器使用，也可以作多路分配器使用或实现逻辑函数等多种功能。

3. 数码显示译码器

1）七段（LED）数码管

LED 数码管是目前最常用的数字显示器件，有一位、二位、三位、四位等，按公共端的接法又分为共阴管和共阳管，如图 3-6-6 所示是一位 LED 数码管的外形及引脚排列。

一个 LED 数码管可用来显示一位 0～9 十进制数和一个小数点。小型数码管（0.5 英寸①和 0.36 英寸）每段发光二极管的正向压降，随显示光（通常为红、绿、黄、橙色）的颜色不同略有差别，通常为 1.7～2.5 V，每个发光二极管的点亮电流在 5～10 mA。LED 数码管要显示 BCD 码所表示的十进制数字就需要有一个专门的译码器，该译码器不但要完成译码功能，还要有适当的驱动能力，有的数码管则做成了译码、显示二合一的结构。

① 1 英寸＝2.54 厘米。

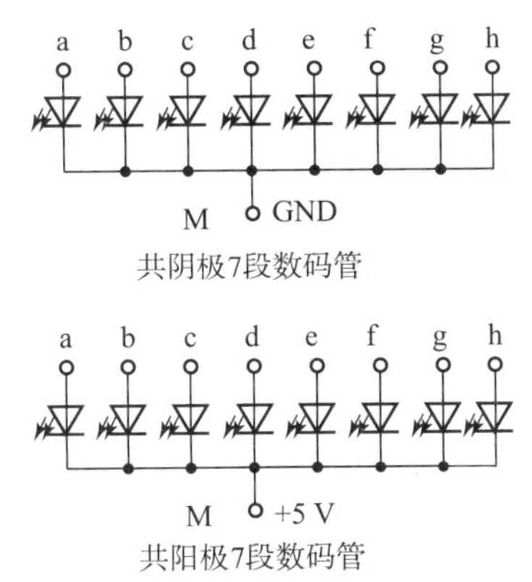

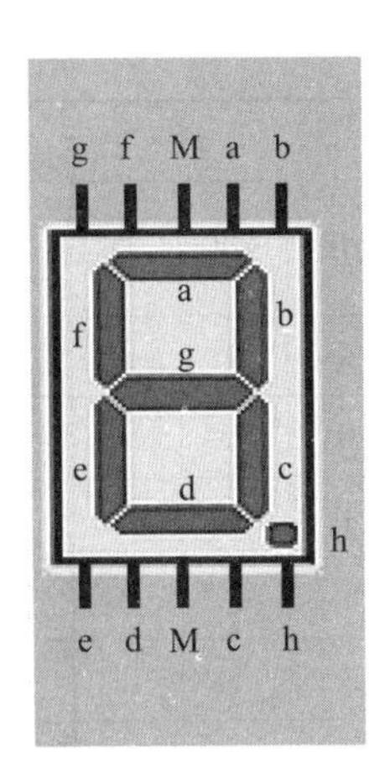

图 3-6-6　LED 数码管外形及引脚排列

2）BCD 码七段译码驱动器

此类译码器型号有 74LS47（共阳）、74LS48（共阴）、CC4511（共阴）等，如图 3-6-7所示是 74LS47 和 CC4511 的引脚排列。

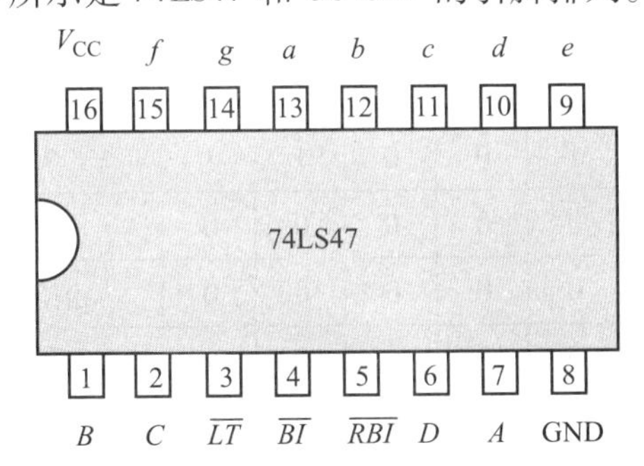

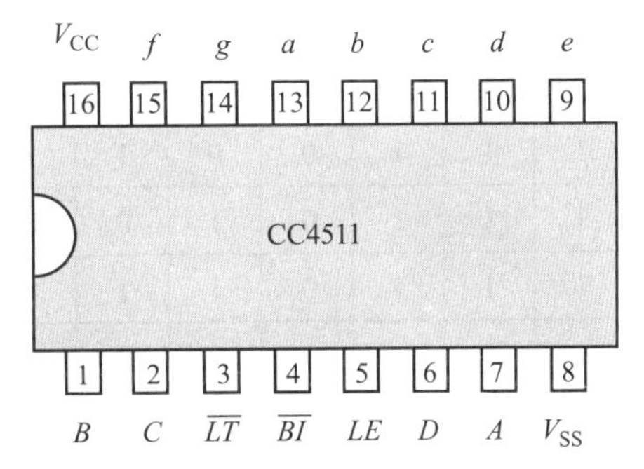

图 3-6-7　74LS47 和 CC4511 的引脚排列

各引脚说明如下。

A、*B*、*C*、*D* 为 BCD 码输入端；

a、*b*、*c*、*d*、*e*、*f*、*g* 为译码输出端，74LS47 输出 0 有效，用来驱动共阳极 LED 数码管；CC4511 输出 1 有效，用来驱动共阴极 LED 数码管；

$\overline{LT}$ 为测灯输入端，当 $\overline{LT}=0$ 时，译码输出将显示 8；

$\overline{BI}$ 为消隐输入端，当 $\overline{BI}=0$ 时，数码管黑屏（无显示）；

$\overline{RBI}$ 为灭零输入端，为了使不希望显示的 0 熄灭而设定的；

LE 为锁定端，$LE=1$ 时译码器处于锁定（保持）状态，译码输出保持在 $LE=0$ 时的数值，$LE=0$ 时为正常译码。

表 3-6-2 为 CC4511 功能表。CC4511 内接有上拉电阻，故只需在输出端与数码管笔段之间串入限流电阻即可工作。译码器还有拒伪码功能，当输入码超过 1001 时，输入全为 0，数码管熄灭，但 74LS47 没有此功能。

有些数电实验箱上已设置了译码器 74LS47 或 CC4511 与数码管之间的连接模块。实验时，只要接通 +5 V 电源和将十进制数的 BCD 码接至译码器的相应输入端 *A*、*B*、*C*、*D*（*A* 为低位）即可显示 0 ~9 的数字。CC4511 与 LED 数码管的连接如图 3-6-8 所示。

表 3-6-2　CC4511 功能表

输　入							输　出							
LE	$\overline{BI}$	$\overline{LT}$	*D*	*C*	*B*	*A*	Q_A (*a*)	Q_B (*b*)	Q_C (*c*)	Q_D (*d*)	Q_E (*e*)	Q_F (*f*)	Q_G (*g*)	显示的字形或功能
×	×	0	×	×	×	×	1	1	1	1	1	1	1	8
×	0	1	×	×	×	×	0	0	0	0	0	0	0	消隐
0	1	1	0	0	0	0	1	1	1	1	1	1	0	0
0	1	1	0	0	0	1	0	1	1	0	0	0	0	1
0	1	1	0	0	1	0	1	1	0	1	1	0	1	2
0	1	1	0	0	1	1	1	1	1	1	0	0	1	3
0	1	1	0	1	0	0	0	1	1	0	0	1	1	4
0	1	1	0	1	0	1	1	0	1	1	0	1	1	5
0	1	1	0	1	1	0	0	0	1	1	1	1	1	6
0	1	1	0	1	1	1	1	1	1	0	0	0	0	7
0	1	1	1	0	0	0	1	1	1	1	1	1	1	8
0	1	1	1	0	0	1	1	1	1	0	0	1	1	9
0	1	1	1	0	1	0	0	0	0	0	0	0	0	消隐
0	1	1	1	0	1	1	0	0	0	0	0	0	0	消隐
0	1	1	1	1	0	0	0	0	0	0	0	0	0	消隐
0	1	1	1	1	0	1	0	0	0	0	0	0	0	消隐
0	1	1	1	1	1	0	0	0	0	0	0	0	0	消隐
0	1	1	1	1	1	1	0	0	0	0	0	0	0	消隐
1	1	1	×	×	×	×	锁　存							锁存

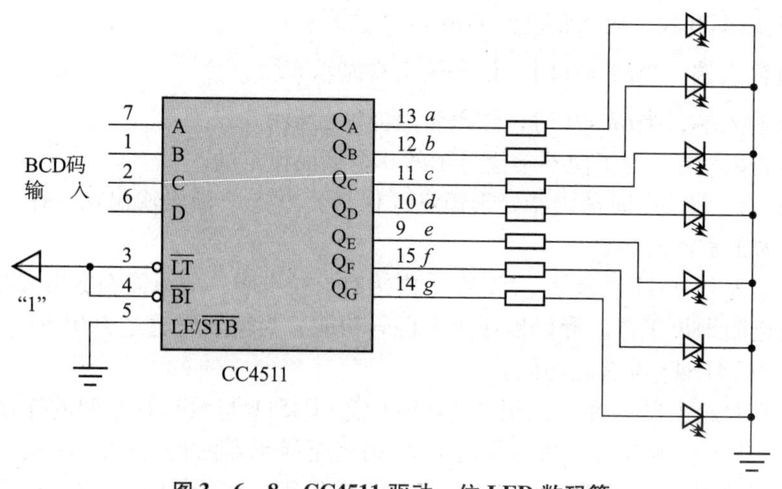

图 3-6-8　CC4511 驱动一位 LED 数码管

五、实验内容及步骤

首先观看实验内容 1、2、3、4 的仿真演示，然后在数电实验箱上完成以下实验内容。

1. 74LS138 **译码器逻辑功能测试**

测试电路如图 3 -6 -9 所示。将译码器使能端 E_1、$\overline{E}_2$、$\overline{E}_3$ 及地址端 A_0、A_1、A_2 分别接至逻辑开关，8 个输出端 $\overline{Y}_7 \sim \overline{Y}_0$ 依次接到逻辑电平显示器上，拨动逻辑开关，按表 3 -6 -1 逐项测试 74LS138 的逻辑功能。

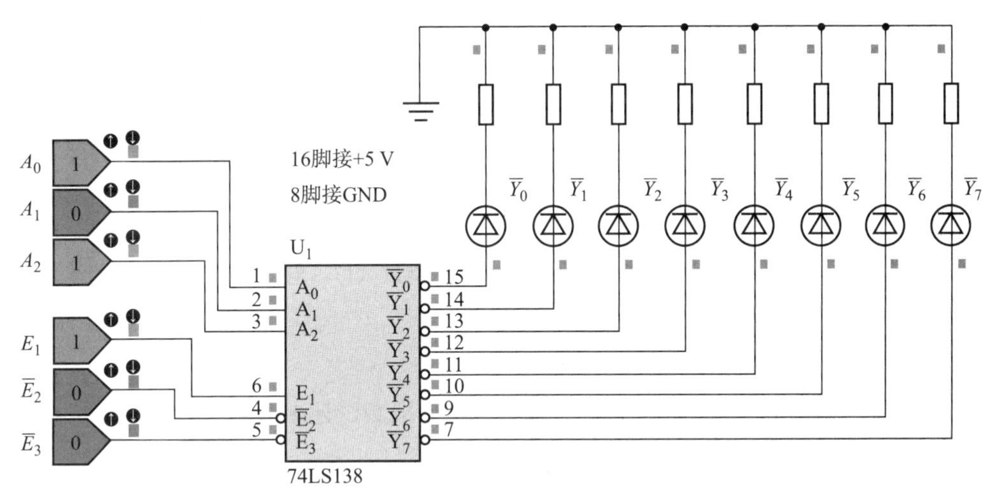

图 3 -6 -9　74LS138 译码器逻辑功能测试仿真电路

2. **用** 74LS138 **构成时序脉冲分配器**

参照图 3 -6 -2 和图 3 -6 -9 所示自行完成接线，时钟脉冲 CP 频率约为 1 kHz，用示波器观察并画出分配器输出端 $\overline{Y}_0 \sim \overline{Y}_7$ 的波形，注意输出波形与 CP 输入波形之间的相位关系。

3. **用** 74LS138 **实现逻辑函数**

按如图 3 -6 -10 所示接线，实现逻辑函数

$$Z = \overline{A}BC + A\overline{B}C + AB\overline{C} + ABC$$

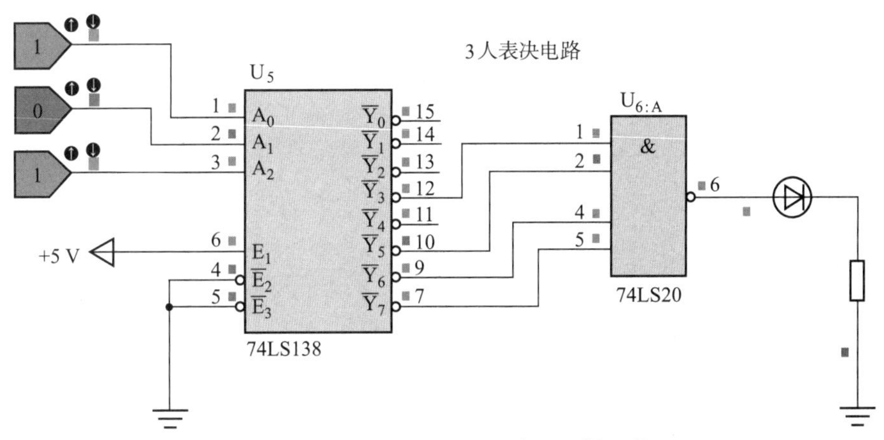

图 3 -6 -10　用 74LS138 实现逻辑函数

4. **显示译码器功能测试**

按如图 3－6－11 所示接好 74LS47 的测试线路，参考表 3－6－2（CC4511 功能表）完成测试，并将测试结果填入自拟表格中。

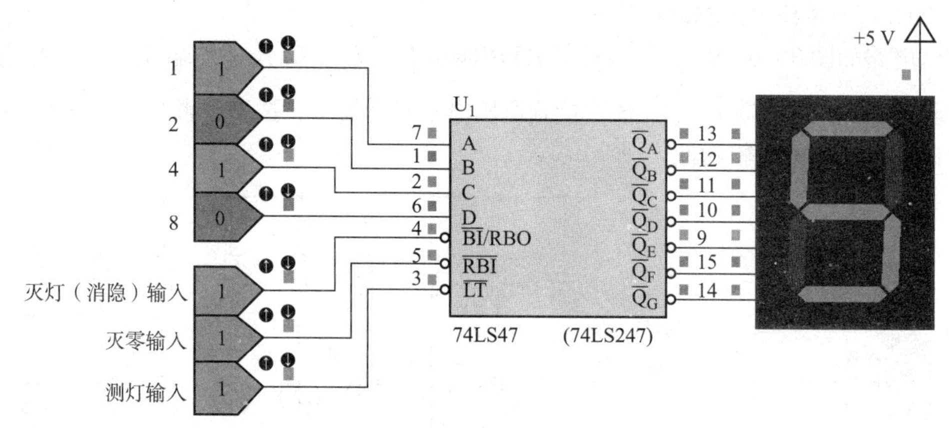

图 3－6－11　74LS47 译码器功能测试仿真电路

六、实验报告

（1）画出实验电路及实验内容中要求的波形并自拟测试记录表格。

（2）对实验结果进行分析和讨论。

数电实验七

门电路构成的多谐振荡器

一、实验目的

(1) 掌握用门电路构成脉冲信号产生电路的基本方法。

(2) 掌握影响输出脉冲波形的定时元件参数的计算方法。

(3) 了解石英晶体稳频的原理和使用石英晶体构成振荡器的方法。

二、实验仪器设备

数字电路实验箱、双踪示波器、数字频率计、数字集成电路 74LS00 (或 CC4011)。

三、预习要求

(1) 复习自激多谐振荡器的工作原理。

(2) 画出实验用的详细实验电路。

(3) 自拟记录实验数据的表格。

四、实验原理及说明

多谐振荡器是一种自激振荡电路，该电路在接通电源后无须外接触发信号就能产生一定频率和幅值的矩形脉冲或方波。由于多谐振荡器在工作过程中不存在稳定状态，故又称为无稳态电路。与非门作为一个开关倒相器件，可用以构成各种脉冲波形的产生电路。电路的基本工作原理是利用电容的充放电过程，当输入电压达到与非门的阈值电压 U_T时，与非门的输出状态即发生变化。因此，电路输出的脉冲波形参数直接取决于电路中阻容元件的数值。

1. 非对称型多谐振荡器

如图 3－7－1 所示，与非门 G_3 用于对输出波形整形。非对称型多谐振荡器的输出波形

是不对称的，当用 TTL 与非门组成时，输出脉冲宽度和周期分别为

$$t_{w1}=RC,\quad t_{w2}=1.2RC,\quad T=2.2RC$$

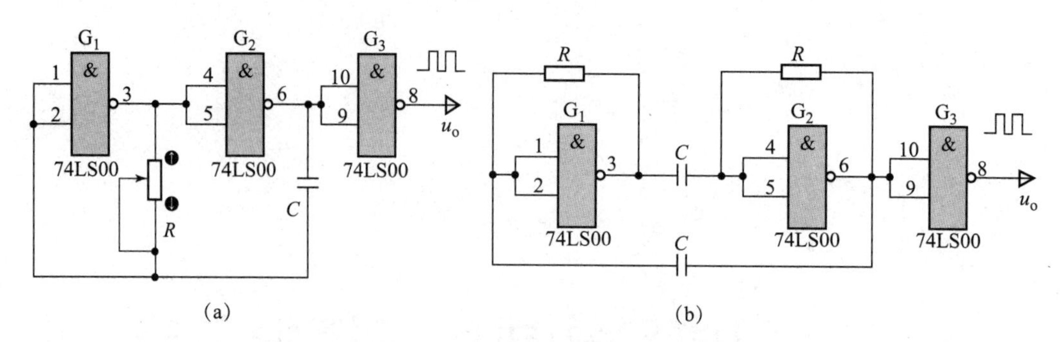

图 3-7-1　与非门构成的多谐振荡器电路

（a）非对称型 *RC* 振荡器；（b）对称型 *RC* 振荡器

调节电位器 R 和电容 C 的值，可改变输出信号的振荡频率，通常用改变电容 C 的值实现输出频率的粗调，改变电位器 R 实现输出频率的细调。

2. 对称型多谐振荡器

如图 3-7-1（b）所示，由于电路完全对称，电容器的充放电时间常数相同，故输出为对称的方波。改变电位器 R 和电容 C 的值，可以改变输出振荡频率。与非门 G_3 用于对输出波形整形。一般取 $R\leqslant 1\ \text{k}\Omega$，当 $R=1\ \text{k}\Omega$，$C=100\ \text{pF}\sim 100\ \mu\text{F}$ 时，f 为几十赫兹～几十兆赫兹，输出脉冲宽度和周期为

$$t_{w1}=t_{w2}=0.7RC,\quad T=1.4RC$$

3. 带 *RC* 电路的环形振荡器

电路如图 3-7-2 所示，与非门 G_4 用于对输出波形整形，R 为限流电阻，一般取 100 Ω，要求电位器 $R_W\leqslant 1\ \text{k}\Omega$，电路利用电容 C 的充放电过程，控制 D 点电压 u_D，从而控制与非门的自动启闭，形成多谐振荡，电容 C 的充电时间 t_{w1}、放电时间 t_{w2} 和总的振荡周期 T 分别为

$$t_{w1}\approx 0.94\ RC,\quad t_{w2}\approx 1.26\ RC,\quad T\approx 2.2\ RC$$

公式中的 R 指定时电阻 R_W，调节 R_W 和 C 的大小可改变电路输出的振荡频率。

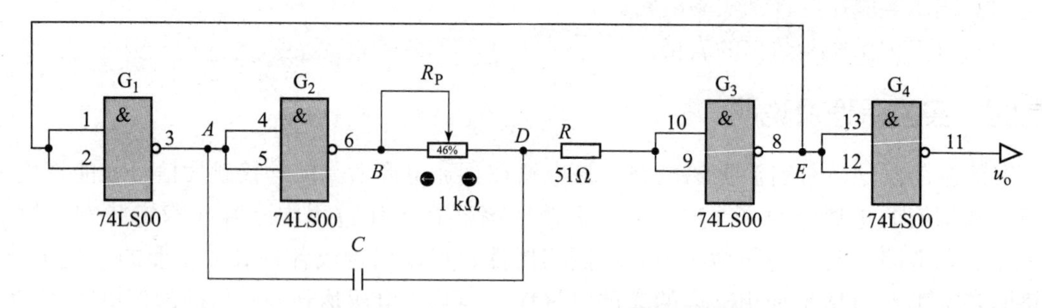

图 3-7-2　与非门构成的环形振荡器电路

以上这些电路的状态转换都发生在与非门输入电平达到门的阈值电平 U_T 的时刻。在 U_T 附近电容器的充放电速度已经缓慢，而且 U_T 本身也不够稳定，易受温度、电源电压变化等因素的影响。因此，电路输出频率的稳定性较差。

4. **石英晶体稳频的多谐振荡器**

当要求多谐振荡器的工作频率稳定性很高时，上述几种多谐振荡器的精度已不能满足要求。为此常用石英晶体作为信号频率的基准。用石英晶体与门电路构成的多谐振荡器常用来为微型计算机提供时钟信号。

如图 3－7－3 所示为常用的晶体稳频多谐振荡器。其中图 3－7－3（a）、图 3－7－3（b）为 TTL 器件组成的晶体振荡器电路；图 3－7－3（c）、（d）为 CMOS 器件组成的晶体振荡器电路。晶体稳频多谐振荡器一般用于电子表中，其中晶体的 $f_0=32\ 768$ Hz。

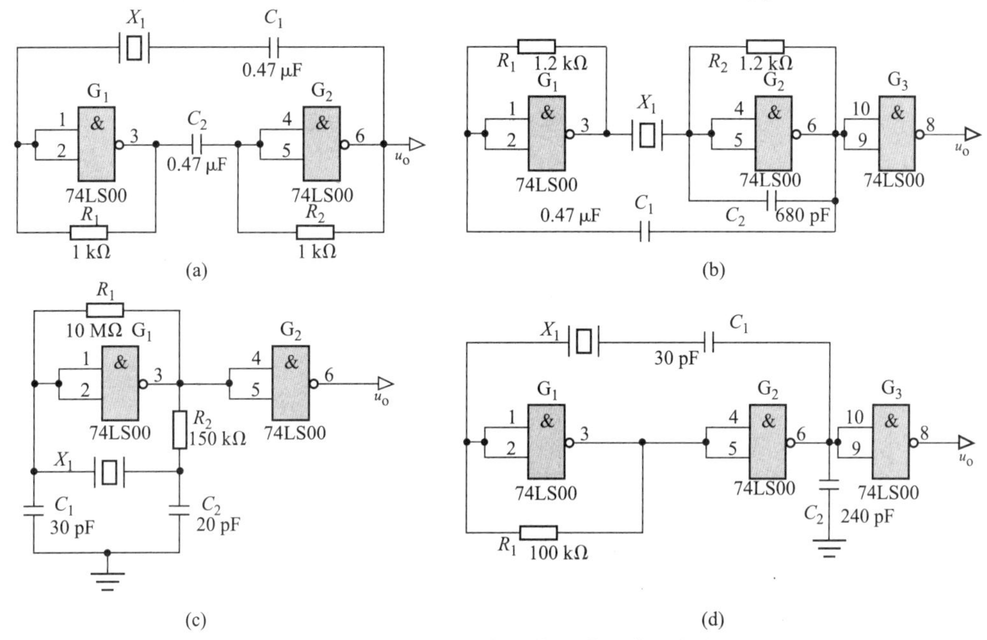

图 3－7－3 常用石英晶体多谐振荡器电路

如图 3－7－3（c）中，门 G_1 用于振荡，门 G_2 用于缓冲整形。R_1 是反馈电阻，其值通常在几十兆欧之间，一般选 22 MΩ。R_2 起稳定振荡的作用，通常取十至几百千欧。C_1 作为频率微调电容器，C_2 用于温度特性校正。

五、实验内容及步骤

首先观看实验内容 1、2、3 的仿真演示，然后在数电实验箱上完成以下实验内容。

1. **用与非门构成非对称型多谐振荡器**

按如图 3－7－4 所示接线构成非对称型多谐振荡器测试电路，其中 R_P 为 10 kΩ 电位器，C 为 0.01 μF 电容。

（1）用示波器观察输出波形及电容 C 两端的电压波形并列表记录。

（2）调节电位器 R_P 观察输出波形的变化，测出上、下限频率。

（3）用一只 100 μF 电容器跨接在 74LS00 的 14 脚与 7 脚的最近处，观察输出波形的变化及电源上纹波信号的变化并记录。

2. **用与非门构成对称型多谐振荡器**

按如图 3－7－5 所示接线构成对称型多谐振荡器测试电路，取 $R_1=R_2=1$ kΩ，$C_1=C_2=0.047$ μF，用示波器观察输出波形并记录。

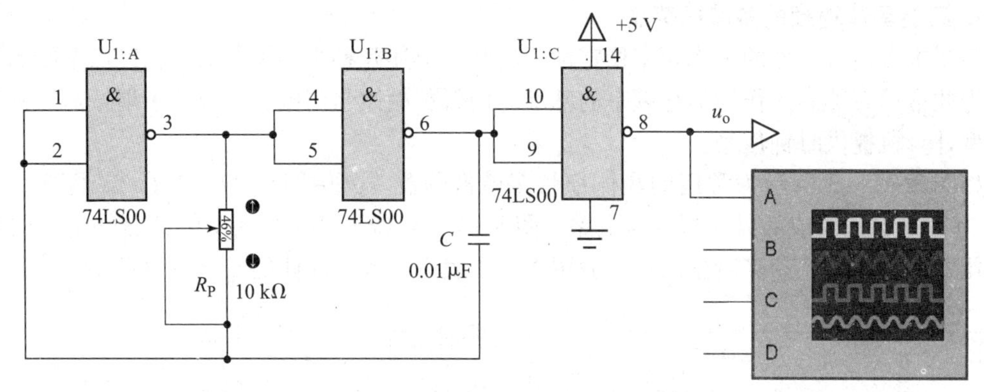

图 3-7-4　非对称型多谐振荡器测试仿真电路

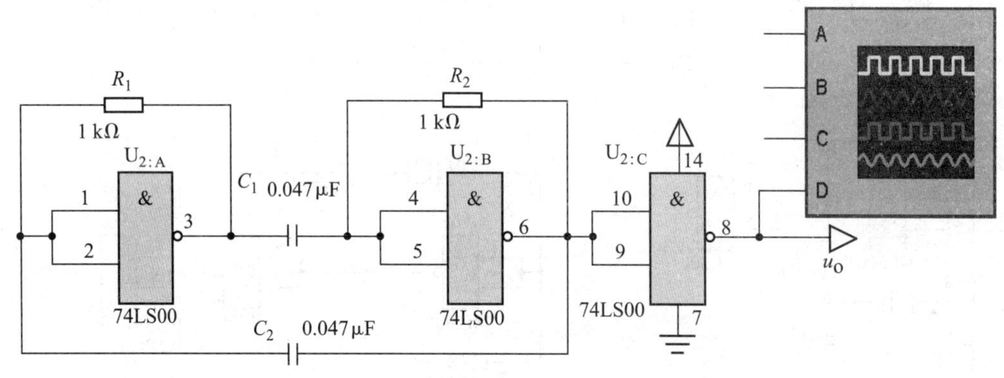

图 3-7-5　对称型多谐振荡器测试仿真电路

3. 石英晶体多谐振荡器

按如图 3-7-6 所示接线构成石英晶体多谐振荡器测试电路，晶振选用电子表晶振，频率为32 768 Hz,与非门选用 CC4011，用示波器观察输出波形测试电路，用频率计测量输出信号频率并记录。

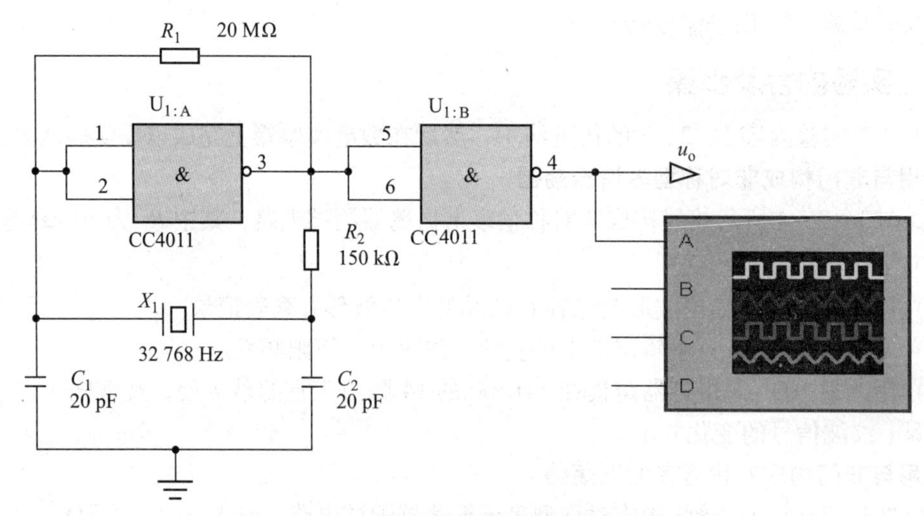

图 3-7-6　石英晶体多谐振荡器测试仿真电路

六、实验报告

（1）画出实验电路，整理实验数据并与理论值进行比较。

（2）画出实验观测到的波形，对实验结果进行分析。

数电实验八

门电路构成的触发器

一、实验目的

（1）掌握使用集成门电路构成单稳态触发器的基本方法。

（2）熟悉集成单稳态触发器的逻辑功能及其使用方法。

二、实验仪器设备

数字电路实验箱、双踪示波器、数字频率计、数字集成电路 74LS00（或 CC4011）、CC40106。

三、预习要求

（1）复习单稳态触发器和施密特触发器的工作原理及其应用。

（2）认真阅读实验原理及实验内容。

（3）自拟记录实验数据的表格。

四、实验原理及说明

在数字电路中常使用矩形脉冲作为信号，进行信息传递，或作为时钟信号来控制和驱动电路，使各部分单元电路协调动作。数电实验七中是用门电路构成自激式多谐振荡器，是不需要外加信号触发的矩形波发生器。而本实验研究的是他激式多谐振荡器，其中有单稳态触发器，需要在外加触发信号的作用下才能输出具有一定宽度的矩形脉冲；还有施密特触发器，对外部输入的正弦波等波形可以进行整形，使电路输出矩形脉冲波。

1. 用与非门组成单稳态触发器

利用与非门作开关，依靠定时元件 *RC* 电路的充放电过程来控制与非门的启闭。单稳态电路分为微分型与积分型两大类，这两类触发器对触发脉冲的极性与宽度有不同的要求。

1）微分型单稳态触发器

电路如图 3－8－1 所示。集成与非门用 74LS00，其引脚排列见数电实验二中图 3－2－2 所示。

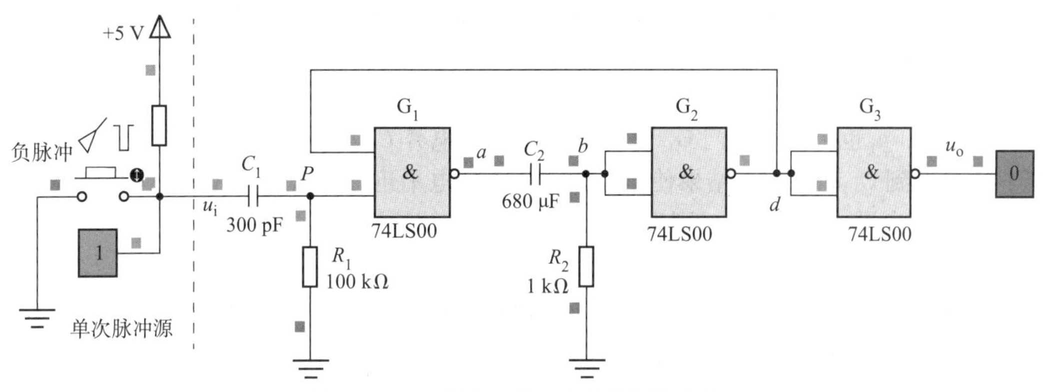

图 3－8－1　微分型单稳态触发器仿真电路

该电路为负脉冲触发。其中 R_1、C_1 构成输入端微分隔直电路，使输入触发信号经微分后变窄，同时隔断直流成分。R_1 要按门电路的开门电阻取值，即 $R_1 \geqslant R_{on}$。R_2、C_2 构成微分型定时电路，R_2 要按门电路的关门电阻取值，即 $R_2 \leqslant R_{off}$。定时元件 R_2、C_2 的取值不同，输出脉宽 t_w 也不同。$t_w \approx 0.85\ R_2C_2$。与非门 G_3 起整形、倒相作用。

如图 3－8－2 所示为微分型单稳态触发器各点及输入输出波形，结合波形说明其工作原理。

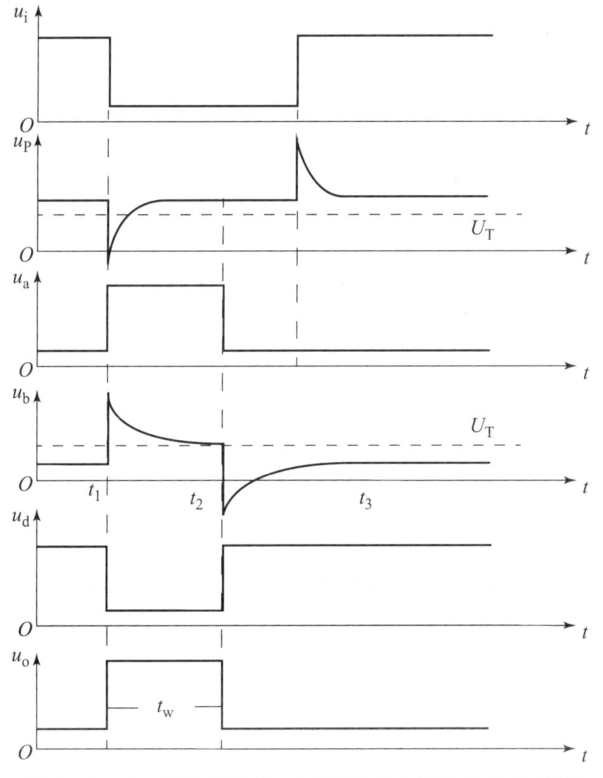

图 3－8－2　微分型单稳态触发器各点及输入输出波形

（1）无外界触发脉冲时电路处于初始稳态，即当 $t<t_1$ 时。

稳态时 u_i 为高电平。适当选择电阻 R_2 的值，使与非门 G_2 输入电压 u_b 小于门的关门电平，即 $u_b<U_{off}\approx U_T$，则门 G_2 关闭，输出 u_d 为高电平。适当选择电阻 R_1 阻值，使与非门 G_1 的输入电压 u_P 大于门的开门电平，即 $u_P>U_{on}\approx U_T$，于是 G_1 的两个输入端全为高电平，则 G_1 开启，输出 u_a 为低电平。

（2）触发翻转，即 $t=t_1$ 时刻。

u_i 负跳变，u_P 也负跳变，门 G_1 输出 u_a 升高，经电容 C_2 耦合，u_b 也升高，门 G_2 输出 u_d 降低，正反馈到 G_1 输入端，结果使 G_1 输出 u_a 由低电平迅速上跳至高电平，G_1 迅速关闭；u_b 也上跳至高电平，G_2 输出 u_d 则迅速下跳至低电平，G_2 迅速开通。

（3）暂稳状态，当 $t_1<t<t_2$ 时。

当 $t\geqslant t_1$ 时，G_1 输出高电平，对电容 C_2 充电，u_b 随之按指数规律下降，但只要 $u_b>U_T$，G_1 关、G_2 开的状态则维持不变，u_a、u_d 也维持不变。

（4）自动翻转，即 $t=t_2$ 时刻。

当 u_b 下降至门的关门电平 U_T 时，G_2 输出 u_d 升高，经正反馈作用，使 G_1 输出 u_a 下降至低电平，电路迅速翻转至 G_1 开启、G_2 关闭的初始稳态。

暂稳态时间的长短，决定于电容 C_2 的充电时间常数，即 $t_w\approx 0.85R_2C_2$，充电时间常数 t_w 也称为输出脉冲宽度。

（5）恢复过程，当 $t_2<t<t_3$ 时。

电路自动翻转到 G_1 开启、G_2 关闭后，u_b 不是立即回到初始稳态值，这是因为电容 C_2 要有一个放电过程。当 $t>t_3$ 时，如 u_i 再出现负跳变，则电路将重复上述过程。

如果当输入脉冲宽度较小时，则输入端可省去 R_1C_1 微分电路。

2）积分型单稳态触发器

电路如图 3－8－3 所示。

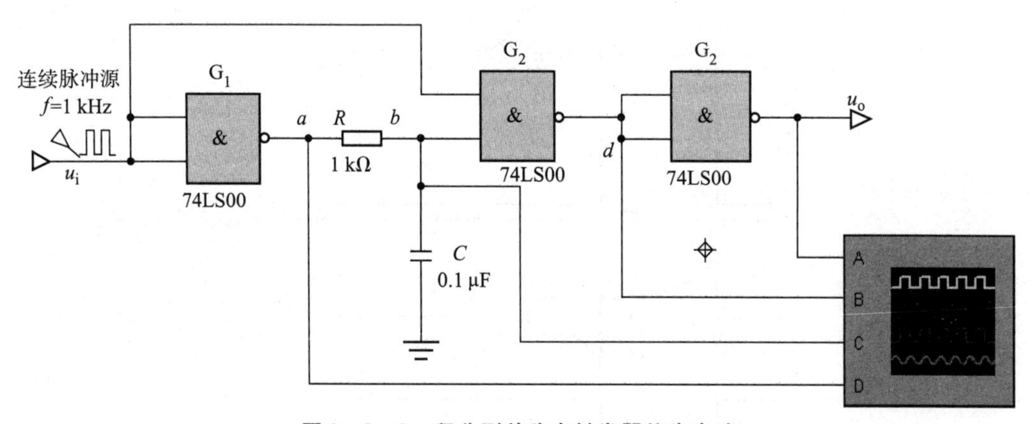

图 3－8－3　积分型单稳态触发器仿真电路

电路采用正脉冲触发，工作波形如图 3－8－4 所示。输出脉冲宽度 $t_w\approx 1.1RC$。

电路工作原理如下。

（1）稳态。

稳态下，$u_i=0$，G_1、G_2 同时截止，u_a、u_b、u_d 均为高电平。当输入正脉冲后，G_1 导通，u_a 产生负跳变。由于电容 C 上电压不能跳变，G_2 导通，使 $u_d=u_a$，电路进入暂稳态。

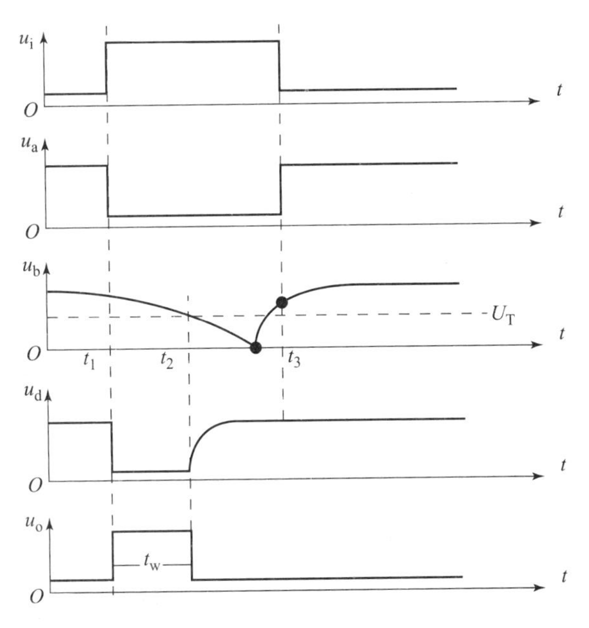

图 3-8-4　积分型单稳态触发器各点及输入输出波形

(2) 暂稳态。

在暂稳态，随着电容 C 放电，当 $u_b = U_T$ 后，G_2 截止，u_d 回到高电平，u_b 继续下降，待输入信号回到低电平时，G_1 又截止，u_a 为高电平，电容 C 开始充电，经过恢复时间 t_w 后，电路达到稳态，u_b 为高电平。

单稳态触发器的共同特点是，触发脉冲未加入前，电路处于稳态，此时可以测得各门的输入和输出电位。触发脉冲加入后，电路立刻进入暂稳态，输出脉冲的宽度 t_w 只取决于 RC 的大小，与触发脉冲无关。

2. 集成六施密特触发器 CC40106

如图 3-8-5 所示为 CC40106 的逻辑符号及引脚排列，可用于波形的整形，也可作反相器或构成单稳态触发器和多谐振荡器。

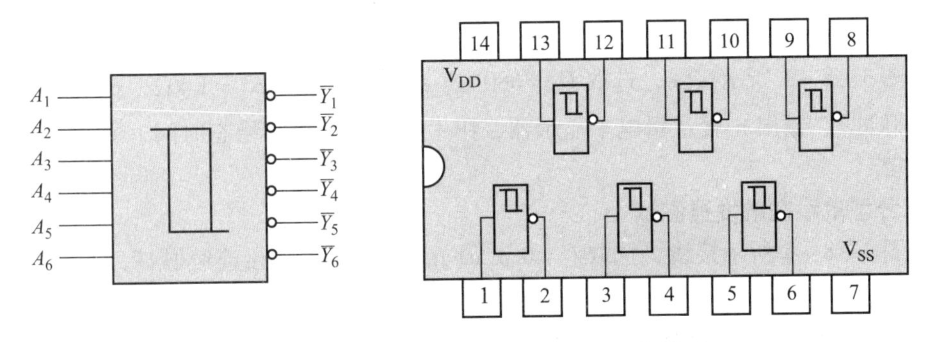

图 3-8-5　CC40106 的逻辑符号及引脚排列

(1) 将正弦波转换为方波，测试仿真电路如图 3-8-6 所示。

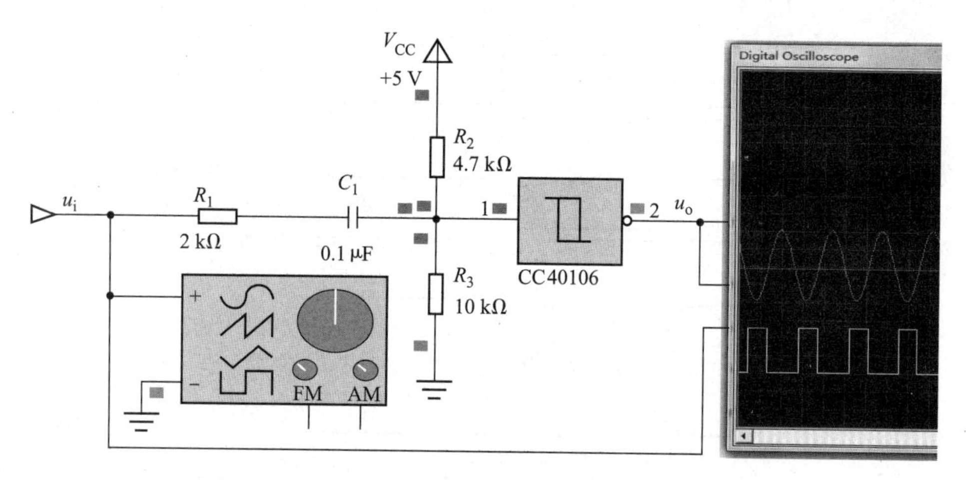

图 3-8-6　正弦波转换为方波测试仿真电路

（2）构成多谐振荡器，如图 3-8-7 所示。

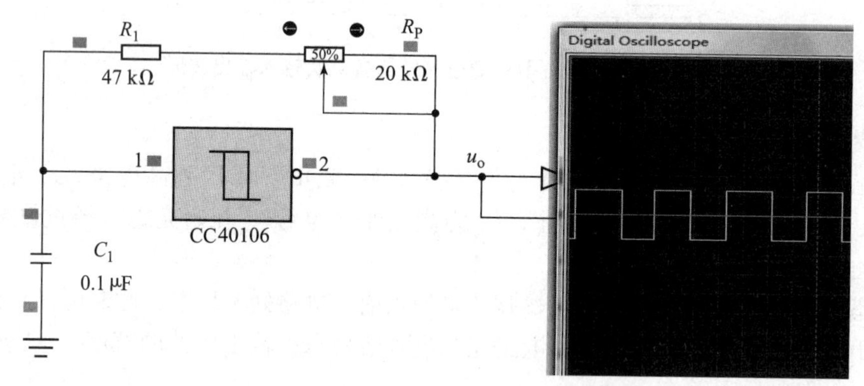

图 3-8-7　多谐振荡器测试仿真电路

五、实验内容及步骤

首先观看实验内容 1、2、3、4 的仿真演示，然后在数电实验箱上完成以下实验内容。

1. 微分型单稳态触发器测试

按如图 3-8-1 所示接线，选取 $C_2=680$ μF 或 1 000 μF，$R_2=1$ kΩ，输入 u_i 接单次脉冲源（负脉冲），输出 u_o 接逻辑电平显示器，用手机秒表测出暂稳态时间，并将结果与计算值进行比较。

2. 积分型单稳态触发器测试

按如图 3-8-3 所示接线，选取 $C=0.1$ μF，$R=1$ kΩ，u_i 接连续脉冲，频率约 1 kHz，用双踪示波器观测 u_i、u_a、u_b、u_d 及 u_o 的波形并记录。

3. 用 CC40106 将正弦波转换为方波

按图 3-8-6 接线，构成整形电路，被整形信号 u_i 由低频信号源提供，图中 R_1 起限流保护作用。将正弦信号频率设为 1 kHz，观测输入正弦信号的峰峰值 V_{PP} 分别为 6 V、8 V、10 V、12 V 时的输出波形并记录。

4. **用 CC40106 构成多谐振荡器**

按如图 3 -8 -7 所示接线，调节 R_P，用示波器观察输出波形的变化；当 $R_P=0$ 和 $R_P=20\ k\Omega$ 时测定振荡频率并记录。

六、实验报告

（1）画出实验电路图，用方格纸记录波形。

（2）分析各项实验的结果和波形，验证相关的理论。

（3）总结单稳态触发器及施密特触发器的特点及应用。

数电实验九

555时基电路及其应用

一、实验目的

（1）熟悉555集成时基电路的电路结构、工作原理及其特点。

（2）掌握555集成时基电路的典型应用。

二、实验仪器设备

数字电路实验箱、双踪示波器、数字频率计、集成电路NE555。

三、预习要求

（1）复习555集成时基电路的工作原理及其应用。

（2）自拟记录实验数据的表格。

（3）自拟各次实验的步骤和方法。

四、实验原理及说明

集成时基电路又称为集成定时器，是一种模拟、数字混合型的中规模集成电路，在波形产生、整形、变换、定时及控制系统中有着十分广泛的应用。只要外接适当的电阻电容等元件，即可方便地构成单稳态触发器、多谐振荡器和施密特触发器等脉冲产生或波形变换电路，为满足内部电压标准使用了3个5 kΩ电阻，故取名555定时器。定时器有双极型和CMOS两大类，其结构和工作原理基本相似。通常双极型定时器具有较大的驱动能力，而CMOS定时器则具有功耗低、输入阻抗高等优点。几乎所有的双极型产品型号最后的3位数码都是555或556；所有的CMOS产品型号最后4位数码都是7555或7556，二者的逻辑功能和引脚排列完全相同、易于互换。双极型集成时基电路的电源电压V_{CC}取值范围为+5～+15 V，输出的最大电流可达200 mA；CMOS型的集成时基电路电源电压V_{CC}取值范围为

+3 ~ +18 V。

NE555 的内部电路如图 3-9-1 所示，可见其含有两个高精度电压比较器 A_1、A_2，一个基本 *RS* 触发器，门电路 G_3、G_4 及放电晶体管 V。比较器的参考电压由 3 只 5 kΩ 的电阻分压提供，使比较器 A_1 的同相输入端和 A_2 的反相输入端的电位分别为 $\frac{2}{3}V_{CC}$ 和 $\frac{1}{3}V_{CC}$，当输入信号从高电平触发端 *TH*（6 脚）输入，并超过参考电平 $\frac{2}{3}V_{CC}$ 时，触发器复位，输出端 3 脚输出低电平，同时放电管 V 导通；当输入信号从低电平触发端 $\overline{TR}$（2 脚）输入，并低于参考电平 $\frac{1}{3}V_{CC}$ 时，触发器置位，输出端 3 脚输出高电平，同时放电管 V 截止。如果在外部电压控制端 *CV*（5 脚）外加控制电压，就可以方便地改变两个比较器的比较电平，若控制电压端 *CV* 不用时需在该端与地之间接入约 0.01 μF 的电容，以清除外部干扰，保证参考电压的稳定。比较器的状态决定了基本 *RS* 触发器的输出，基本 *RS* 触发器的输出一路作为整个电路的输出，另一路控制放电晶体管 V 的导通与截止，V 导通时给接在 7 脚的电容（电路中未标出）提供放电通路，就可以很方便地构成从微秒到数十分钟的延时电路。

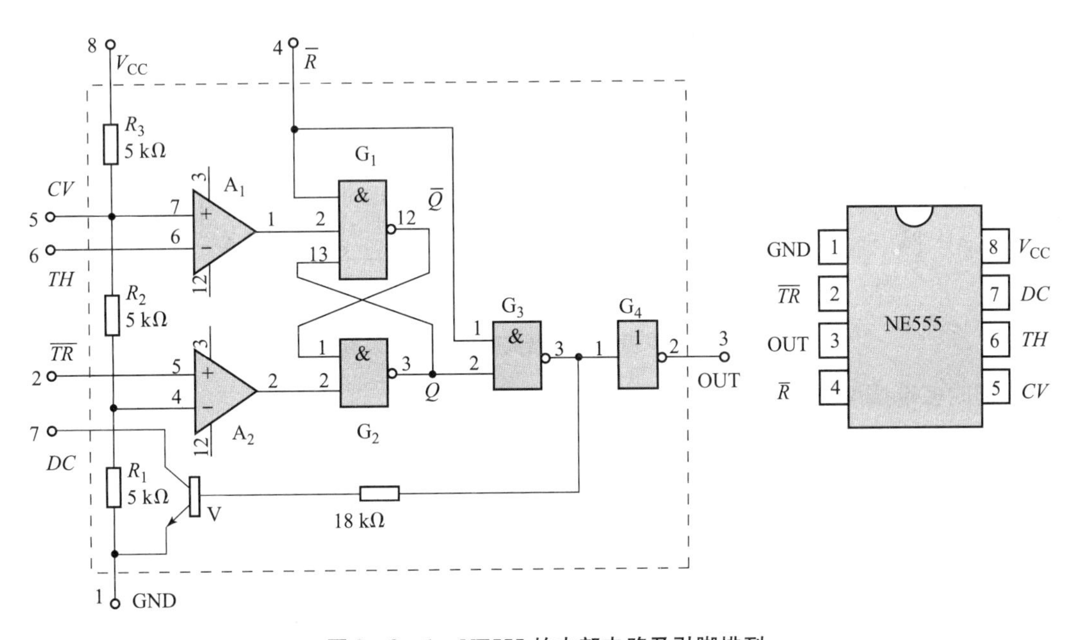

图 3-9-1　NE555 的内部电路及引脚排列

集成定时器的典型应用如下。

1. 构成单稳态触发器

单稳态触发器在外来脉冲作用下，能够输出一定幅度与宽度的脉冲信号，输出脉冲的宽度就是暂稳态的持续时间 t_w。

如图 3-9-2 所示是由 555 定时器和外接定时元件 *R*、*C* 构成的单稳态触发器及其波形，D_1 为钳位二极管，R_2 为上拉电阻，保证静态时 2 脚为高电平。当输入端 u_i 未加触发信号时，电路处于初始稳态，单稳态触发器的输出 u_o 为低电平。当在 u_i 端加入具有一定幅度的负脉冲时，在$\overline{TR}$端（2 脚）会出现一个尖脉冲，使该端电位小于$\frac{1}{3}V_{CC}$，从而使 555 内部比较器 A_2 触发翻转，触发器的输出 u_o从低电平跳变为高电平，暂稳态开始。电容 C_1 开始充电，u_C按指数规律增加，当 u_C上升到$\frac{2}{3}V_{CC}$时，555 内部比较器 A_1 翻转，触发器的输出 u_o从高电平返回低电平，暂稳态终止。同时内部电路使电容 C_1 放电，u_C迅速下降到零，电路回到初始稳态，为下一个触发脉冲的到来做好准备。暂稳态的持续时间 t_w 取决于 R_1 和 C_1 的大小，即 $t_w=1.1R_1C_1$。通过改变 R_1、C_1 的大小，可使延时时间在几微秒到几十分钟之间变化。当这种单稳态电路作为计时器使用时，可直接驱动小型继电器，并可以利用使复位端 $\overline{R}$（4 脚）强制复位（低电平有效）的方法来终止暂态，重新计时。此外还需用一个续流二极管与继电器线圈并接，以防止继电器线圈反电势损坏内部功率输出管。

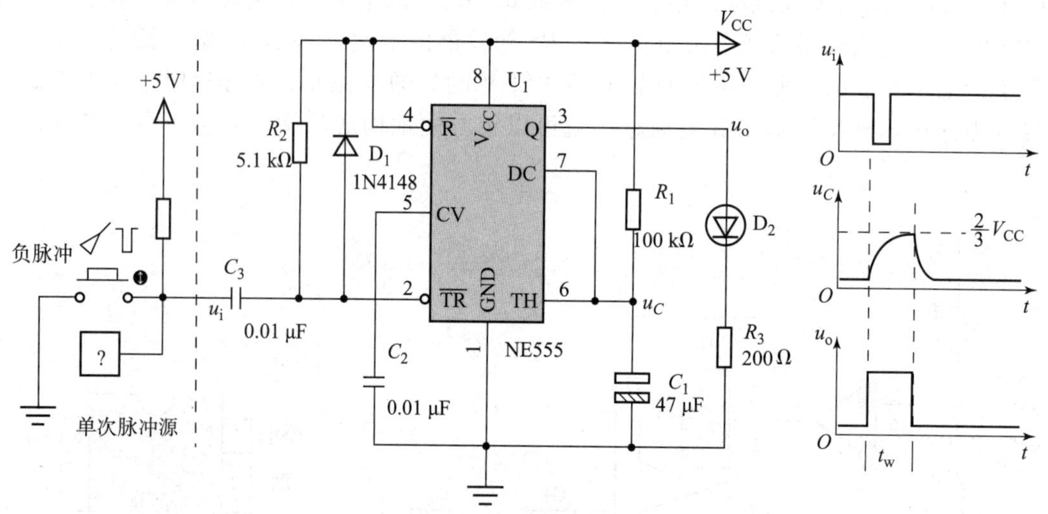

图 3-9-2　单稳态触发器实验仿真电路及其波形

2. 构成多谐振荡器

同单稳态触发器相比，多谐振荡器没有稳定状态，只存在两个暂稳态，且无须用外来触发信号进行触发，多谐振荡器实验仿真电路如图 3-9-3 所示。利用电源通过 R_1、R_2 向 C_1 充电，以及 C_1 通过 R_2 向 DC 端（7 脚）放电，使电路能自动交替翻转，电容 C_1 在$\frac{1}{3}V_{CC}$和$\frac{2}{3}V_{CC}$之间充电和放电，两个暂稳态轮流出现，输出矩形脉冲。

输出信号的充电（输出为高电平）时间

$$t_{w1}=0.7(R_1+R_2)C_1$$

放电（输出为低电平）时间

$$t_{w2}=0.7R_2C_1$$

振荡周期

$$T=t_{w1}+t_{w2}=0.7(R_1+R_2)C_1+0.7R_2C_1=0.7(R_1+2R_2)C_1$$

振荡频率

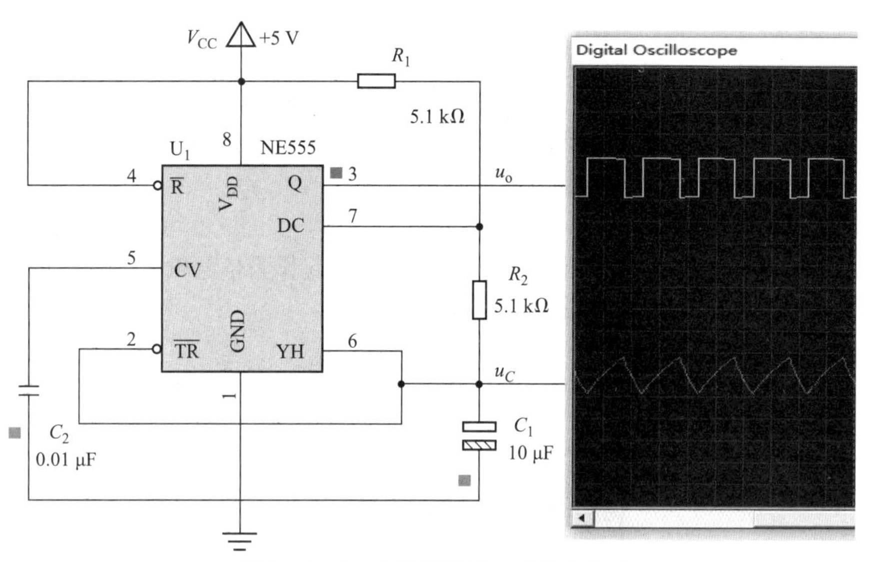

图 3－9－3　多谐振荡器实验仿真电路

$$f_0 = \frac{1}{T} = \frac{1}{0.7(R_1 + 2R_2)\ C_1}$$

555 定时器电路要求 R_1 和 R_2 均应大于或等于 1 kΩ，但 $R_1 + R_2$ 应小于或等于 3.3 MΩ。外部元件的稳定性决定了多谐振荡器的稳定性，配以 555 定时器少量的元件即可获得较高精度的振荡频率，并使电路具有较强的功率输出能力。因此这种形式的多谐振荡器应用很广。

3. 组成占空比可调的多谐振荡器

电路如图 3－9－4 所示，比如图 3－9－3 所示的电路增加了一个电位器 R_P 和两个引导二极管 D_1、D_2。电位器 R_P 用来改变占空比，D_1、D_2 用来决定电容充、放电电流流经电阻的途径（充电时 D_1 导通，D_2 截止；放电时 D_2 导通，D_1 截止）。

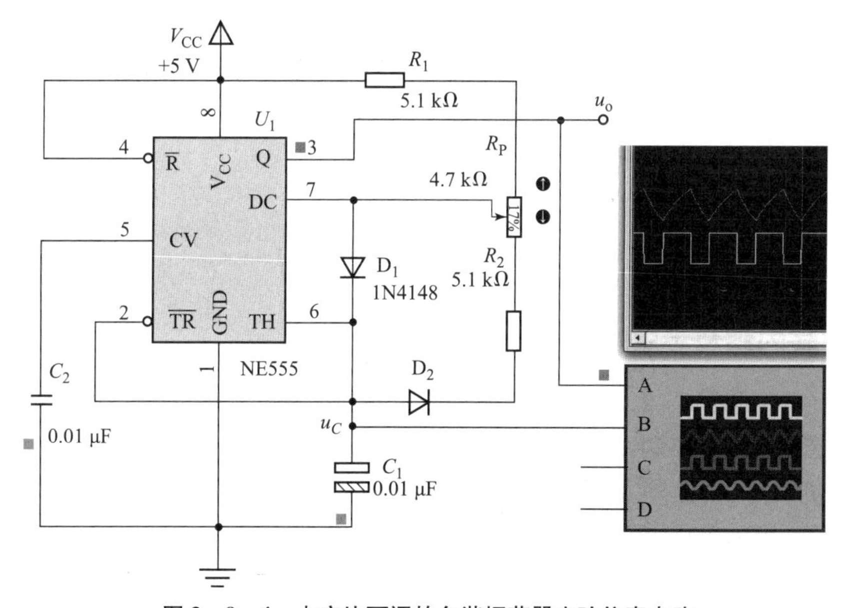

图 3－9－4　占空比可调的多谐振荡器实验仿真电路

占空比估算公式为

$$q=\frac{t_{w1}}{t_{w1}+t_{w2}}\approx\frac{0.7(R_1+R_{W1})C}{0.7(R_1+R_W+R_2)C}=\frac{R_1+R_{W1}}{R_1+R_W+R_2}$$

其中，R_{W1}为电位器上半段电阻，R_{W2}为电位器下半段电阻，可见，若取 $R_1=R_2$，$R_{W1}=R_{W2}$，电路即可输出占空比为50%的方波信号。

4. 组成施密特触发器

电路如图 3-9-5 所示，只要将 2 脚和 6 脚连在一起作为信号输入端，即得到施密特触发器。图中画出了 u_S、u_i 和 u_o 的波形。

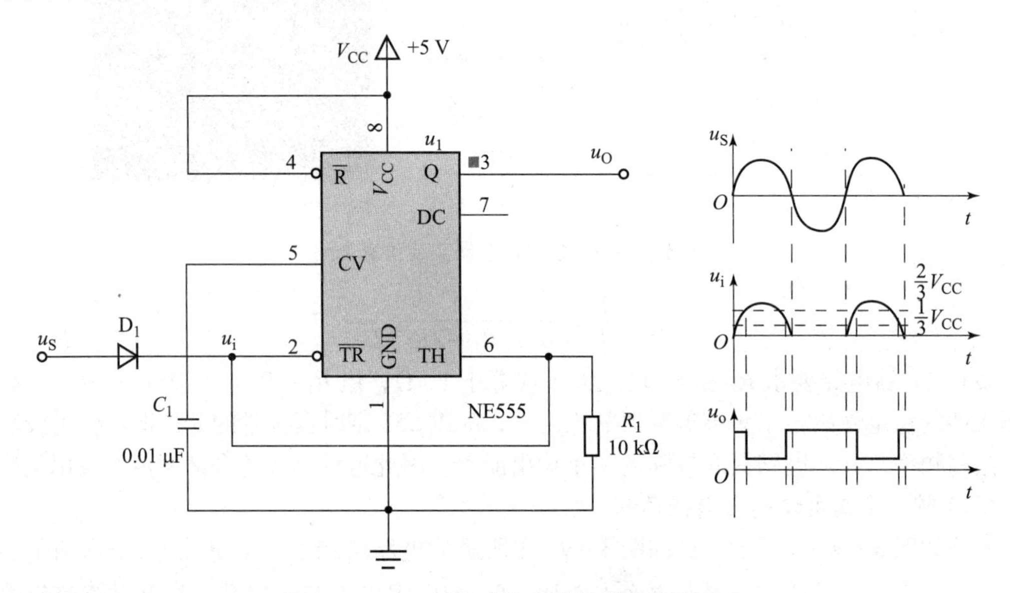

图 3-9-5　555 构成施密特触发器及其波形

若被整形变换的电压 u_S 为正弦波，其正半周通过二极管 D_1 同时加到 555 定时器的 2 脚和 6 脚，得到的 u_i 为半波整流波形。当 u_i 上升到$\frac{2}{3}V_{CC}$时，u_o 从高电平变为低电平；当 u_i 下降到$\frac{1}{3}V_{CC}$时，u_o 又从低电平翻转为高电平。

施密特触发器电路的回差电压为

$$\Delta U=\frac{2}{3}V_{CC}-\frac{1}{3}V_{CC}=\frac{1}{3}V_{CC}$$

五、实验内容及步骤

首先观看实验内容 1、2、3、4 的仿真演示，然后在数电实验箱上完成以下实验内容。

1. 单稳态触发器电路测试

（1）按如图 3-9-2 所示连线，选取 $R_1=100\ \text{k}\Omega$，$C_1=47\ \mu\text{F}$，输出接逻辑电平显示器。输入信号 u_i由单次脉冲源提供，用手机秒表测出暂稳态时间。

（2）将 R_1 改为 1 kΩ，C_1 改为 0.1 μF，输入端加 1 kHz 的连续脉冲，用示波器观测 u_i、u_C、和 u_o波形，并测定波形幅度与暂稳态时间，做好实验记录。

2. 多谐振荡器电路测试

按如图3-9-3所示连线，选取 $R_1=R_2=5.1\ \text{k}\Omega$，$C_1=10\ \mu\text{F}$，用双踪示波器观测 u_C 与 u_o 的波形，并测定频率。

3. 占空比可调的多谐振荡器测试

按如图3-9-4所示连线，选取 $R_1=R_2=5.1\ \text{k}\Omega$，$R_W=4.7\ \text{k}\Omega$，$C_1=0.01\ \mu\text{F}$。调节 R_W，用双踪示波器观察 u_C 与 u_o 的波形变化，当 R_W 调到最上端时测出占空比和频率。

4. 施密特触发器测试

按如图3-9-5所示连线，由低频信号源提供正弦波信号 u_S，频率调为1 kHz，接通电源，逐渐加大信号源的输出幅度，用示波器观测 u_i 及 u_o 波形，算出回差电压 ΔU。

六、实验报告

（1）画出实验电路图，定量绘出观测到的波形。

（2）分析、总结实验结果。

（3）按实验要求的元件参数，估算输出脉冲的宽度和频率。

实用电路小制作：双音报警电路

如图3-9-6所示，用两片NE555或一片NE556（双555）构成双音报警电路，能按一定规律发出两种不同的声音。这种双音报警电路是由两个多谐振荡器组成。前一个振荡频率较低，后一个振荡频率受前一个控制。适当调整电路参数，可使声音达到满意的效果。

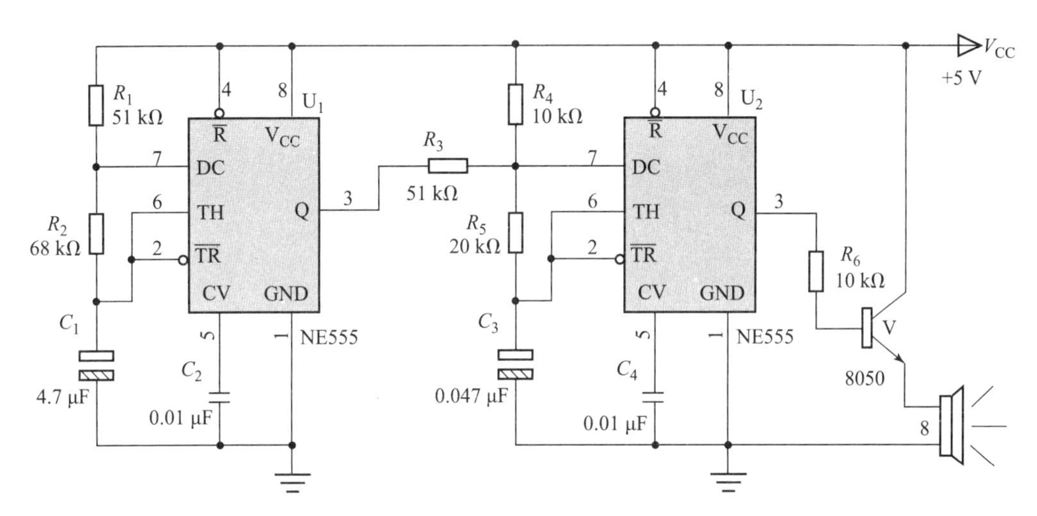

图3-9-6 双音报警电路

若将前一级的低频信号输出加到后一级的外部电压控制端 CV，则报警声将会发生变调。如图3-9-7所示是用NE556设计的可变调报警器。前级构成周期约1 s的超低频振荡器，后级构成频率约580 Hz的音频振荡器，5脚输出的方波脉冲经 R_P 加到11脚，对后级产生的音频振荡进行调制，当调节 R_P 时可获得类似警笛声的报警信号。

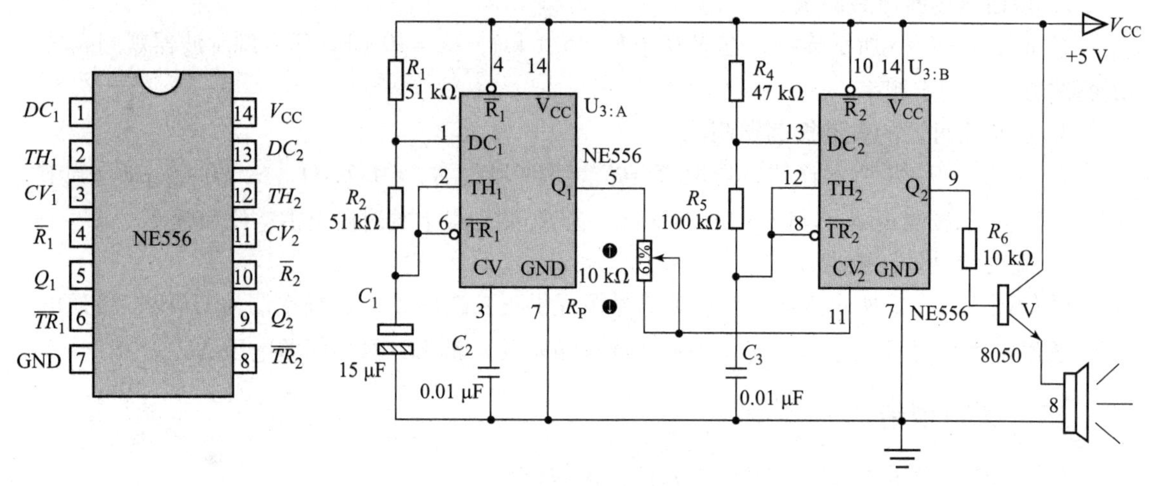

图 3－9－7　变调音报警电路

数电实验十

D/A、A/D转换器

一、实验目的

（1）熟悉 D/A 转换器和 A/D 转换器的工作原理。

（2）了解 D/A 转换器 DAC0832 和 A/D 转换器 ADC0809（或 ADC0808）的基本结构和特性。

（3）掌握 DAC0832 和 ADC0809（或 ADC0808）的功能及典型应用。

二、实验仪器设备

数字电路实验箱、双踪示波器、集成电路 DAC0832、ADC0809（或 ADC0808）、74LS161。

三、预习要求

（1）阅读本实验内容，复习 D/A 转换器和 A/D 转换器的工作原理。

（2）熟悉集成芯片 DAC0832 和 ADC0809 的各引脚功能和使用方法。

四、实验原理及说明

1. D/A **转换器**（DAC0832）

DAC0832 为电压输入、电流输出的 $R-2R$ 倒梯形电阻网络式的八位 D/A 转换器，DAC0832 采用 CMOS 和薄膜 Si－Cr 电阻相容工艺制造而成，温漂低，逻辑电平输入与 TTL 电平兼容。它是一个八位乘法型 CMOS 数模转换器，可直接与微处理器相连，采用双缓冲寄存器，这样可在输出的同时，采集下一个数据，以提高转换速度。

DAC0832 的内部功能框图及引脚排列如图 3－10－1 所示。

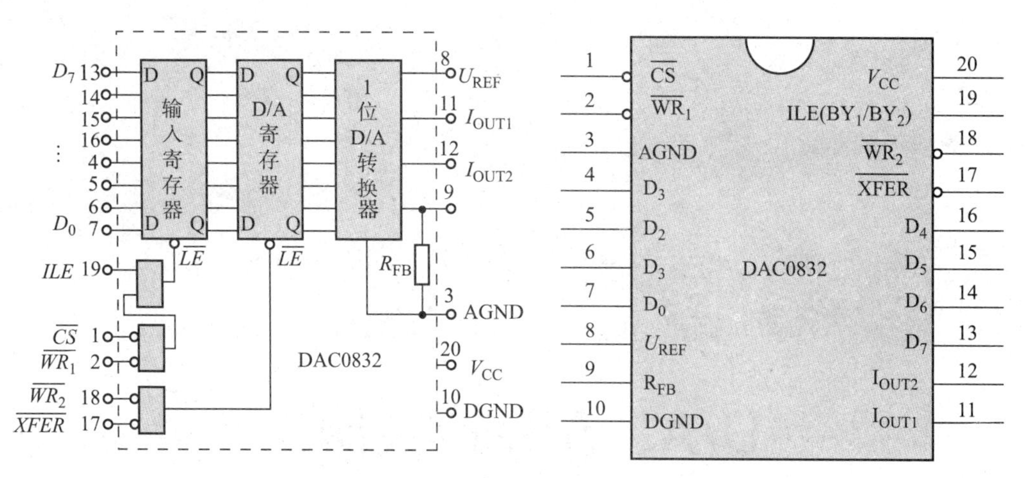

图 3-10-1　DAC0832 的内部功能框图及引脚排列

DAC0832 主要由 3 部分构成，第 1 部分是八位 D/A 转换器，输出为电流形式；第 2 部分是两个八位数据锁存器构成双缓冲形式电路，第 3 部分是控制逻辑电路。计算机可利用控制逻辑电路通过数据总线向输入锁存器存储数据，因控制逻辑电路的连接方式不同，可使 D/A 转换器的数据输入具有双缓冲、单缓冲和直通 3 种方式。

当$\overline{WR_1}$、$\overline{WR_2}$、$\overline{XFER}$及$\overline{CS}$接低电平时，*ILE* 接高电平，即不用写信号控制，使两个寄存器处于开通状态，外部输入数据直通内部八位 D/A 转换器的数据输入端，这种方式称为直通方式。当$\overline{WR_2}$、$\overline{XFER}$接低电平，使 DAC0832 中两个寄存器中的一个处于开通状态，只控制一个寄存器，这种工作方式称为单缓冲工作方式。即当 *ILE* 为高电平，$\overline{CS}$和 $\overline{WR_1}$ 为低电平时，八位输入寄存器处于开通状态，数据存入输入寄存器。当 D/A 转换时，$\overline{WR_2}$、$\overline{XFER}$为低电平，*ILE*使八位 D/A 寄存器处于开通状态，数据存入 D/A 寄存器，进行 D/A 转换。两个寄存器均处于受控状态，输入数据要经过两个寄存器缓冲控制后才进入 D/A 转换器。这种工作方式称为双缓冲工作方式。

DAC0832 引脚定义说明如下。

$\overline{CS}$：片选输入端，低电平有效，与*ILE*共同作用，对$\overline{WR_1}$ 信号进行控制。

ILE：输入的锁存信号（高电平有效），当 $ILE=1$ 且$\overline{CS}$和$\overline{WR_1}$ 均为低电平时，八位输入寄存器允许输入数据；当 $ILE=0$ 时，八位输入寄存器锁存数据。

$\overline{WR_1}$：写信号 1（低电平有效），用来将输入数据位送入寄存器中；当$\overline{WR_1}=1$ 时，输入寄存器的数据被锁定；当$\overline{CS}=0$，$ILE=1$ 时，在$\overline{WR_1}$ 为有效电平的情况下，才能写入数字信号。

$\overline{WR_2}$：写信号 2（低电平有效），与$\overline{XFER}$组合，当$\overline{WR_2}$ 和$\overline{XFER}$均为低电平时，输入寄存器中的 8 位数据传送给 D/A 寄存器；当$\overline{WR_2}=1$ 时，D/A 寄存器锁存数据。

$\overline{XFER}$：传输控制信号，低电平有效，控制$\overline{WR_1}$ 有效。

$D_0 \sim D_7$：8 位数字量输入端，其中 D_0 为最低位，D_7 为最高位。

I_{OUT1}：D/A 转换器电流输出 1 端，当 D/A 寄存器全为 1 时，输出电流 I_{OUT1} 为最大；当

D/A 转换器寄存器中全都为 0 时，输出电流 I_{OUT1} 为最小。

I_{OUT2}：D/A 电流输出 2 端，输出电流 $I_{OUT1}+I_{OUT2}=$ 常数。

R_{FB}：芯片内的反馈电阻。反馈电阻引出端，用来作为外接运放的反馈电阻。在构成电压输出 D/A 转换器时，此端应接运算放大器的输出端。

U_{REF}：参考电压输入端，通过该引脚将外部的高精度电压源与片内的 $R-2R$ 电阻网相连，其电压范围为 $-10\sim+10$ V。

V_{CC}：电源电压输入端，电源电压范围为 $+5\sim+15$ V，最佳状态为 $+15$ V。

DGND：数字电路接地端。

AGND：模拟电路接地端，通常与 DGND 相连。

为了将模拟电流转换为模拟电压，需把 DAC0832 的两个输出端 I_{OUT1} 和 I_{OUT2} 分别接到运算放大器的两个输入端，经过一级运放得到单极性输出电压 U_{A_1}。当需要把输出电压转换为双极性输出时，可由第二级运放对 U_{A_1} 及基准电压 U_{REF} 反相求和，得到双极性输出电压 U_{A_2}，如图 3－10－2 所示，电路为 8 位数字量 $D_0\sim D_7$ 经 D/A 转换器转换为双极性电压输出的电路。

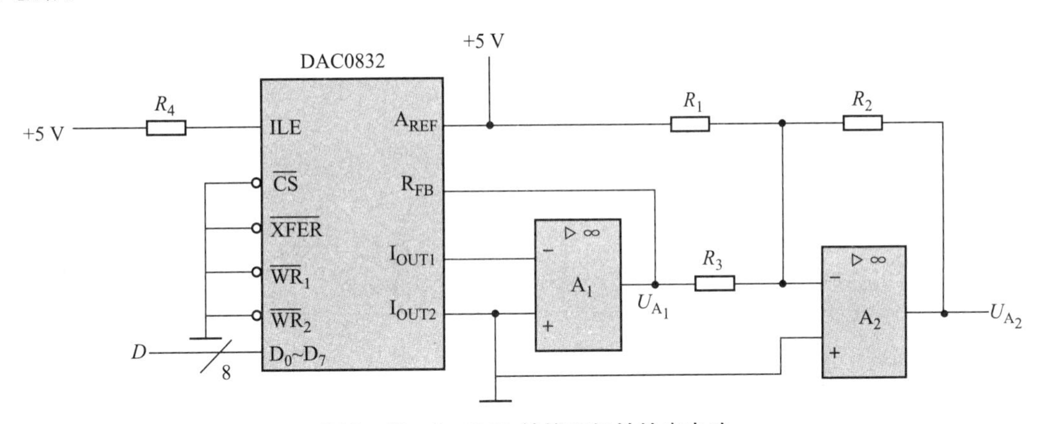

图 3－10－2　D/A 转换双极性输出电路

第一级运放的输出电压为

$$U_{A_1}=-U_{REF}\times\frac{D}{2^8}$$

其中，D 为数字量的十进制数。

第二级运放的输出电压为

$$U_{A_2}=-\left(\frac{R_2}{R_3}U_{A_1}+\frac{R_2}{R_1}U_{REF}\right)$$

当 $R_1=R_2=2R_3$ 时，则

$$U_{A_2}=-(2U_{A_1}+U_{REF})=\frac{D-128}{128}U_{REF}$$

2. A/D **转换器**（ADC0809）

ADC0809 是一个带有 8 通道多路开关并能与微处理器兼容的八位 A/D 转换器，是单片 CMOS 器件，采用逐次逼近法进行转换。转换时间为 100 μs，分辨率为 8 位，转换通道的速度为 ±LSD/2，单 5 V 供电，输入模拟电压范围为 0～5 V，内部集成了可以锁存控制的八通

道多路模拟转换开关，输出采用三态输出锁存缓冲器，电平与 TTL 电平兼容。

ADC0809（或 ADC0808）内部功能框图及引脚排列，如图 3－10－3 所示。

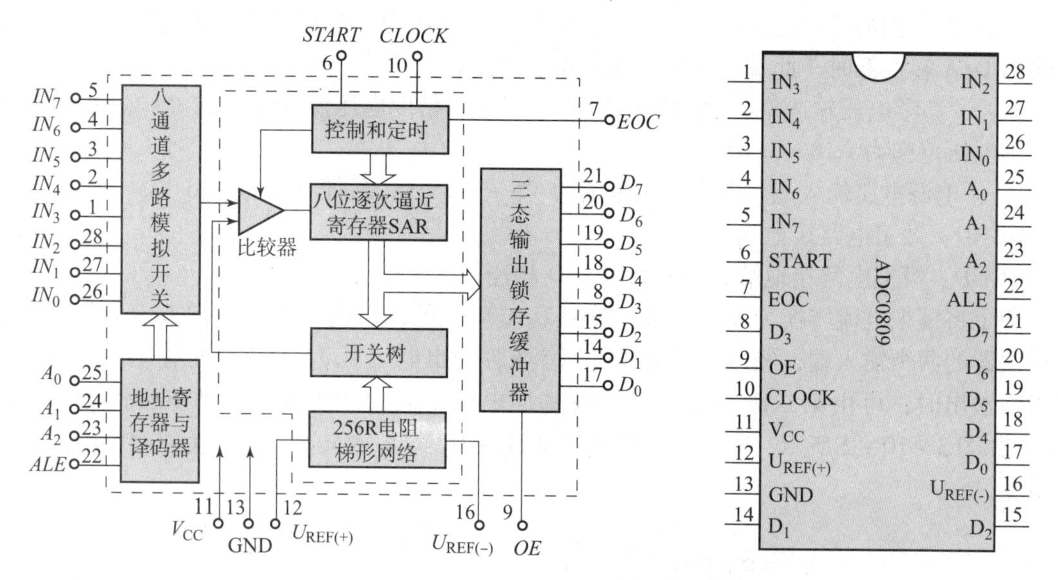

图 3－10－3　ADC0809 转换器内部功能框图及引脚排列

在 8 路模拟输入信号中选择哪一路输入信号进行转换，由多路选择器决定。多路选择器包括 8 个标准的 CMOS 模拟开关和 3 个地址寄存器。A_2、A_1、A_0 是 3 位地址码输入端，有 8 种状态，可以选中 8 个通道之一。各通道对应地址码如表 3－10－1 所示。

表 3－10－1　地址码对应的模拟通道

地址码			模拟通道
A_2	A_1	A_0	
0	0	0	IN_0
0	0	1	IN_1
0	1	0	IN_2
0	1	1	IN_3
1	0	0	IN_4
1	0	1	IN_5
1	1	0	IN_6
1	1	1	IN_7

256R 电阻梯形网络和开关树组成 D/A 转换器电路。模拟开关受八位逐次逼近寄存器输出状态的控制，八位逐次逼近寄存器可记录 $2^8=256$ 种不同状态，因此开关树输出 U_{REF} 也包含 256 个参考电压，将 U_{REF} 送入比较器与输入模拟电压进行比较，比较结果再送入八位逐次逼近寄存器，八位逐次逼近寄存器的状态再控制开关树，如此不断进行比较，直至转换完最低位为止。

如果将 *START* 与 *ALE* 相连，则在通道地址选定的同时也开始 A/D 转换。若将 *START* 与 *EOC* 相连，则上一次转换结束就开始下一次转换。当不需要高精度基准电压时，$U_{REF(+)}$ 和 $U_{REF(-)}$ 可接系统电源 U_{CC} 和 GND 上。此时最低位所表示的输入电压值为 $\frac{5}{2^8}=20$（mV），$U_{REF(+)}$ 和 $U_{REF(-)}$ 也不一定要分别接在 V_{CC} 和 GND 上，但要满足以下条件，即

$$0 \leqslant U_{REF(-)} < U_{REF(+)} \leqslant V_{CC}, \qquad \frac{U_{REF(-)}+U_{REF(+)}}{2}=\frac{1}{2}V_{CC}$$

模拟量的输入有单极性输入和双极性输入两种方式。单极性模拟电压的输入范围为 0 ~ 5 V，双极性模拟电压的输入范围为 -5 ~ +5 V。双极性输入时需要外加输入偏置电路，如图 3-10-4 所示。

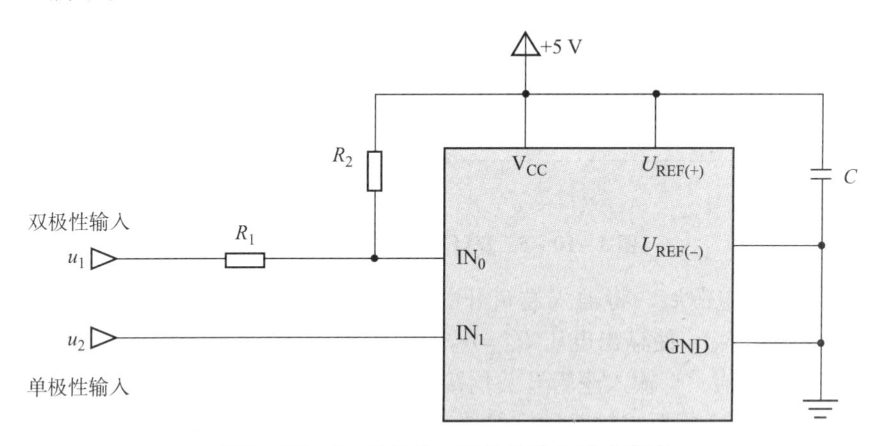

图 3-10-4　单极性、双极性输入方式电路

ADC0809 各引脚的功能说明如下。

$A_0 \sim A_2$：3 位通道地址输入端，可分别选中 $IN_0 \sim IN_7$ 共 8 路模拟通道。

ALE：地址锁存允许输入端（高电平有效），当 *ALE* 为高电平时，允许 $A_2A_1A_0$ 所设的通道被选中，该信号的上升沿使多路开关的地址码 $A_2A_1A_0$ 锁存到地址寄存器中。

START：启动信号输入端，此输入信号的上升沿使内部寄存器清零，下降沿使 A/D 转换器开始转换。

EOC：A/D 转换结束信号，在 A/D 转换开始时由高电平变为低电平；转换结束后，由低电平变为高电平。此信号的上升沿表示 A/D 转换完毕，常用作中断请求信号。

OE：输出允许信号，高电平有效，用来打开三态输出锁存器，将数据送到数据总线。

$D_0 \sim D_7$：8 位数字量输出端。

CLOCK：外部时钟信号输入端，改变外接 *R*、*C* 元件，可改变时钟频率，从而决定 A/D 转换的速度。A/D 转换器的转换时间 t_C 等于 64 个时钟周期，*CLOCK* 的频率范围为 10 ~ 1 280 kHz。当时钟脉冲频率为 640 kHz 时，t_C 为 100 μs。

$U_{REF(+)}$ 和 $U_{REF(-)}$：基准电压输入端，决定了输入模拟电压的最大值和最小值。

五、实验内容及步骤

首先观看实验仿真演示，然后在数电实验箱上完成以下实验内容。

1. D/A 转换器（DAC0832）测试

（1）按如图 3-10-5 所示电路接线。$D_7 \sim D_0$ 接逻辑开关，保护二极管 D_1、D_2 用 1N4148，输出端接直流电压表。

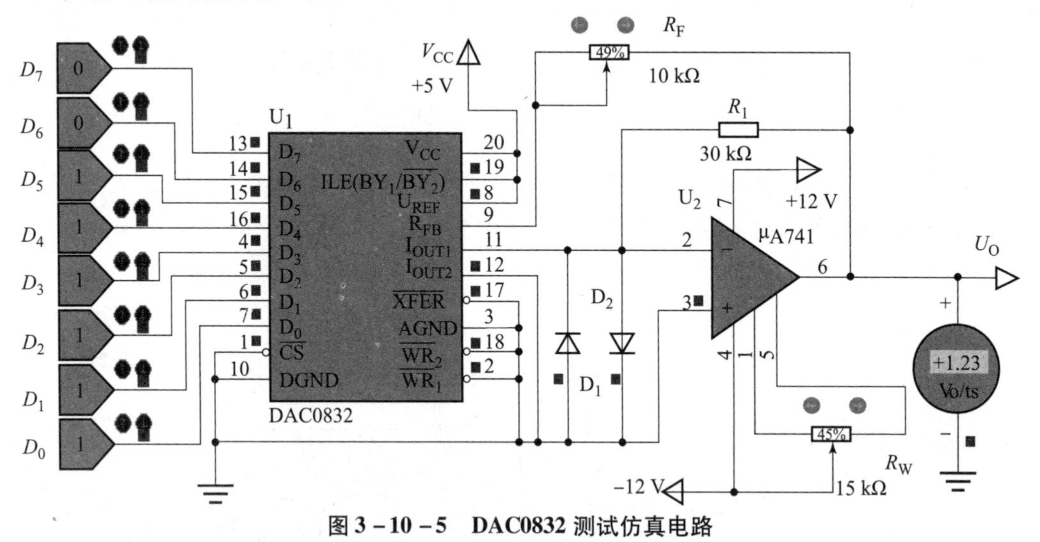

图 3-10-5　DAC0832 测试仿真电路

（2）调零，接通电源后，将输入逻辑开关均接 0，即输入数据 $D_7 \sim D_0 = 00000000$，调节运放的调零电位器 R_W，使输出电压 $U_O = 0$。

（3）调输出最大值，将输入逻辑开关均接 1，调电位器 R_F，使输出电压 $U_O = -4.99$ V。

（4）按表 3-10-2 的要求输入数字量（由逻辑开关控制），逐次测量输出模拟电压 U_O 的值，并填入表中。

（5）将电源电压 V_{CC} 改为 +12 V，按上述步骤重新测量，并将结果填入表 3-10-2 中。

表 3-10-2　D/A 转换器（DAC0832）测试表　　V

输入数字量								输出模拟电压 U_O			
								V_{CC} = +5		V_{CC} = +12	
D_7	D_6	D_5	D_4	D_3	D_2	D_1	D_0	理论值	实测值	理论值	实测值
0	0	0	0	0	0	0	0				
0	0	0	0	0	0	0	1				
0	0	0	0	0	0	1	1				
0	0	0	0	0	1	1	1				
0	0	0	0	1	1	1	1				
0	0	0	1	1	1	1	1				
0	0	1	1	1	1	1	1				
0	1	1	1	1	1	1	1				
1	1	1	1	1	1	1	1				

2. 观察 A/D 转换波形

（1）在实验内容 1 的基础上，按如图 3-10-6 所示改接线路。将数据输入端的低 4 位 $D_3 \sim D_0$ 接地，高 4 位 $D_7 \sim D_4$ 接 74LS161 构成的四位二进制计数器的输出端，计数器的 CP 端接连续脉冲源，频率约为 1 kHz。

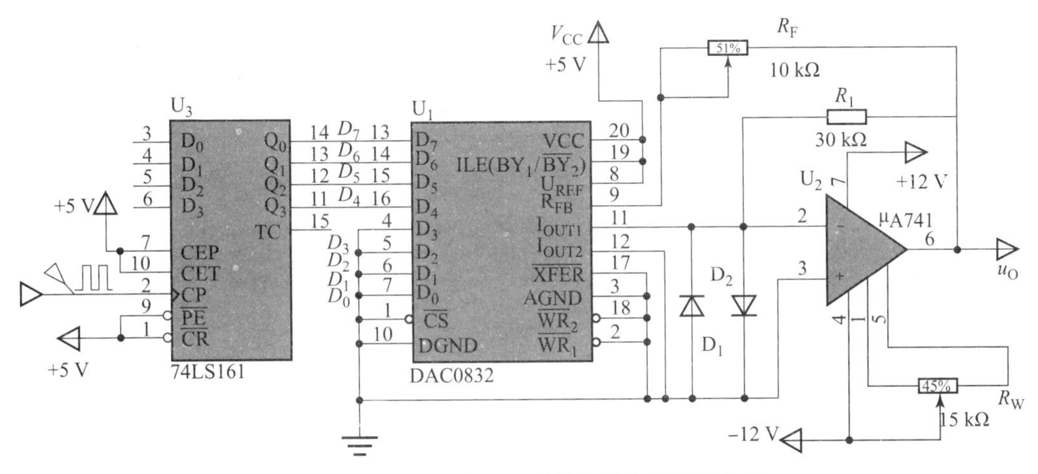

图 3-10-6　观察 A/D 转换波形实验仿真电路

（2）用示波器观察模拟输出 u_O 的波形，并对波形进行分析。

（3）若计数器输出与 D/A 转换器的低 4 位端对应相连，高 4 位端接地，重复上述实验步骤，观察模拟输出 u_O 的波形。

3. A/D 转换器（ADC0809）测试

（1）按如图 3-10-7 所示电路接线，U_I 为输入的模拟信号，由实验箱的直流信号源提供；将输出端 $D_7 \sim D_0$ 分别接逻辑电平显示器，$CLOCK$ 接连续脉冲，取 f = 1 kHz；$START$ 和 ALE 接单次脉冲源（正脉冲）。

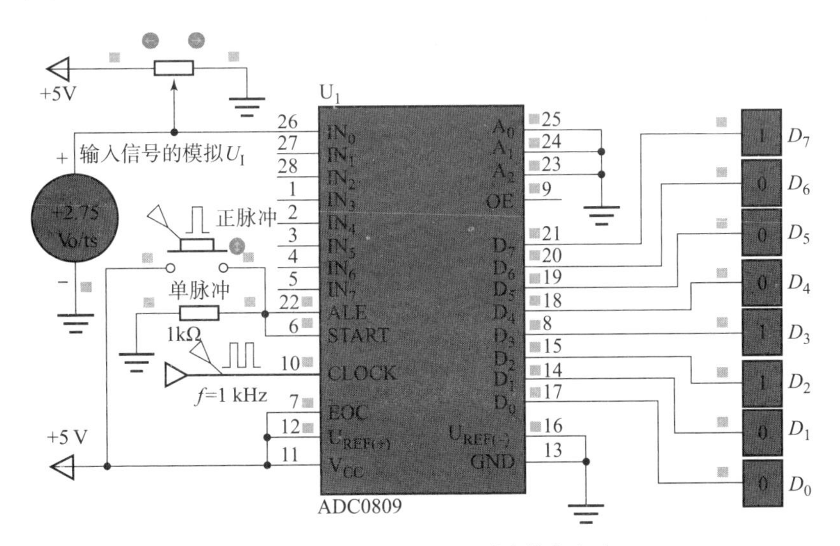

图 3-10-7　ADC0809 测试仿真电路

（2）调节直流信号源，使 U_I=1.0 V，再按一次单次脉冲源开关，观察逻辑电平显示器的显示结果。

（3）按表3-10-3的内容要求，每改变一次输入模拟电压 U_I 后，输入一个单次脉冲。观察对应的输出状态，并将此时的数字量输出结果填入表中。

（4）将结果换算成十进制数表示的电压值，填入表3-10-3中，并与输入模拟电压值进行比较，分析误差原因。

表3-10-3　A/D转换器（ADC0809）测试表

输入模拟电压 U_I/V	输出数字量								
	D_7	D_6	D_5	D_4	D_3	D_2	D_1	D_0	十进制数（电压值）
1.0									
1.5									
2.0									
2.5									
3.0									
3.5									
4.0									
4.5									
5.0									

六、实验报告

（1）总结分析D/A转换器和A/D转换器的转换工作原理。

（2）将实验转换结果与理论值进行比较，若存在误差，试分析产生误差的原因。

（3）为什么D/A转换器的输出都要接运算放大器？

第 四 篇

电子电路综合实训

综合实训一

简易数控直流稳压电源

直流稳压电源是电子实验中的必备仪器，也是电子电路中必不可少的重要组成部分，其性能的好坏直接影响着实验的成败和整机电路的性能。

一、电路功能

本实训组装的是用 LM317 三端可调稳压器、LM3914 点/标显示驱动集成电路和数字电位器 X9511W 等构成的简易数控直流稳压电源，可在业余条件下为实验电路提供工作电源。

二、实训电路图

整机仿真电路如图 4－1－1 所示。

三、电路原理及说明

在如图 4－1－1 所示电路中，U_3 和 U_4 采用的是 X9511W（10 kΩ）按钮控制型线性数字电位器，其内部包含有 31 个电阻单元阵列，每个抽头间的阻值为 323 Ω，电阻的大小靠 $\overline{PU}$和$\overline{PD}$两个输入端控制，工作电压为 +5 V，只要工作电压正常，调整好的阻值可以持久地应用于保存数据的场合。U_5 采用的是 LM3914，是 10 位发光二极管驱动器，可以把输入的模拟量转换为数字量输出，驱动十位发光二极管来进行点显示或柱显示，常用作电平指示驱动器。本实训的输出电压指示采用十位 LED 发光条。

1. X9511W 的使用说明

X9511W 数字电位器的封装及引脚功能如图 4－1－2 所示。

（1）该器件属于低功耗 CMOS 集成电路，对电源要求严格，建议使用 78L05 供电。

（2）该器件的$\overline{PU}$和$\overline{PD}$有两种手动控制方式，一种是点控，动作要迅速，适于微调，为防止按键抖动可采用 *RS* 触发器消抖；一种是续控，即连续按压$\overline{PU}$和$\overline{PD}$，适用于粗调。

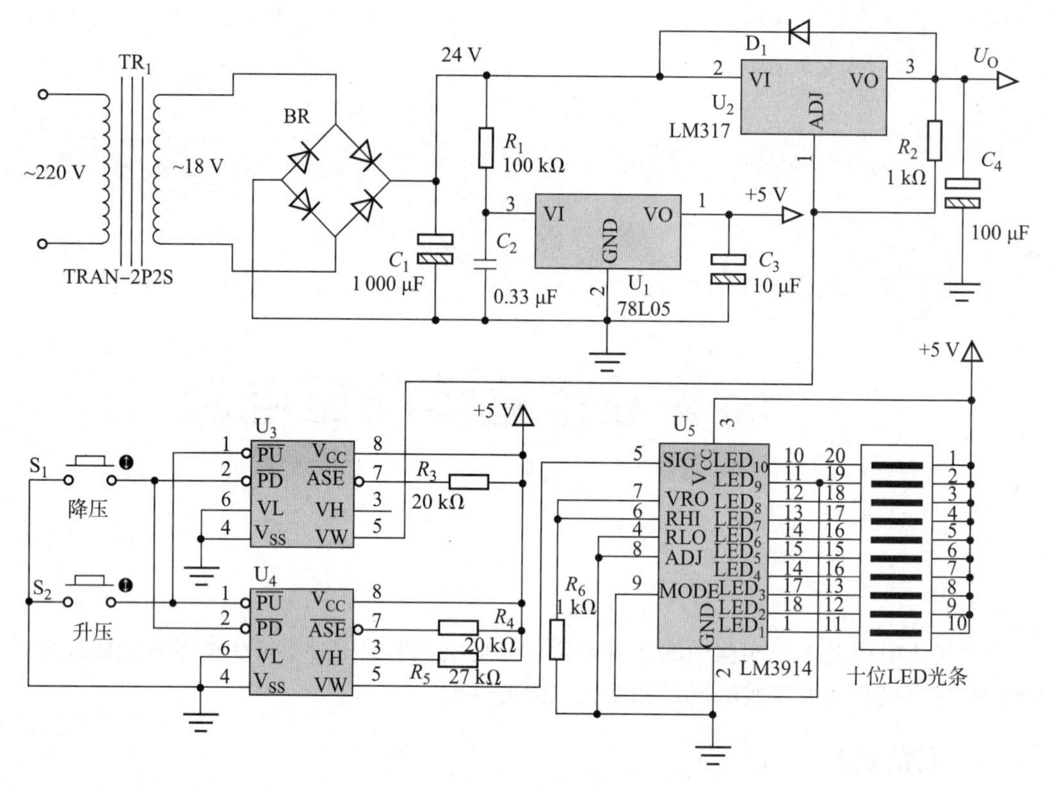

图 4－1－1　简易数控直流稳压电源整机仿真电路

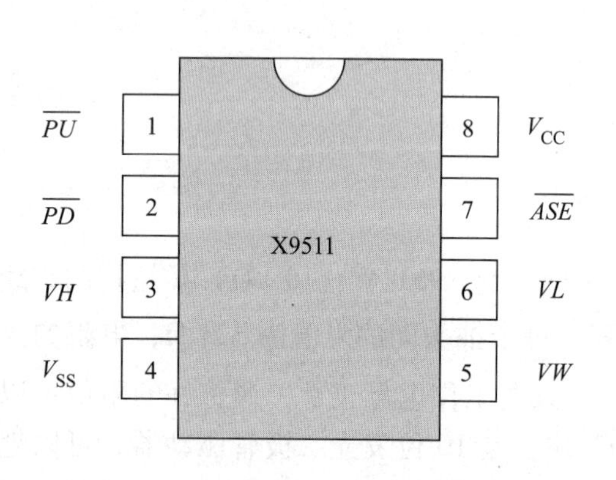

引脚	符号	功能说明
1	$\overline{PU}$	上调控制
2	$\overline{PD}$	下调控制
3	VH	高端
4	V_{SS}	接地端
5	VW	滑动端
6	VL	低端
7	$\overline{ASE}$	存储输入端
8	V_{CC}	接正电源

图 4－1－2　X9511W 数字电位器的引脚排列及引脚功能

（3）该器件有 31 个阻值变化，对应的输出电压应有 31 组（本实训的供电电压值为 24 V），但对于供电 12 V、15 V 时，则应改变电阻值，对应的输出电压及 LED 的对应电压值都有变化，而规律是相同的。

2. LM3914 的使用说明

LM3914 的引脚排列及引脚功能如图 4－1－3 所示。

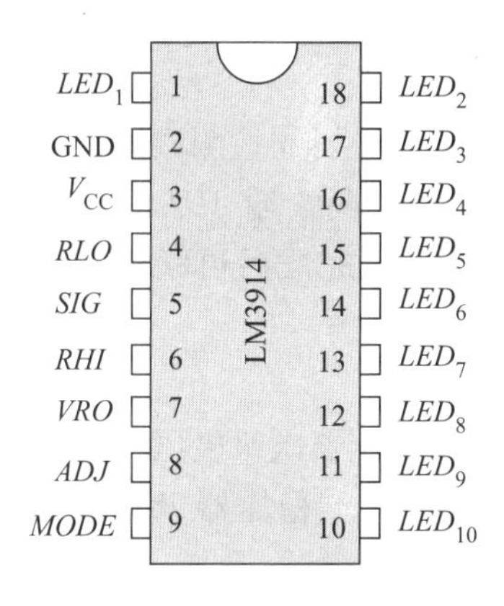

引脚	功能说明	引脚	功能说明
1	接发光管负极	10	接发光管负极
2	接地端	11	接发光管负极
3	接正电源	12	接发光管负极
4	发光管最低亮度设定	13	接发光管负极
5	信号输入	14	接发光管负极
6	发光管最高亮度设定	15	接发光管负极
7	基准电压输出	16	接发光管负极
8	基准电压设定	17	接发光管负极
9	模式设定	18	接发光管负极

图 4－1－3　LM3914 的引脚排列及引脚功能

LM3914 是十位发光二极管驱动器，可驱动十位发光二极管来进行点显示或柱显示。4 脚和 6 脚之间连接有 10 个精密分压电阻，7 脚和 8 脚之间是一个参考电压源，9 脚为点/柱模式选择，5 脚为信号输入端。LM3914 参考电压源输出约 5 V，即在 7 脚和 8 脚之间维持一个 5 V 的基准电压 U_{REF}，该基准可以直接给内部分压器使用，这样当 *VW*（X9511W 的 5 脚）端输入一个 0～5 V 电压时，通过内部比较器即可点亮 1～10 这 10 个发光二极管。

3. **整机电路工作原理**

如图 4－1－1 所示电路，市电 220 V 经过电源变压器降压至 18 V，经整流桥 BR 输出脉动直流电压，再经电容 C_1 滤波后输出平滑的 24 V 直流电压。24 V 电压分成两个支路，一路接 LM317 的输入端 2 脚作为主电源；一路经 R_1、C_2 保护降压滤波后，接入三端稳压器 78L05 得到稳定的 5 V 直流电压，为 U_3、U_4 和 U_5 提供工作电源。数字电位器 U_3 和 R_2 组成 LM317 的调整控制电路，完成输出电压的控制调整。数字电位器 U_4、发光二极管驱动器 U_5 及 LED 发光条组成输出电压光电指示电路；电阻 R_5 和 U_4 组成分压电路，U_4 的滑动端 5 脚连接到 U_5 的 5 脚，U_5 内部的 10 个比较器根据 9 脚输入电压的大小决定 10 支 LED 的发光顺序，而点亮的 LED 则代表数控稳压电源对应的输出电压值。U_3 和 U_4 的控制端并联，同步受控：按动$\overline{PU}$，U_3 和 U_4 阻值增大，LM317 的输出电压上升，达到一定值后，使 U_5 的 1 脚所接的 LED 灯点亮，继续按动 $\overline{PU}$ 则输出电压继续上升，十位 LED 发光条由下至上将依次点亮，并代表不同的电压值。相反，按动 $\overline{PD}$ 则输出电压下降，LED 发光条将依次熄灭。

注意：实际能输出 31 个等级的电压，本实训仅用了 10 组。

四、组装与调试

1. **元器件选择及检测**

电源变压器选用 8W/18V 的单变，78L05 是 TO－92 封装，LM317 为 TO－220 封装，要加装散热片；整流桥可用 4 只 1N4007，也可用 1.5 A 的桥堆；电解电容的耐压选 50 V；开关选用轻触开关。以上元器件在安装前要进行检测（参阅附录中相关内容）。

2. **在万能板上按仿真电路焊接**

焊接前对元器件要进行合理布局，可先设计布线草图。元器件摆放位置可以参照仿真电路进行，以方便检测和调试，但要保证元器件排列紧凑、焊接可靠。电源变压器可以不固定在万能板上，但板上要设计次级绕组的接线插座。

3. 电路调试

单元电路焊接完成后，要检测有无虚焊、漏焊和错焊，准备好必要的检测调试工具。然后对各单元电路逐个进行调试。调试前先断开 U_3 的 5 脚与 LM317 调整端 *ADJ* 的连线，使 5 V电源、LM317 调整控制及光电显示部分分开进行，待各部分调试完成后再联机统调。若未达到上述要求，则应对电路中的相应部分进行调试。

1）5 V 电源的调试

通电后先观察有无异常现象，然后用万用表交流电压挡测量变压器次级电压，正常时约为 18 V；再改换直流电压挡检测整流滤波后的 +24 V 是否正常，三端稳压器 78L05 的输出 +5 V 是否正常。若未达到上述要求，则应对电路中的相应部分进行调试。

2）数字电位器 U_3 和 U_4 的调试

先测量 U_3 和 U_4 的 5 V 电源是否正常，再用万用表欧姆挡测 U_3 滑动端 *VW*（5 脚）的电阻（U_3 的 3 脚是开路的），当每次按动升压开关后电阻值应依次递增；相反，当每次按动降压开关后电阻值应依次递减。测 U_4 滑动端 *VW*（5 脚）应换用直流电压挡（U_4 的 3 脚通过 R_5 接在 +5 V 上），当每次按动升压开关后电压值应依次递增；相反，当每次按动降压开关后电压值应依次递减。若未达到上述要求，则应对电路中的相应部分进行调试。

3）光电显示部分调试

LM3914 已设为点显模式，当每次按动升压开关后，发光条将由下至上逐级被点亮，以指示当前输出电压的数值。若未达到上述要求，则应对电路中的相应部分进行调试。

4）整机调试

在上述各部分单元电路调试正常后，接通 U_3 的 5 脚与 LM317 调整端 *ADJ* 的连线，用万用表观测 LM317 输出端的直流电压，当按动升压或降压开关后其输出电压应有相应变化。若未达到上述要求，则应对电路中的相应部分进行调试。若电压值有些偏差则可通过调整 R_2 的大小进行修正。

五、元器件清单

序号	电路中符号	名称	规格及型号	数量/个	备注
1	R_1	电阻	100 kΩ	1	$\frac{1}{4}$W 碳膜
2	R_2、R_6	电阻	1 kΩ	2	
3	R_3、R_4	电阻	20 kΩ	2	
4	R_5	电阻	27 kΩ	1	
5	C_1	电解电容	1 000 μF/50 V	1	铝电解
6	C_2	瓷介电容	0. 33 μF	1	334 瓷片
7	C_3	电解电容	10 μF/50 V	1	铝电解
8	C_4	电解电容	100 μF/50 V	1	
9	D_1	二极管	1N4001	1	

续表

序号	电路中符号	名称	规格及型号	数量/个	备注
10	BR	整流桥堆	1.5 A	1	或用4只1N4007
11	TR_1	变压器	18 V/8 W	1	
12	LED	发光条	十位绿色	1	
13	S_1、S_2	轻触开关	4×4	2	
14	U_1	稳压器	78L05	1	
15	U_2	稳压器	LM317	1	
16	U_3、U_4	数字电位器	X9511W	2	10 kΩ
17	U_5	LED驱动器	LM3914	1	
18		IC座	8P、18P	3	

综合实训二 电子秒表

电子秒表广泛应用于对运动物体的速度、加速度的测量实验，同时也适用于对时间测量精度要求较高的场合，如测定短暂的时间间隔。因为精确度较高，所示电子秒表在科学研究、体育运动及国防等方面被广泛应用。

一、电路功能

本实训组装的是用两位数码管显示的电子秒表，可用于对 0.1 ~ 9.9 s 以内的短时间计时。电路设有启动和停止按钮，用于计时控制。

二、实训电路图

用 Proteus 7 绘制的仿真电路如图 4 –2 –1 所示。

三、电路原理及说明

本实验设计的电子秒表按功能分成 4 个部分：基本 *RS* 触发器、微分型单稳态触发器、时钟发生器、计数器及译码显示电路。下面分别对这 4 个单元电路进行说明。

1. 基本 *RS* 触发器

如图 4 –2 –1 所示电路中，开关 K_1 和 K_2 用作启动和停止按钮。用集成与非门 74LS00（$U_{5:A}$和 $U_{5:B}$）构成基本 *RS* 触发器，属低电平直接触发的触发器，一路输出 $\overline{Q}$ 作为单稳态触发器的输入，另一路输出 Q 作为与非门 $U_{5:C}$的输入控制信号。

按下开关 K_2（接地），则门 $U_{5:A}$输出 $\overline{Q}=1$；门 $U_{5:B}$输出 $Q=0$，K_2 释放后 Q、$\overline{Q}$ 状态保持不变。再按下开关 K_1，则 Q 由 0 变为 1，门 $U_{5:C}$开启，为计数器启动做好准备。$\overline{Q}$ 由 1 变 0，送出负脉冲，启动单稳态触发器工作。

基本 *RS* 触发器在电子秒表中的职能是启动和停止秒表的计时。

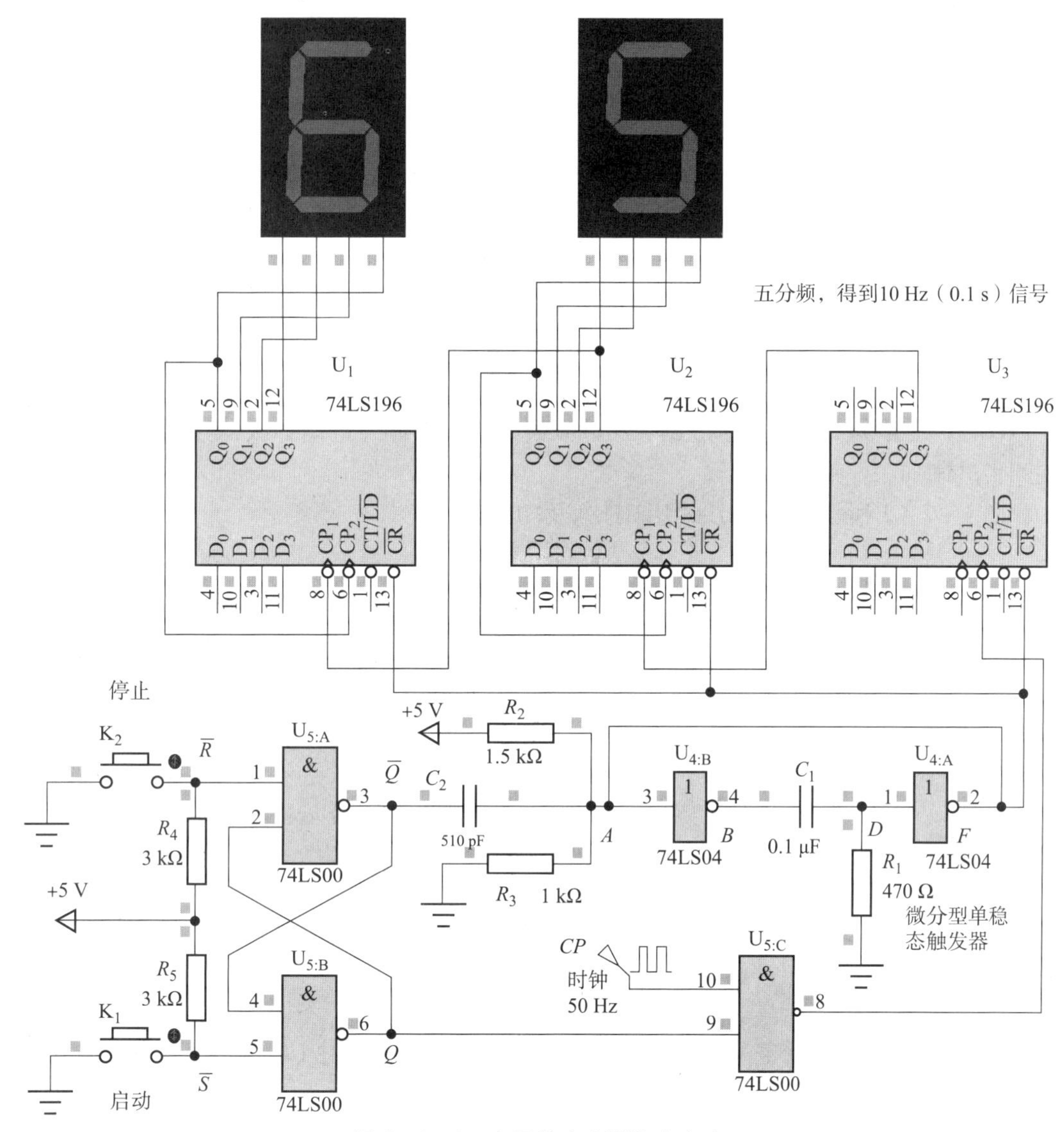

图 4-2-1　电子秒表实训仿真电路

2. **微分型单稳态触发器**

如图 4-2-1 所示电路中用集成非门（六反相器）74LS04（$U_{4:A}$与$U_{4:B}$）、R_1、C_1 构成微分型单稳态触发器，单稳态触发器的输入触发负脉冲信号 u_i 由基本 RS 触发器 $\bar{Q}$ 端提供，输出负脉冲 u_o 通过非门加到计数器的清除端$\overline{CR}$。

静态时，门 $U_{4:A}$ 应处于截止状态，故电阻 R_1 必须小于门的关门电阻 R_{off}。定时元件 R_1、C_1 取值不同，输出脉冲宽度也不同。当触发脉冲宽度小于输出脉冲宽度时，可以省去输入微分电路的 R_3 和 C_2。

单稳态触发器在电子秒表中的职能是为计数器提供清零信号。

3. **时钟发生器**

如图 4-2-1 所示电路中时钟发生电路空缺，可用 555 定时器构成的多谐振荡器充当，

555 定时器构成的多谐振荡器是一种性能较好的时钟源，在此电路中输出频率为 50 kHz 的矩形波信号。

当基本 RS 触发器 $Q=1$ 时，门 $U_{5:C}$ 开启，此时 50 kHz 脉冲信号通过门 $U_{5:C}$ 作为计数脉冲加于计数器 U_3 的计数输入端 CP_2。

4. 计数及译码显示

二 - 五 - + 进制加法计数器 74LS196 构成电子秒表的计数单元，如图 4 - 2 - 1 中 U_1、U_2、U_3 所示。其中计数器 U_3 接成五进制形式，对频率为 50 kHz 的时钟脉冲进行五分频，在输出端 Q_3 取得周期为 0.1 s 的矩形脉冲，作为计数器 U_2 的时钟输入。计数器 U_2 及计数器 U_1 接成 8421 码十进制形式，其输出端与译码显示单元的相应输入端连接，可显示 0.1 ~ 0.9 s、1 ~ 9.9 s 计时。

74LS196 是异步二 - 五 - 十进制加法计数器，既可以作二进制加法计数器，又可以作五进制和十进制加法计数器。

如图 4 - 2 - 2 所示为 74LS196 引脚排列及功能表。

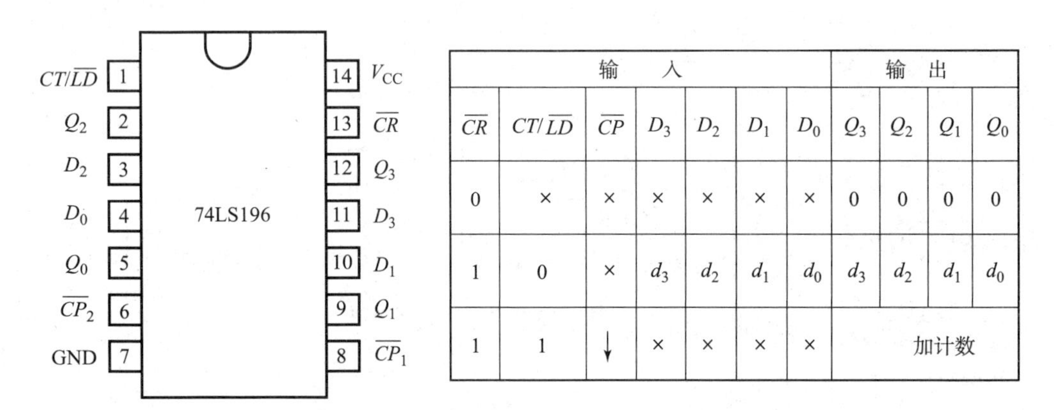

输入							输出			
$\overline{CR}$	$CT/\overline{LD}$	$\overline{CP}$	D_3	D_2	D_1	D_0	Q_3	Q_2	Q_1	Q_0
0	×	×	×	×	×	×	0	0	0	0
1	0	×	d_3	d_2	d_1	d_0	d_3	d_2	d_1	d_0
1	1	↓	×	×	×	×	加计数			

图 4 - 2 - 2　74LS196 引脚排列及功能表

当异步清除端 $\overline{CR}$ 为低电平时，可完成清除功能，与时钟脉冲 $\overline{CP}_1$、$\overline{CP}_2$ 状态无关。清除功能完成后，应置高电平。

当计数/置数控制端 $CT/\overline{LD}$ 为低电平时，输出端 $Q_3 \sim Q_0$ 可预置成与数据输入端 $D_3 \sim D_0$ 相一致的状态，而与 $\overline{CP}_1$、$\overline{CP}_2$ 状态无关，预置后置高电平。

计数时，$\overline{CR}$、$CT/\overline{LD}$ 置高电平，在 $\overline{CP}_1$、$\overline{CP}_2$ 下降沿作用下进行计数。通过不同的连接方式，74LS196 可以实现不同的逻辑功能，其具体功能详述如下。

（1）计数脉冲从 $\overline{CP}_1$ 输入，Q_0 作为输出端，为二进制计数器。

（2）计数脉冲从 $\overline{CP}_2$ 输入，$Q_1 \sim Q_3$ 作为输出端，为五进制加法计数器。

（3）若将 $\overline{CP}_2$ 和 Q_0 相连，计数脉冲由 $\overline{CP}_1$ 输入，$Q_0 \sim Q_3$ 作为输出端，则构成 8421 码十进制加法计数器。

（4）计数脉冲从 $\overline{CP}_2$ 输入，将 $\overline{CP}_1$ 和 Q_3 相连，构成二 - 五混合进制计数器。

四、组装与调试

1. 元器件选择及检测

基本 *RS* 触发器中的与非门选用74LS00，微分型单稳态触发器中的非门选用74LS04，定时电容、输入微分电容 C_1 及 C_2 用瓷片电容，固定电阻 $R_1 \sim R_5$ 用$\frac{1}{4}$W 碳膜电阻；计数器选用 74LS196，时钟发生器由 NE555 构成。以上元器件在组装前要进行检测。

2. 在万能板上按仿真电路焊接

焊接前对元器件要进行合理布局，可先设计布线草图。元器件摆放位置可以参照仿真电路进行，以方便检测和调试，但要保证元器件排列紧凑、焊接可靠。在必要的地方设置测试点，以方便调试。

3. 电路调试

单元电路焊接完成后，要检测有无虚焊、漏焊和错焊，准备好必要的调试检测工具。然后对各单元电路逐个进行调试，即分别测试基本 *RS* 触发器、单稳态触发器、时钟发生器及计数器的逻辑功能，待各单元电路工作正常后，再测试整体电子秒表电路的功能。

1）基本 *RS* 触发器的调试

测试方法参考数电实验三，若满足 *RS* 触发器的逻辑功能，则可进行下一步测试。否则在进行相应部分的调试以排除故障。

2）单稳态触发器的调试

（1）静态调试。

用数字万用表电压挡测量 *A*、*B*、*D*、*F* 各点电位值并记录。

（2）动态调试。

输入端接 1 kHz 连续脉冲，用示波器观察并描绘 *D* 点（u_D）和 *F* 点（u_o）波形，并分析波形是否正常，如不正常则要查找故障并进行调试以排除故障。

3）时钟发生器的调试

如图 4－2－1 所示电路中没有画出时钟电路，可用 NE555 构成多谐振荡器，如图 3－9－4 所示。通电后用示波器观察输出电压波形并测量其频率，调节 R_P，使输出矩形波频率为 50 kHz。

4）计数器的调试

（1）计数器 U_3 接成了五进制形式，按 74LS196 使用说明测试其逻辑功能并记录数据。

（2）计数器 U_2 及计数器 U_1 接成 8421 码十进制形式，同内容（1）进行逻辑功能调试。

（3）将计数器 U_1、U_2、U_3 级联，进行逻辑功能调试。

5）电子秒表的整机调试

各单元电路调试正常后，按如图 4－2－1 所示电路把几个单元电路连接起来，进行整机调试。

先按下按钮开关 K_2，此时电子秒表应不工作，再按下按钮开关 K_1，则计数器应清零后便开始计时，观察数码管显示计数情况是否正常，如不需要计时或暂停计时，则按下开关 K_2，计时应立即停止，但数码管会锁定显示值。若能满足要求则说明调试成功。

6）电子秒表准确度的调试

利用电子钟或手表的秒计时功能对电子秒表进行校准。若有偏差应对时钟发生器的振荡频率进行修正。

五、元器件清单

序号	电路中符号	名称	规格及型号	数量/个	备注
1	R_1	固定电阻	470 Ω	1	1/4W 碳膜
2	R_2	固定电阻	1.5 kΩ	1	
3	R_3	固定电阻	1 kΩ	1	
4	R_4、R_5	固定电阻	3 kΩ	2	
5	C_1	瓷介电容	0.1 μF	1	104 瓷片
6	C_2	瓷介电容	510 pF	1	511 瓷片
7	K_1、K_2	轻触开关	6×6×5	2	
8		共阴数码管	5011AH	2	或用自带译码器的数码管
9		显示译码器	CC4511	2	
10	U_1、U_2、U_3	异步计数器	74LS196	3	
11	U_4	六反相器	74LS04	1	
12	U_5	四 2 输入与非门	74LS00	1	
13		时钟电路			（清单自拟）

综合实训三

八路抢答器

抢答器是各类知识竞赛现场必备的设备之一，其功能要求如下。

1. 基本功能

（1）抢答器能同时满足4～8名选手比赛，应设有8个抢答按钮。

（2）应设置一个系统清零和抢答控制开关，该开关由主持人控制。

（3）抢答器具有锁存与显示功能。即选手若抢答成功，则锁存其编号，蜂鸣器发出声响提示，并在数码管上显示选手号码。选手抢答实行优先锁存，抢答成功的选手编号一直保持到主持人将系统清零为止。

2. 扩展功能

（1）抢答器具有定时抢答功能，且一次抢答的时间由主持人设定（如30 s）。当主持人按下“开始”键后，定时器进行减计时。

（2）参赛选手在设定的时间内进行抢答，若抢答有效，则定时器停止工作，显示器上显示选手的编号和抢答的时间，并保持到主持人将系统清零为止。

（3）如果定时时间已到，还无人抢答，则本次抢答无效，系统报警并禁止抢答，计时器上显示“00”。

（4）计分功能，正常抢答成功的选手若回答问题正确，则为其加上若干分；若回答问题错误，则相应地减去若干分。

一、电路功能

本实训组装的是八路抢答器，可用于一般的知识竞赛场地，其功能如下。

（1）可同时供8名选手参加比赛，其相应的编码分别是1、2、3、4、5、6、7、8，各用一个抢答按钮，按钮的编号应与选手的编号相对应。

（2）给主持人设置一个控制开关，用来控制系统的清零和抢答的开始。

（3）抢答器具有数据锁存和显示的功能。抢答开始后，若有选手按动抢答按钮并抢答成功，则编号立即锁存，并显示在 LED 数码管上，同时蜂鸣器发出声响提示。

二、实训电路图

用 Proteus 7 绘制的仿真电路如图 4 – 3 – 1 所示。

三、电路原理及说明

本实验所设计的抢答器可同时进行八路优先抢答，主要由数字编码电路、译码/优先锁存/驱动电路、数码显示电路和报警电路组成。其原理框图如图 4 – 3 – 2 所示。

在如图 4 – 3 – 1 所示电路中，S_1 ~ S_8是与选手编号对应的抢答键；S_9为主持人复位键。选手将抢答键按下并成功抢答后，蜂鸣器发声，同时数码管显示抢答成功者的编号。抢答成功后，若有选手再按按键，则显示不会改变，除非主持人按下复位键后，使系统清零，方可继续抢答。各单元电路的具体工作情况如下。

1）数字编码电路

该抢答器的数字编码电路由 D_1 ~ D_{12}组成，二极管编码器实现了对开关信号的编码，将选手编号编成 BCD 码，送到 CD4511 的数码输入端。工作情况如下，电路接通电源后，编码输出即译码器 CD4511 输入为 $ABCD=0000$，主持人按下复位键，LED 数码管显示“0”，选手就可以开始抢答。若选手 1 最先按下 S_1 抢答键，高电平通过编码二极管 D_1 加到 CD4511 集成芯片的 7 脚（A 端），7 脚为高电平，1、2、6 脚保持低电平，此时对应的 BCD 码为 0001；若选手 2 最先按下 S_2 抢答键，高电平通过编码二极管 D_2 加到 CD4511 集成芯片的 1 脚（B 端），1 脚为高电平，2、6、7 脚保持低电平，此时输入 BCD 码为 0010；以此类推，若选手 8 最先按下 S_8 抢答键，高电平加到 CD4511 集成芯片的 6 脚（D 端），6 脚为高电平，1、2、7 脚保持低电平，此时 CD4511 输入 BCD 码为 1000。其编码功能真值表如表 4 – 3 – 1所示。

2）译码/优先锁存/驱动电路

该抢答器中的译码/优先锁存/驱动电路由 CD4511 完成，是一个具有消隐和锁存控制、BCD – 七段译码及驱动功能的 CMOS 集成电路，能提供较大的拉电流，可直接驱动共阴极数码管显示器，CD4511 将输入的 BCD 码译码成十进制显示码并显示在数码管上。CD4511 的引脚分布如数电实验六中图 3 – 6 – 7 所示。

由于抢答器必须满足多位抢答者的抢答要求，这就需要有一个判定先后顺序的锁存优先电路，锁存住第一个抢答信号，显示相应数码并拒绝后面抢答信号的输入干扰。CD4511 内部电路与 V、R_7、R_8、D_{13}、D_{14}组成的控制电路可完成这一功能，其原理如下。

当抢答键都未按下时，因为 CD4511 的 BCD 码输入端都有接地电阻（10 kΩ），所以 BCD 码的输入端为 0000，则 CD4511 的输出端 a、b、c、d、e、f 均为高电平，g 为低电平。通过对 0 ~ 9 这 10 个数字的分析可以看到，仅当数字为 0 时，才出现 g 为低电平，而 d 为高电平的情况，这时 V 导通，D_{13}、D_{14}的阳极均为低电平，使 CD4511 的第 5 脚（即 LE 端）为低电平 0，这种状态下，CD4511 没有锁存，允许 BCD 码输入。在抢答准备阶段，主持人会按复位键，数显为 0，此时电路正处于上述情况即抢答开始，当 S_1 ~ S_8 中任一键最先按下时，CD4511 的输出端 d 为低电平或输出端 g 为高电平，这两种状态必有一个存在或都存在，迫

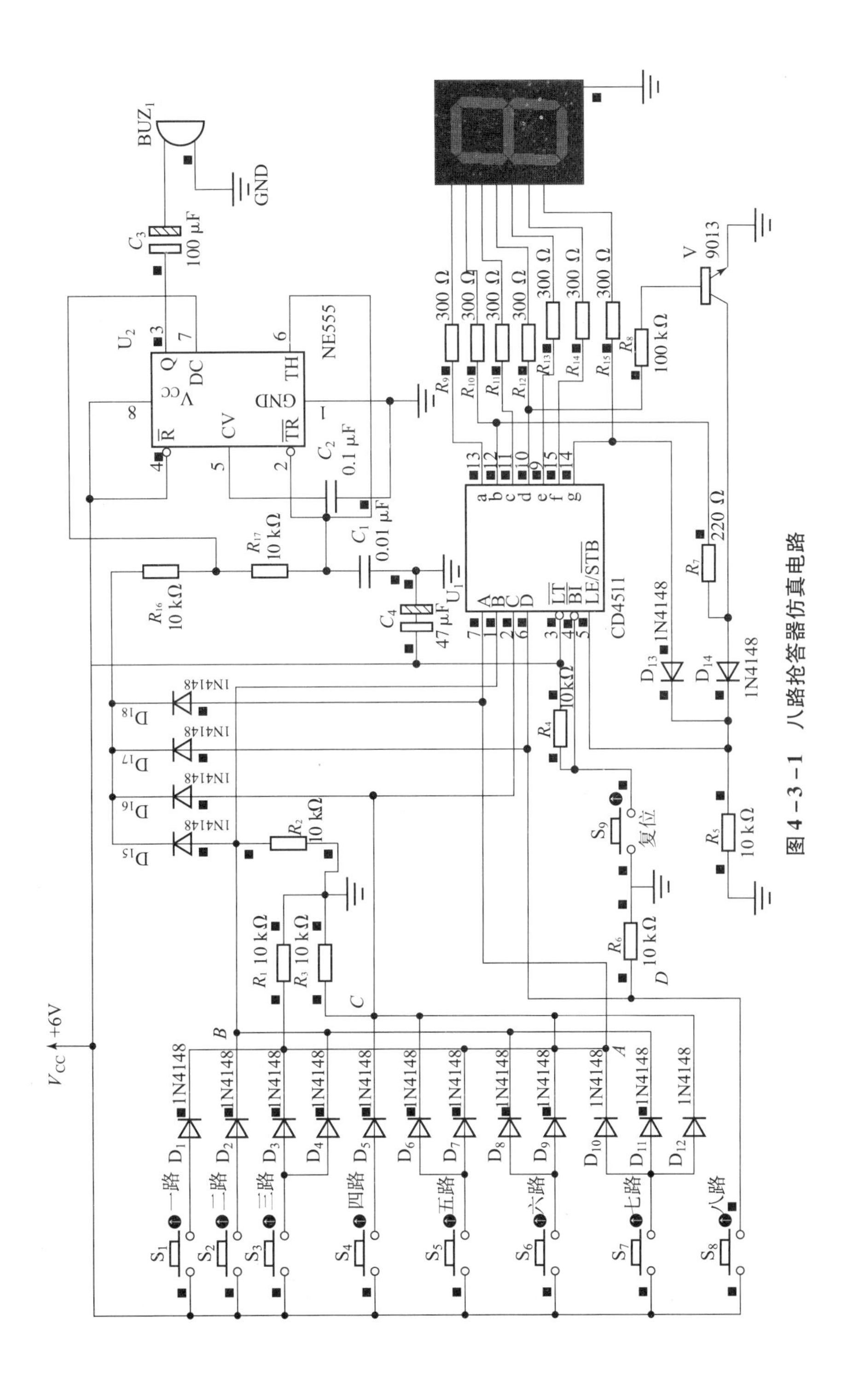

图 4-3-1　八路抢答器仿真电路

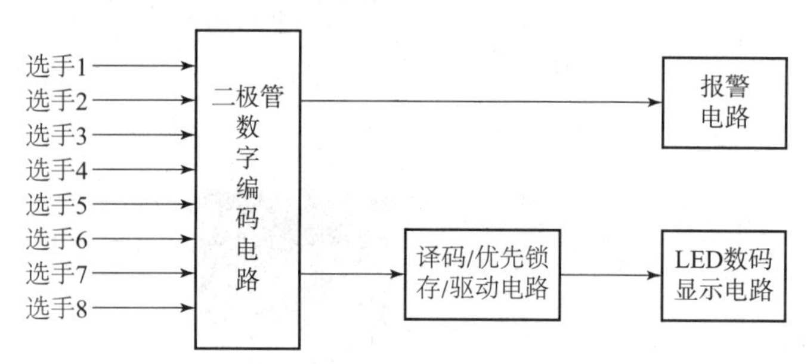

图 4-3-2　八路抢答器原理框图

表 4-3-1　数字编码电路功能真值表

输入								输出			
S_1	S_2	S_3	S_4	S_5	S_6	S_7	S_8	D	C	B	A
1	0	0	0	0	0	0	0	0	0	0	1
0	1	0	0	0	0	0	0	0	0	1	0
0	0	1	0	0	0	0	0	0	0	1	1
0	0	0	1	0	0	0	0	0	1	0	0
0	0	0	0	1	0	0	0	0	1	0	1
0	0	0	0	0	1	0	0	0	1	1	0
0	0	0	0	0	0	1	0	0	1	1	1
0	0	0	0	0	0	0	1	1	0	0	0

使 CD4511 的第 5 脚（即 LE 端）由 0 到 1，反映抢答键信号的 BCD 码允许输入，并使 CD4511 的 a、b、c、d、e、f、g 7 个输出锁存保持在 LE 为 0 时输入的 BCD 码的显示状态。例如 S_1 最先按下，数码管应显示 1，此时仅 b、c 为高电平，而 d 为低电平，使三极管 V 的基极亦为低电平，集电极为高电平，经 D_{14} 加至 CD4511 第 5 脚（LE 端），使 LE 由 0 变 1，即在 LE 为 0 时输入给 CD4511 的第一个 BCD 码数据被判定优先而锁存，同时数码管显示 S_1 送来的信号“1”，S_1 之后的任一按键信号都是无效的。为了进行下一题的抢答，主持人需要按下复位键 S_9，对锁存器内的数值进行清零操作，数显先是熄灭一下，再复显“0”，此后若 S_5 键最先按下，这时应立即显示“5”，与此同时 CD4511 的输出端 14 脚 g 为高电平，10 脚 d 为高电平，12 脚 b 为低电平，V 截止，并通过 D_{14} 使 CD4511 的第 5 脚为高电平，此时 LE 由 0 变 1，于是电路判定优先锁存，后边输入的其他按键信号被封住，可见电路优先锁存后，任何抢答键均失去作用。

3）数码显示电路

选手的编号用数码管来显示，由于 CD4511 能将 BCD 码翻译后直接驱动数码管，所以将共阴极数码管的 7 个阳极 $a \sim g$ 通过限流电阻 $R_9 \sim R_{15}$ 接七段译码器 CD4511 的输出，数码管的阴极接地。

4）报警电路

抢答器报警电路由 NE555 接成音频多谐振荡器形式，但同 7 脚相连的 R_{16} 并没有接 V_{CC}，

而是接在由 $D_{15}\sim D_{18}$ 构成的或门电路输出端，或门电路的输入即是编码器输出的 BCD 码，这样任何抢答按键按下，报警电路都能振荡发出声响，其振荡频率为

$$f_0 = 1.43/[(R_{16}+2R_{17})C_1]$$

四、组装与调试

1. 元器件选择及检测

二极管均选用开关管 1N4148；按键选用大一些的抢答按钮，可单独做在一块电路板上，通过导线与主电路相连。其他元器件无特殊要求，安装前要求对器件进行检测。

2. 在万能板上按仿真电路焊接

焊接前对元器件要进行合理布局，可先设计布线草图。元器件摆放位置可以参照仿真电路进行，以方便检测和调试，但要保证元器件排列紧凑、焊接可靠、工艺规范。在必要的地方设置测试点，以方便调试。

3. 电路调试

1）抢答器单元电路调试

（1）按下 $S_1\sim S_8$ 中任意按键，检测 CD4511 的输入端是否满足表 4-3-1 的真值表，如不满足则检查对应按键所在电路接线是否正确。同时检测报警电路能否正常工作，若不正常则检查 555 定时器及外接元件接线是否正确。

（2）按下 $S_1\sim S_8$ 中任意按键，检测数码管能否正常显示，若不正常则检查 CD4511 外围电路及数码管接线是否正确。

2）抢答器的综合调试

（1）单元电路检查无误后，接通电源，测量三极管 V 在下列情况下的 c、e 间的电压。

当 S_8 按下时，V 的 c、e 间的电压为____________V；

当 S_8 未按下时，V 的 c、e 间的电压为____________V。

（2）若电容 C_2 容值增大，则 U_2（NE555）3 脚输出波形的频率__________（变大、变小、不变）。

（3）当按下 S_5 时，D_6 两端电压为_____V，D_7 两端电压为_____V；当松开 S_5 时，D_6 两端电压为_____V，D_7 两端电压为_____V。

（4）电容 C_1 起_____作用，C_2 起_____作用，C_3 起_____作用，C_4 起_____作用。

（5）若电阻 R_4 短路，则会出现一直显示_____的现象；若电阻 R_6 短路，则会出现__________现象；若电阻 R_2 短路，则会出现_______________现象。

五、元器件清单

序号	电路中符号	名称	规格及型号	数量/个	备注
1	$R_1\sim R_6$、R_{16}、R_{17}	固定电阻	10 kΩ	8	$\frac{1}{4}$W 碳膜
2	R_7	固定电阻	220 Ω	1	
3	R_8	固定电阻	100 kΩ	1	

续表

序号	电路中符号	名称	规格及型号	数量/个	备注
4	$R_9 \sim R_{15}$	固定电阻	300 Ω	7	
5	C_1	瓷介电容	0.01 μF	1	103 瓷片
6	C_2	瓷介电容	0.1 μF	1	104 瓷片
7	C_3	电解电容	100 μF	1	
8	C_4	电解电容	47 μF	1	
9	$D_1 \sim D_{18}$	二极管	1N4148	18	
10	V	三极管	9013	1	
11	$S_1 \sim S_9$	按键开关	6×6×5	9	
12	LED	共阴数码管	5011AH	1	
13	U_1	显示译码器	CD4511	1	
14	U_2	555 定时器	NE555	1	
15	BUZ_1	无源蜂鸣器	12095	1	
16		IC 座	8P、16P	各 1	
17		万能板		1	

综合实训四

拔河游戏机

拔河游戏机是一种用数字信号模拟拔河比赛的实验装置。比赛双方通过控制指示灯的移动方向来模拟绳子被拉向哪一方，当指示灯先到达某一方的终点时，则判该方取胜。

一、电路功能

拔河游戏机用15个（或9个）发光二极管排列成一行，开机后只有中间一个点亮，以此作为拔河的中心点，游戏双方各持一个按键并迅速地、不断地按动产生脉冲。在此期间谁按得快，亮点就向谁的方向移动，每按一次亮点移动一次。最后当亮点移到任一方终端，即一方二极管点亮时，这一方就得胜，此后双方再按键均无作用，输出保持，只有经复位后才能使亮点恢复到中心点。显示器能显示双方获胜的局数。

二、实训电路图

实训电路原理框图如图4-4-1所示，整机 Proteus 7 仿真电路如图4-4-2所示。

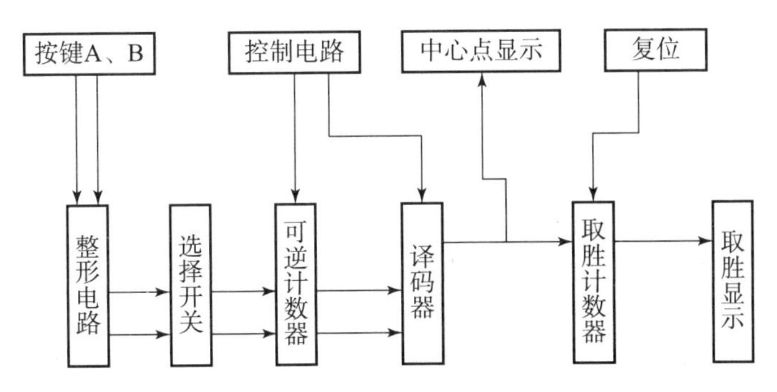

图4-4-1　拔河游戏机原理框图

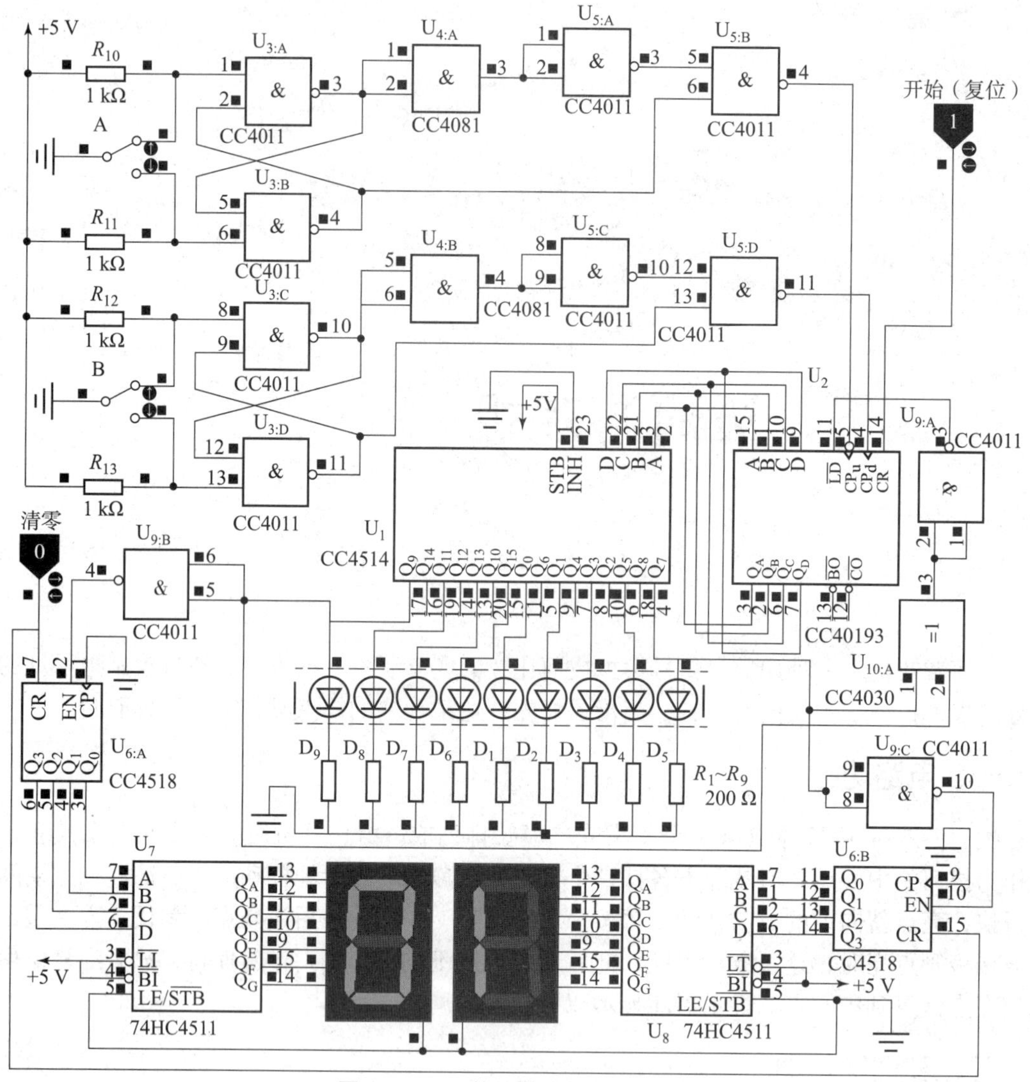

图 4-4-2　拔河游戏机仿真电路

三、电路原理及说明

整机电路包括 6 个单元电路：整形电路、编码电路、译码器、控制电路、取胜显示、复位。可逆计数器 CC40193 原始状态为输出 4 位二进制数 0000，经译码器输出使中间的一只发光二极管点亮。当按动 A、B 两个按键时，分别产生两个脉冲信号，经整形后分别加到可逆计数器上，可逆计数器输出的代码经译码器译码后驱动发光二极管点亮并产生位移，当亮点移到任何一方终端后，由于控制电路的作用，这一状态被锁定，而对输入脉冲不起作用。若按动复位键，亮点又回到中点位置，比赛又可重新开始。

将双方终端二极管的正端分别经两个与非门后接至两个十进制计数器 CC4518 的允许控制端 EN，当任一方取胜时，该方终端二极管点亮，产生一个下降沿使其对应的计数器计数。这样，计数器的输出即显示了双方取胜的局数。

各单元电路工作原理如下。

1. 整形电路

CC40193 是双时钟二进制同步加/减计数器（可逆计数器），控制加减的 CP 脉冲分别加至 5 脚和 4 脚，此时当电路要求进行加法计数时，减法输入端 CP_d 必须接高电平；当电路进行减法计数时，加法输入端 CP_u 必须接高电平，若直接由 A、B 键产生的脉冲加到 5 脚或 4 脚，那么就有很多时机在进行计数输入时另一计数输入端为低电平，使计数器不能计数，双方按键均失去作用，拔河比赛不能正常进行。因此加一整形电路，使 A、B 两键出来的脉冲经整形后变为一个占空比很大的脉冲，这样就减少了进行某一计数时另一计数输入为低电平的可能性，从而使每按一次键都能进行有效的计数。整形电路由与门 CC4081 和与非门 CC4011 实现。

2. 编码电路

编码器有两个输入端，4 个输出端，要进行加/减计数，因此选用 CC40193 可逆计数器来完成。

3. 译码器

选用 4 线 - 16 线 CC4514 译码器。译码器的输出 $Q_0 \sim Q_{14}$ 分接 15 个（或 9 个）个发光二极管，二极管的负端接地，正端接译码器；这样，当输出为高电平时发光二极管点亮。

比赛准备，译码器输入为 0000，Q_0 输出为 1，中心处二极管首先点亮，当编码器进行加法计数时，亮点向右移，进行减法计数时，亮点向左移。

4. 控制电路

为指示出谁胜谁负，需用一个控制电路。当亮点移到任何一方的终端二极管时，则判该方为胜，此时双方再按键均宣告无效。此电路可用异或门 CC4030 和与非门 CC4011 来实现。将双方终端二极管的正极接至异或门的两个输入端，当获胜一方为 1 时，则另一方为 0，异或门输出为 1，经与非门产生低电平 0，再送到 CC40193 计数器的置数端 $\overline{LD}$，于是计数器停止计数，处于预置状态，由于计数器数据端 A、B、C、D 和输出端 Q_A、Q_B、Q_C、Q_D 对应相连，输入也就是输出，从而使计数器对输入脉冲不起作用。

5. 取胜显示

将双方终端二极管正极经与非门后的输出分别接到 CC4518 计数器的 EN 端，CC4518 的两组 4 位 BCD 码分别接到实验装置的两组译码显示器的 A、B、C、D 插口处。当一方取胜时，该方终端二极管发亮，产生一个上升沿，使相应的计数器进行加一计数，于是就得到了双方取胜局数的显示，若一位数不够，则进行两位数的级联。

6. 复位

为能进行多次比赛故需要进行复位操作，使亮点返回中心点，可用一个开关控制 CC40193 的清零端 $\overline{CR}$ 即可。

胜负显示器的复位也用一个开关来控制胜负计数器 CC4518 的清零端 CR，使其重新计数。

四、组装与调试

1. 元器件选择及检测

整形电路由与门 CC4081 和与非门 CC4011 实现，编码器选用 CC40193 双时钟二进制同步加/减计数器，译码器选用 4 线 - 16 线译码器 CC4514，胜负计数器选用 CC4518 计数器，异或门选用 CC4030；控制开关 A 和 B 选用单刀双掷按钮开关；复位和清零的开关电路请自行设计。

以上元器件在组装前要进行必要的检查和测试。

2. 在万能板上按仿真电路焊接

焊接前对元器件要进行合理布局，可先设计布线草图。元器件摆放位置可以参照仿真电路进行，以方便检测和调试，但要保证元器件排列紧凑、焊接可靠、工艺规范。芯片不要直接焊接，要焊相应引脚的 IC 插座。为便于调试，可先将各单元电路焊接好，待单元电路调试无误后再将单元电路之间进行焊接。

3. 电路调试

电路焊接完成后，要检测有无虚焊、漏焊和错焊，并准备好必要的调试检测工具。

1）按键控制部分调试

按键控制部分由按键 A、B 和 CC4011 中的与非门构成的 *RS* 触发器构成，主要测试并调试 *RS* 触发器的逻辑功能，其测试步骤见数电实验三中的实验内容 1。

2）整形电路调试

整形电路由与门 CC4081 和与非门 CC4011 组成。分别按动 A、B 键一次，同时在与计数器 CC40193 相连的 4、5 脚用逻辑电笔观察，应有一个占空比较大的脉冲，否则检查相应电路的连线。

3）编码电路调试

编码电路由 CC40193 可逆计数器来完成。其引脚排列及逻辑功能与 CC40192 相同。参考数电实验四中的内容进行逻辑功能测试与调试。

4）译码器电路调试

译码器电路由 4 线 - 16 线译码器 CC4514 组成，其引脚排列及逻辑功能如图 4 - 4 - 3 所示。按功能表测试逻辑功能是否正常，并进行调试。

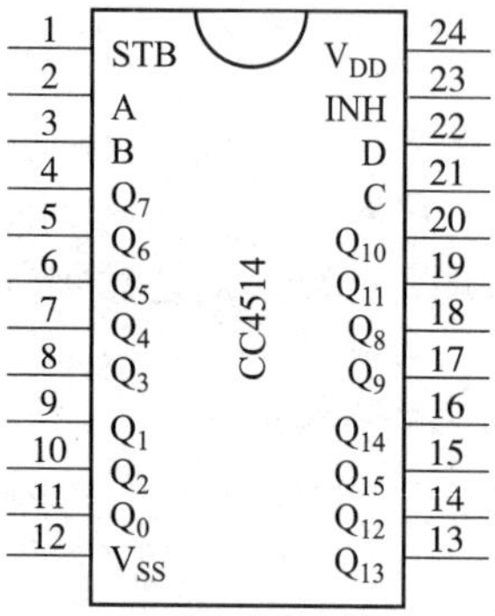

输入						高电平输出	输入						高电平输出
STB	*INH*	A_3	A_2	A_1	A_0		*STB*	*INH*	A_3	A_2	A_1	A_0	
1	0	0	0	0	0	Q_0	1	0	1	0	0	1	Q_9
1	0	0	0	0	1	Q_1	1	0	1	0	1	0	Q_{10}
1	0	0	0	1	0	Q_2	1	0	1	0	1	1	Q_{11}
1	0	0	0	1	1	Q_3	1	0	1	1	0	0	Q_{12}
1	0	0	1	0	0	Q_4	1	0	1	1	0	1	Q_{13}
1	0	0	1	0	1	Q_5	1	0	1	1	1	0	Q_{14}
1	0	0	1	1	0	Q_6	1	0	1	1	1	1	Q_{15}
1	0	0	1	1	1	Q_7	1	1	×	×	×	×	无
1	0	1	0	0	0	Q_8	0	0	×	×	×	×	锁存

图 4 - 4 - 3　CC4514 引脚排列及逻辑功能

引脚说明如下。

ABCD 为地址（数据）输入端，对应功能表中 $A_0 \sim A_3$；*INH* 为输出禁止控制端；*STB* 为数据锁存控制端；$Q_0 \sim Q_{15}$ 为数据输出端。

5）控制电路调试

控制电路部分用异或门 CC4030 和与非门 CC4011 来实现。在异或门 CC4030 两输入端输入相异信号时，观察与 CC40193 计数器的置数端$\overline{LD}$相连接的 CC4011 输出端是否为 0，输入相同信号时，CC4011 输出端是否为 1，若不是则检查相关电路接线。

6）取胜显示部分调试

取胜显示部分由双十进制同步计数器 CD4518、BCD 译码器 74HC4511 及共阴数码管组成。其中 CD4518 的引脚排列及逻辑功能如图 4－4－4 所示，按功能表测试逻辑功能是否正常，译码显示电路是否正常，并进行调试。

CD4518

引脚名	引脚号	引脚号	引脚名
1*CP*	1	16	V_{DD}
1*EN*	2	15	2*CR*
$1Q_0$	3	14	$2Q_3$
$1Q_1$	4	13	$2Q_2$
$1Q_2$	5	12	$2Q_1$
$1Q_3$	6	11	$2Q_0$
1*CR*	7	10	2*EN*
V_{SS}	8	9	2*CP*

输入			输出或功能
CP	*CR*	*EN*	
↑	0	1	加计数
0	0	↓	加计数
↓	0	×	保持
×	0	↑	
↑	0	0	
1	0	↓	
×	1	×	全部为0

图 4－4－4　CD4518 引脚排列及逻辑功能

引脚说明如下。

1*CP*、2*CP* 为时钟输入端；1*CR*、2*CR* 为清除端；1*EN*、2*EN* 为计数允许控制端；$1Q_0$ ~ $1Q_3$为计数器 1 的输出端；$2Q_0$ ~ $2Q_3$ 为计数器 2 的输出端。

7）复位部分调试

将检测无误的各单元电路连接，在 CC40193 的清零端 *CR* 及胜负计数器 CC4518 的清零端 *CR* 输入高电平，则胜负显示应为 0，否则检查相应处接线。

8）整机调试

将各单元电路焊接好后，接通电源，此时应只有中间一个二极管点亮。分别不断地按动按键 A、B，哪方按得快，亮点向哪方移动，每按一次，亮点移动一次。当亮点移动到某方终端二极管时，则到该方胜。双方取胜显示器显示取胜局数。

五、元器件清单

序号	电路中序号	名称	规格及型号	数量/个	备注
1	R_1 ~ R_9	固定电阻	200 Ω	9	$\frac{1}{4}$W 碳膜
2	R_{10} ~ R_{13}	固定电阻	1 kΩ	4	
3	D_1 ~ D_9	发光二极管	ϕ5 红	9	
4		共阴数码管	5011AH	2	
5	A、B	按键开关		2	单刀双掷
6		复位、清零		2	开关电路自定

续表

序号	电路中序号	名称	规格及型号	数量/个	备注
7	U_1	4线－16线译码器	CC4514	1	
8	U_2	可逆计数器	CC40193	1	
9	U_3、U_5、U_9	四2输入与非门	CC4011	3	
10	U_4	四2输入与门	CC4081	1	
11	U_6	十进制计数器	CC4518	1	
12	U_7、U_8	十进制译码器	74HC4511	2	
13	U_{10}	异或门	CC4030	1	

综合实训五

声、光、磁三控延时电路

实际生活中 NE555 集成电路的应用范围很广，在单稳态应用时可组成定时或延时电路，若配合适当的传感器则很容易实现自动控制。

一、电路功能

本实训组装的是由 555 集成电路构成的声、光、磁三控延时电路，可用于对电动玩具（如玩具车、猫等）的行走进行声、光、磁控制。

二、实训电路图

用 Proteus 7 绘制的仿真电路如图 4－5－1 所示。为便于仿真，图中驻极体话筒（声控）用电位器代替，干簧管（磁控）用按键开关代替，光敏电阻或光敏二极管（光控）用软件中的光敏电阻模型，负载 M 用直流电动机模型。

三、电路原理及说明

如图 4－5－1 所示电路中 555 集成电路构成单稳态触发器，R_6、C_5 为定时元件。低电平触发端（2 脚）无外界激励信号时处于高电平状态（约 3.7 V），555 电路处于稳态，输出端（3 脚）为低电平，V_4、V_5 截止，直流电动机 M 不转。当有声音、光照或外磁场信号激励时将由相应传感器件转为电信号使 555 电路 2 脚出现负脉冲（其宽度应小于 t_w），同时 555 电路进入暂稳态，3 脚输出高电平使 V_4、V_5 复合管导通，电动机 M 开始转动。其暂稳（延时）时间由下式决定

$$t_w = R_6 \cdot C_5 \cdot \ln 3 = 1.1 R_6 \cdot C_5。$$

暂稳态结束时 555 电路又自动翻转为稳态，因 2 脚之前已恢复为高电平，3 脚变为稳定的低电平，故电动机停转，等待再次激励。

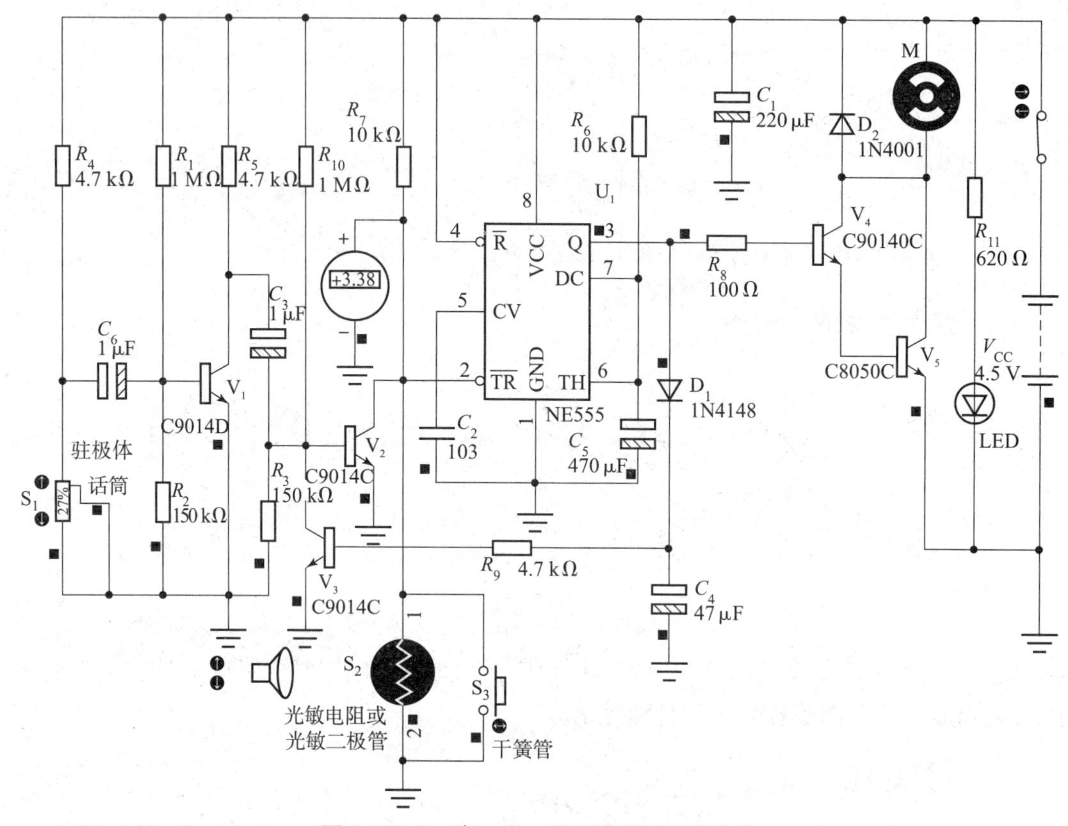

图 4-5-1　声、光、磁三控延时仿真电路

如图 4-5-1 所示电路中的驻极体话筒，无声音信号时其阻抗很高，当有声音信号激励时阻抗突然变小，使其电位突变而出现负脉冲。经 V_1、V_2 放大和倒相后送到 555 电路的 2 脚，使 555 电路进入暂稳态。3 脚输出的高电平一方面使电动机运转，一方面经 D_1、R_9 使 V_3 饱和导通，V_2 截止，2 脚恢复为高电平，保证延时可靠。

图中光敏电阻或光敏二极管，无光照时阻抗很高，使 555 电路 2 脚保持高电平。当有光照时其阻抗突然变小，使 2 脚出现负脉冲，触发 555 电路进入暂稳态。

图中干簧管（磁控开关），无外部磁场作用时呈断开状态，使 555 电路 2 脚保持高电平。当有外部磁场作用时突然闭合，使 2 脚出现负脉冲，触发 555 电路进入暂稳态。另外图中 D_2 为续流二极管，以防感性负载产生的反电动势损坏 V_4 和 V_5。LED 用作电源指示灯。

四、组装与调试

1. 元器件选择及检测

固定电阻 $R_1 \sim R_{11}$ 用 $\frac{1}{4}$ W 碳膜电阻，参数见仿真电容；电容 C_2 用瓷片 103 电容，其余电容用铝电解电容，耐压选 10 V 或 16 V；二极管 V_1 型号为 1N4148，D_2 型号为 1N4001；三极管 V_1 型号为 C9014D，V_2、V_3、V_4 型号为 C9014C，V_5 型号为 C8050C；NE555、驻极体话筒、光敏二极管、干簧管没有特殊要求，一般型号都可用。电动机 M、电源开关和电池盒由电动玩具自带。以上元器件在组装前要进行测试。

2. **在万能板上按仿真电路焊接**

焊接前对元器件要进行合理布局，可先设计布线草图。元器件摆放位置可以参照仿真电路进行，以方便检测和调试，但要保证元器件排列紧凑、焊接可靠。

注意：NE555 芯片不要直接焊接，要焊一个 8 脚的 IC 插座；驻极体话筒、光敏二极管、干簧管和发光二极管用导线与电路板相连接，以方便在外壳上固定。

若要求 PCB 设计则可事先制作好印制电路板，再按要求进行焊接。

3. **电路调试**

电路焊接完成后，要检测有无虚焊、漏焊和错焊，准备好必要的检测工具。

1）声、光、磁控制部分电路调试

先不要插上 555 芯片，通电后用万用表直流电压挡测 IC 插座 2 脚静态电压应约为 3.7 V，当对驻极体吹气时若能突降到 1 V 以下，则说明声控正常；当用光照射光敏二极管（或光敏电阻）时也要求 2 脚电位能突降到 1 V 以下，一般增加光强都能达到；当用磁铁靠近干簧管时，2 脚电位能突降到 0，说明磁控也正常，否则要进行故障排查。

2）电动机及驱动电路的调试

用导线或镊子将 IC 插座的 3 脚和 4 脚短接，即为 3 脚提供一个模拟高电平，若电动机及驱动电路正常则电动机将会转动，否则要进行故障排查。

3）整机调试

当前述两部分正常后，再插上 555 芯片，检测声、光、磁控制是否正常，单稳电路暂稳（延时）时间是否正确，若能满足要求则说明焊接调试成功。

五、元器件清单

序号	电路中符号	名称	规格及型号	数量/个	备注
1	R_1、R_{10}	固定电阻	1 MΩ	2	1/4W 碳膜
2	R_2、R_3	电阻	150 kΩ	2	
3	R_4、R_5、R_9	电阻	4.7 kΩ	3	
4	R_6、R_7	电阻	10 kΩ	2	
5	R_8	电阻	100 Ω	1	
6	R_{11}	电阻	620 Ω	1	
7	C_1	电解电容	220 μF/10 V	1	
8	C_2	瓷介电容	103	1	
9	C_3、C_6	电解电容	1 μF/10 V	2	铝电解
10	C_4	电解电容	47 μF/10 V	1	
11	C_5	电解电容	470 μF/10 V	1	或 16 V
12	D_1	二极管	1N4148	1	
13	D_2	二极管	1N4001	1	
14	LED	发光二极管	ϕ5 普红	1	

续表

序号	电路中符号	名称	规格及型号	数量/个	备注
15	V_1	三极管	C9014D	1	
16	V_2、V_3、V_4	三极管	C9014C	3	
17	V_5	三极管	C8050C	1	
18	U_1	集成电路	NE555	1	配 IC 插座
19	S_1	驻极体话筒	二极	1	
20	S_2	光敏电阻	亮电阻 10 kΩ ~ 30 kΩ	1	或光敏二极管
21	S_3	干簧管	常开型	1	
22		接插件	2. 54 mm 插头座	2	两针

附录

电子电路组装方法简介

电子电路的仿真电路设计好后，就可进行组装与调试，其目的是检测所设计的电路是否达到了设计要求。由于实际电路的复杂性、电子元器件参数的离散性以及设计和组装者经验不足等因素，致使组装后的电路不可能十分理想，甚至达不到指标要求。因此要通过电路装配、调试发现问题、修改、装配、调试，反复进行并不断完善设计方案，直至达到或超过规定的技术指标要求才行。

业余条件下，电子电路的组装通常采用面包板插接、万能板焊接和印制电路板（PCB）焊接 3 种方式。其中面包板插接方式的优点是组装、调试方便，器件重复利用率高。缺点是插接的可靠性不高；而万能板和 PCB 板焊接组装方式有利于提高焊接技术、元器件的连接更可靠，但器件可重复利用率低。

一、面包板插接的一般方法

1. 面包板的结构

面包板是一种常用的具有多孔插座的插接板，在进行电路实验时，可以根据电路连接要求，在相应孔内插入电子元器件的引脚以及导线等，使其与孔内弹性接触簧片接触，由此连接成所需的实验电路。附图 1 为 SYB－118 型面包板实物外观示意图，有 12 行 59 列，每条金属簧片上有 5 个插孔，因此插入这 5 个孔内的导线就被金属簧片连接在一起。上下两行一般用于接电源，每 5 个孔为一组且内部相通；中间凹槽上下的孔是纵向每 5 个为一组且内部相通，相邻的两组之间是彼此绝缘的。插孔间的距离均与双列直插式（DIP）集成电路引脚的标准 IC 间距 2. 54 mm 相同。集成电路的引脚要沿中间凹槽上下跨接。

2. 面包板插接方法及注意事项

（1）应根据仿真电路确定元器件在插接板上的位置，并依据信号流向将元器件按顺序连接，以便于调试。

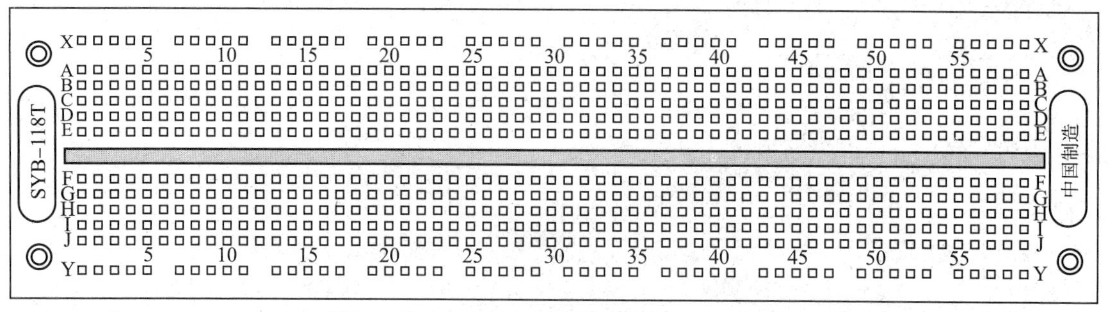

附图 1　SYB－118 型面包板实物外观示意图

（2）插接集成电路时，应注意方向性，不得插错，不得随意弯曲引脚。

（3）插接面包板的导线可选用单芯铜导线，直径为 0.4～0.6 mm，元器件引脚或导线头要沿面包板的板面垂直方向插入方孔，应能感觉到有轻微、均匀的摩擦阻力，在面包板倒置时，元器件应能被簧片夹住而不脱落。一般导线颜色还要有所区别。例如正电源用红色线，负电源用蓝色线，地线用黑色线，信号线用其他颜色等。

（4）导线布线要合理，走线横平竖直，长短规范，不要在集成电路上方跨接导线（从周围绕过）。

（5）用带有通断鸣响功能的万用表检测导线连接的可靠性。

正确的插装方法和合理的布局，不仅使电路整齐美观，而且能提高电路工作的可靠性，便于检查和排除故障。

二、万能板焊接的一般方法

1. 万能板的结构

万能板（洞洞板）是一种按照标准 IC 间距（2.54 mm）布满焊盘，可按自己的意愿插装元器件及连线的印制电路板。相比专业的 PCB 制板，万能板具有以下优势：使用门槛低、成本低廉、使用方便、扩展灵活。例如，在大学生电子设计竞赛中，作品需要在 4 天时间内争分夺秒地完成，所以大多参赛选手使用万能板。目前市场上出售的万能板主要有两种，一种是焊盘各自独立的单孔板，另一种是 2～5 个焊盘相连的连孔板。万能板外形如附图 2 所示。在进行电路组装时，将元器件插入焊盘，再通过锡焊方式完成元器件之间的电气连接。

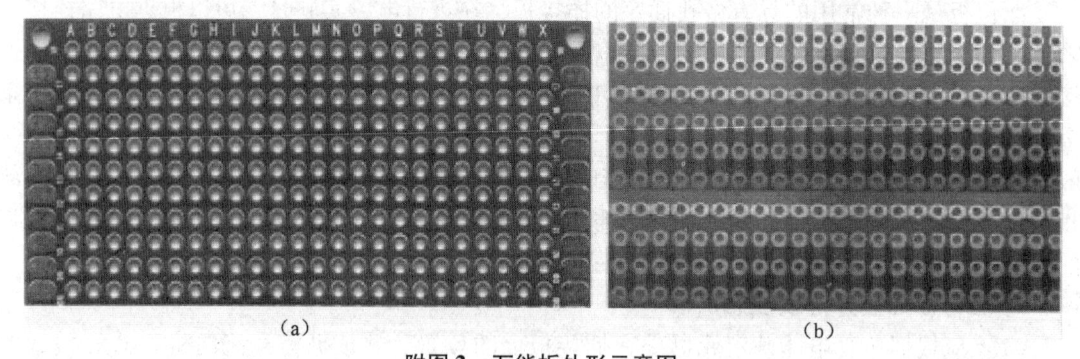

（a）　（b）

附图 2　万能板外形示意图

（a）串孔板；（b）连孔板

2. 万能板焊接方法及注意事项

万能板的焊接是一个熟能生巧的过程，掌握要领后能为电子电路的组装节省大量时间，也是业余制作的一项技能。万能板焊接必备工具及材料如附图3所示。

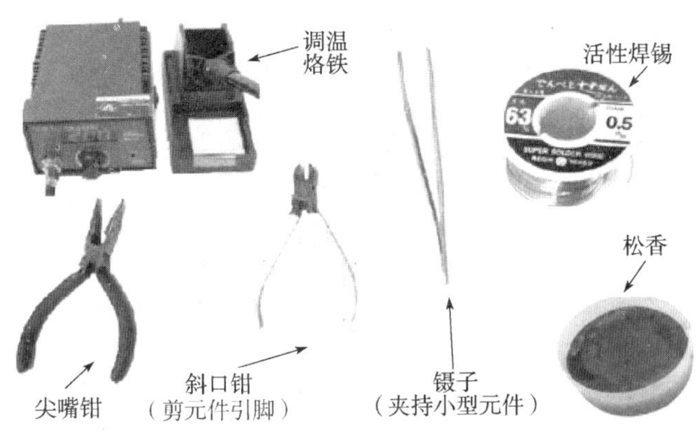

附图3　万能板焊接必备工具及材料

1）万能板焊接的方法

对于元器件在洞洞板上的布局，大多数人习惯“顺藤摸瓜”，就是以芯片等关键元器件为中心，其他元器件“见缝插针”的方法。这种方法是边焊接边规划，无序中体现着有序，效率较高。但由于初学者缺乏经验，所以不太适合用这种方法。初学者可在纸上先画布线草图，模拟一下走线的过程，然后用铅笔画到洞洞板正面（元件面），继而可将走线规划出来，方便自己焊接。

对于万能板的焊接方法，一般是利用单芯细导线进行飞线连接，飞线连接没有太大的技巧，但尽量做到水平和竖直走线、整洁清晰。现在流行的一种方法叫锡接走线法，性能也稳定，但比较浪费焊锡。纯粹的锡接走线难度较高，焊接质量受到锡丝、焊接温度、个人焊接工艺等各方面因素的影响。如果先拉一根细铜丝，再随着细铜丝进行拖焊，则简单许多。洞洞板的焊接方法是很灵活的，因人而异，故找到适合自己的方法即可。

2）万能板焊接的注意事项

（1）元器件布局要合理，事先一定要规划好。对于电流较大的信号要考虑接触电阻、地线回路、导线容量等方面的影响。单点接地可以解决地线回路的影响，这点容易被忽视。

（2）按照仿真电路，分步进行制作调试。做好一部分就可以进行该部分电路的测试和调整，这样利于调试和排错，不要等到全部电路都制作完成后再测试调整。

（3）走线要规整、粗细均匀，边焊接边在仿真电路图上做出标记。

（4）注意焊接工艺，尤其是待焊引脚及焊盘的镀锡处理。如果万能板的焊盘上面已经氧化，就需要用细砂纸打磨，再涂上松香酒精溶液，晾干后待用；元器件引脚如果氧化，用刀片等工具刮掉氧化层后，做镀锡处理；导线焊接要做到横平竖直。

三、PCB板焊接组装的一般方法

1. PCB板的业余制作

1）手工制板

将设计好的印制电路图（1∶1），通过复写纸复印到覆铜板上，再用细毛笔沾上稀释后的调和油漆或用油性记号笔进行描图，油漆描过的地方就是要保留下来的印制导线及焊盘位置，待油漆干透后，用三氯化铁水溶液进行腐蚀。腐蚀完后，用稀释剂洗去油漆即可钻孔。钻孔结束后要清洁电路板表面，最后涂上酒精松香溶液备用。

2）热转印制板

采用小型热转印制板系统制作电路板的工艺流程如附图 4 所示。

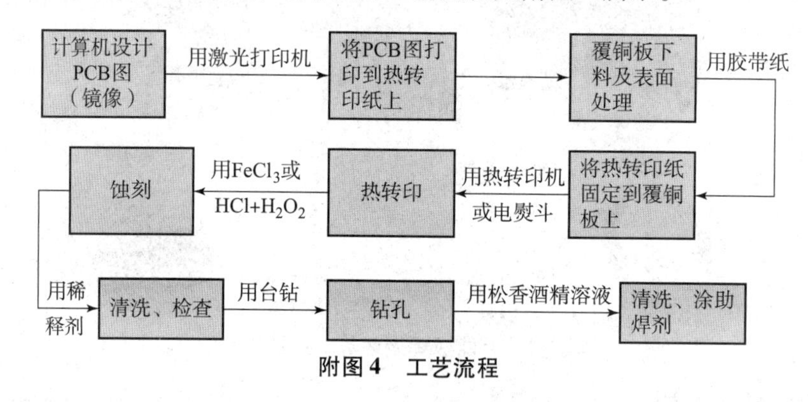

附图 4　工艺流程

2. 常用元器件的识别与检测

1）固定电阻

固定电阻按额定功率分，有$\frac{1}{16}$ W、$\frac{1}{8}$ W、$\frac{1}{4}$ W、$\frac{1}{2}$ W、1 W 及 1 W 以上的电阻；按制作材料分，有碳膜（RT）、金属膜（RJ）、合成膜（RH）、实芯（RS）和线绕（RX）等，其标称阻值的标注方法有直标法、符号法和色标法，其中常用的四环和五环电阻，标称阻值和允许偏差的识别方法要熟练掌握。识别方法如附图 5 所示。

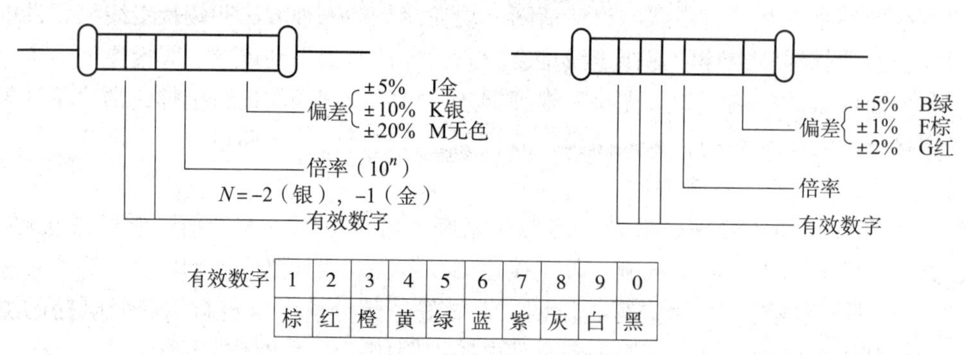

有效数字	1	2	3	4	5	6	7	8	9	0
	棕	红	橙	黄	绿	蓝	紫	灰	白	黑

附图 5　色环电阻识别方法

测试前先读出标称阻值和允许偏差，再用万用表欧姆挡实测电阻值（万用表要先校零），若实测值在允许的误差范围内则属正常。例如，标有黄、紫、黄、金四道色环的电阻，其标称阻值应为 $47\times10^4=470$（kΩ），允许偏差为 ±5%，实测阻值应为 470 kΩ（±5%），即 446.5～493.5 kΩ 之间则属正常。

2）可调电阻

带调节手柄的普通可调电阻常称为电位器，有的还附带联动开关，用起子调节的常称为微调电阻，其标称阻值有些采用直标法，有些采用数码法，即用 3 位数字表示，前两位数字为有效数字，第 3 位数字表示乘率（倍率）。

测试时首先用欧姆挡实测两固定端之间的阻值，并与标称值比较，其允许偏差通常为±5%、±10%或±20%。然后调节滑动端检查滑动头与某个固定端之间的阻值是否能均匀变化，若万用表指针不摆动或在某处出现跳动则此可调电阻不能使用。

3）固定电容

电容分有极性和无极性两大类。无极性电容的电容量较小（1 μF 以下），常用的有涤纶（CL）、聚苯乙烯（CB）、聚丙烯（CBB）、瓷介（CC）、金属化纸介（CJ）和云母（CY）电容等，其标称容量大多采用数码法标注。如标注为 103 的瓷片电容，其标称容量为 10×10^3 pF = 0.01 μF。耐压无标注时一般为 63 V。有极性电容的电容值较大（1 μF 以上），常用的有铝电解（CD）和钽电解（CA），其标称容量大多采用直标法。耐压等级有 6.3 V、10 V、16 V、25 V、50 V 及其倍率值。极性可从引脚（长正、短负）和外侧负极标记来识别。

电容的一般检测是用万用表欧姆挡观测电容的充电过程，对 5 000 pF 以上的电容充电，开始时指针会突然摆动一个较大角度，随后摆动角度逐渐变小直到停止在欧姆挡量程的无穷大处，这说明电容无漏电现象，若指针回不到无穷大处则说明电容漏电，此时对应的电阻即为漏电阻。测量时还应依据电容的容量大小选择合适的欧姆挡位才能有效观测到充电过程。对 5 000 pF 以下的电容用该法无法观测，有些容量发生变化的电容也无法观测，这时可借用电容表测量判断。

4）电感器

电感有标准电感和非标电感，小功率标准电感的外形很像色环电阻，其标称电感量也是采用色标法标注，底色多半为绿色，且两头比电阻要粗些，用万用表测其电阻几乎为零。非标电感一般需要找厂家定做。

各类变压器是靠互感工作的电感器，按工作频率分有高频、中频和低频变压器；常用的电源变压器一般为降压型，其特点是初级绕组匝数多、线径细、直流电阻大；次级绕组匝数少、线径粗、直流电阻小，根据这个特点很容易用万用表判断出初、次级。

5）二极管

二极管种类很多，常用的塑封整流管如 1N4001～1N4007 共 7 个等级，其额定电流均为 1 A，耐压从 50 V 到 1 000 V 划分等级。外表有白色圆环的一端为负极。另一种型号 1N4148 为玻璃封装的开关管，外表有黑色圆环的一端为负极。

用指针万用表“×100”或“×1k”挡测量其正反向电阻即可判断出正负极及好坏（电阻小的一次测量中黑表笔接的是正极）。若用数字万用表的二极管挡测量，则其正向显示的是导通电压（例如，硅管为 0.6～0.7 V），这时红表笔接的是二极管正极；反向测量时显示“1”（溢出）。

发光二极管常用作指示灯，其发光颜色由制作材料决定，发光亮度由工作电流决定，管压降一般为 1.5～2.1 V。使用时要根据电源电压的大小选择合适的限流电阻，工作电流一般取 6～10 mA。从外观看也是长脚为正极，短脚为负极，而且负极一边的管壳外沿是平的。

用指针万用表欧姆挡测量时要用“×10k”挡，其正负极及好坏判断同普通二极管的判断方法一样。若用数字万用表的二极管挡测量，则正向时会微亮。当用 h_{FE} 挡位测量时，若将正极插进 NPN 插座的 C 孔，负极插进 NPN 插座的 E 孔则二极管会很亮；反插则不亮。

6）三极管

三极管型号很多，但从结构看仅分为 PNP 型和 NPN 型两种。常用的 C9011～C9018 塑封管共分 8 种，其中有 NPN 型和 PNP 型，参数也各不相同；其额定电流均小于 1A，电流放大系数 β 按 A、B、C、D 划分等级，封装形式均为 TO－92，引脚排列从左到右均为 e、b、c。另一种型号为 C8050（NPN 型）和 C8550（PNP 型），其额定电流为 1.5 A，最高反压为 40 V，标称功率为 0.4 W，截止频率为 100 MHz。封装和引脚排列同 90 系列三极管。

判别引脚时用指针万用表“×100”或“×1k”挡，先确定基极和管型，再利用电流放大原理进一步确定集电极和发射极。这一步也可以用 h_{FE} 挡来判别，若三极管插入测试座后指针有较大摆动则说明插入正确，此时引脚排列与测试座标记一致；若插错，则指针不动或摆动很小。

7）集成电路

常用集成电路有 TTL 型（+5 V 供电）和 CMOS 型（3～18 V 供电）。封装形式有单列直插式（SIP）、双列直插式（DIP）、小尺寸贴片式（SOP）、四方扁平式（QFP）、针栅阵列式（PGA）和球栅阵列式（BGA）等。使用时要注意引脚的识别。本实训教程中所涉及的均为双列直插式，为防止接错或损坏可事先焊接一个 IC 插座。

集成电路的检测若没有专用测试仪器，可测量各引脚对地端（电源负极）的直流电阻或在线测量各引脚对地端的静态直流电压，再与手册或已知资料给出的数据比较以判断故障所在。

8）敏感器件

敏感器件（或称传感器）是将非电物理量转化为电量的换能器件。其种类更是五花八门，本实训教程中用到的光敏电阻或光敏二极管是将光信号转化为电信号的换能器件，其亮电阻一般为 5～20 kΩ 为最好，过大则不够敏感。暗电阻一般在 1 MΩ 以上；干簧管（常开型）采用玻璃封装，是将磁信号转化为电信号的器件，当有一定的外加磁场作用时呈闭合状态；驻极体话筒有两极和三极之分，是将声音信号转化为电信号的器件，对两极驻极体，与外壳相连的一个引脚为负极。

该类器件检测时均用欧姆挡，当施加相应的外部激励信号时其阻值变化（一般是变小）越大则该器件越敏感，转化后的电信号也就越强，实际中常接入测量放大器进一步放大，以提高测量灵敏度。

9）接插件

接插件的外形和种类繁多，通过导线能方便地实现元器件与电路板或电路板与电路板之间的电气连接，但其故障率也最高。一般组装常用到的是间距为 2.54 mm 的排针，配套的插头称为杜邦头。接插件的安放位置要设计合理以方便拆卸。

10）机电类元件

机电类元件也是品种繁多的常用器件，如各类开关、继电器和电声器件等。对开关要分清动触点和静触点，很多是采用塑料骨架封装的，焊接时要注意焊接温度和时间以防变形；对继电器要分清线圈以及常开常闭触点、线圈的工作电压、触点的额定电流等参数。

蜂鸣器分有源和无源两种，加额定直流电压后能鸣响的是有源蜂鸣器，否则为无源蜂鸣器；扬声器常用的是动圈式，标称阻抗有 4 Ω 和 8 Ω，用指针万用表测得的直流电阻略小于标称阻抗，若用表笔触碰时能听到声响则基本属正常。

3. PCB 板的焊接方法及注意事项

电路板的焊接采用的是锡焊。在一定的温度和间距下由熔化后的焊锡在焊件表面扩散形成界面合金，凝固后实现焊件之间的电气连接，与黏接是完全不同的。

1）常用焊接材料

（1）焊锡丝。

焊锡是一种铅锡合金材料。一般将含锡量为63%、含铅量为37%的焊锡称为共晶焊锡，其熔点为183 ℃。为使焊接方便，常将焊锡做成直径不同的金属丝状，有的还在其中充有活性助焊剂。

（2）助焊剂。

助焊剂是一种酸性物质，能除去焊件表面较薄的氧化层，有助于焊锡的流动（润湿作用）。一般电子电路的焊接常采用松香作助焊剂。但由于松香本身是绝缘的，高温情况下还容易碳化，所以也不能过多地使用。

（3）阻焊剂。

阻焊剂是一种耐高温涂料，固化后呈绿色，常称为绿油。电路板上除焊盘以外的地方均涂上阻焊剂，在浸焊或波峰焊时可防止焊点间的桥连、印制导线上黏锡，还便于焊接后电路板的清洗。

2）常用手工焊接工具

（1）电烙铁。

为手工焊接提供热源。常用的有外热式和内热式普通烙铁以及调温烙铁。烙铁头形状有锥形、凿形和专用型，功率一般选用30～50 W为宜。

（2）镊子。

用于元器件引脚整形、夹持元器件、辅助散热和分点拆焊。

（3）剪线钳。

用来剪切焊接后过长的元器件引脚。

（4）吸锡器。

用来拆除焊错或要更换的元器件，但需要和电烙铁配合使用。

（5）五金工具。

指用于调试、总装过程中的钳子、起子等。

3）手工焊接操作步骤（五步法）

（1）焊前准备。

包括电烙铁的选择、检查，焊锡丝的选取，元器件引脚整形、定位等内容。

（5）焊点预热。

将烙铁头放在焊盘及元器件引脚上预热约2 s。

（3）送入焊锡。

将焊锡丝送到烙铁头旁边的焊盘上，观察焊锡的熔化情况，注意控制好用锡量。

（4）撤走焊锡。

当焊点呈锥形且表面光滑时撤走焊锡。

（5）撤走烙铁。

焊盘周围焊锡未焊满时，可用烙铁尖沿元器件引脚转动，以带动焊锡流动，使焊点饱满，然后沿元器件引脚方向迅速撤离烙铁。

整个焊接过程应在5～6 s内完成，若在上述时间内不能完成焊接，则应停下检查原因，以防元器件或印制板损坏。

初次焊接易出现的焊接缺陷有松香焊、球焊、虚焊、假焊、桥连、焊盘翘起等现象。只有通过不断练习才能逐步掌握正确的焊接方法，从而提高焊接技能。

元器件的焊接顺序应先焊低、矮、耐热等小型元器件，再焊中、大型元器件。

多股导线的焊接应按下列步骤进行：剥头→捻头→上锡→焊接。

对于塑料骨架的元器件，焊接前要处理好引脚，焊接时控制好时间和温度，以防塑料骨架变形导致内部连接失效。